中国轻工业"十三五"规划教材
"互联网+"新形态立体化教学资源特色教材

纸包装
结构设计

Structural Design of
Paper Packing

王可　张丽　编著

中国轻工业出版社

图书在版编目（CIP）数据

纸包装结构设计/王可，张丽编著. —北京：中国轻工业出版社，2025.1

ISBN 978-7-5184-3003-1

Ⅰ.①纸… Ⅱ.①王… ②张… Ⅲ.①包装容器—包装纸板—结构设计 Ⅳ.① TB484.1

中国版本图书馆 CIP 数据核字（2020）第 082199 号

责任编辑：毛旭林

策划编辑：毛旭林　　责任终审：李建华　　封面设计：锋尚设计
版式设计：王　可　　责任校对：吴大朋　　责任监印：张京华

出版发行：中国轻工业出版社（北京鲁谷东街5号，邮编：100040）

印　　刷：艺堂印刷（天津）有限公司

经　　销：各地新华书店

版　　次：2025年1月第1版第4次印刷

开　　本：870×1140　1/16　印张：9

字　　数：200千字

书　　号：ISBN 978-7-5184-3003-1　定价：49.80元

邮购电话：010-85119873

发行电话：010-85119832　010-85119912

网　　址：http://www.chlip.com.cn

Email：club@chlip.com.cn

版权所有　侵权必究

如发现图书残缺请与我社邮购联系调换

242229J1C104ZBW

前言

在包装设计系列课程的学习和包装设计行业的工作实践中，纸材料是我们所接触的最普及、最基本的包装材料之一。纸与纸板在众多种类的包装材料中不仅有着悠久历史，而且占有相当大的比重，可以满足各类商品包装的要求。纸材料具有便于废弃与再生的性能、印刷加工性能、耐积重性能、遮光保护性能以及良好的生产性能和复合加工性能等。随着社会不断发展和新产品开发事业的繁荣，对纸包装结构形态的设计也不断提出新的需求，激励着包装设计工作者不断进行探索。纸盒是包装行业和包装设计界的主要产品和设计对象，世界上每年生产的纸盒数以亿计；纸包装结构设计是包装设计中的重要组成部分，也是包装外观装潢设计的基础。设计精巧、大方的纸盒造型除了具备内部空间和承载功用，还可兼具视觉信息传达的功能。以纸盒为主的纸包装结构设计是包装艺术设计专业和视觉传播设计与制作专业（平面设计方向）课程体系中的重要内容，学习纸包装结构设计具有重要意义。

首先，学习纸包装结构设计能打好包装设计的基本功。以纸盒为主的纸包装是实现特定产品包装使用功能的关键环节，同时还是塑造商品形象、突出商品信息与审美效果的物质载体。优秀的纸盒包装造型和结构设计，不仅可以较好地容纳和保护商品、美化商品、方便消费，还可作为传达商品信息的载体，同时还要便于携带和展示，方便装箱、组合、储运及回收处理等。要在区区一个纸盒上实现多种功能，则需要设计师在调研分析的基础上合理统筹安排，反复构思并绘图制作样品方可完成。因此，学习纸包装、纸盒结构的设计工作流程，能打好包装设计工作的基本功。

包装设计及其行业产业对于社会经济生活和商品生产流通的重要作用是毋庸置疑的。商品包装实质上也是商品的一部分，是商品生命的延续，是实现商品交换价值和使用价值的一种手段。任何设计都要受到诸多因素的制约，纸包装、纸盒纸箱的设计不是简单地制作纸质造型，纸包装不是雕塑，而是必须赋予其生命力——必须具备物理意义上的生命力，即具备开启关闭功能和内容空间，具有保护内装物的能力。纸盒设计受被包装物形状、尺寸、生产条件等因素制约，与纸盒整体造型、结构特点密切相关，优秀的纸盒结构是美观的包装外观装潢设计之基础和物质条件，纸盒结构是决定产品能否实现其商品价值的重要因素之一。若想真正实现包装容纳商品、保护商品、推销商品、方便使用商品等功能，则必须重视纸盒包装的结构和造型设计，并在此过程中深入了解纸材料特性和生产成型技术，以包装设计的基本原则为指导，掌握一定的造型构成技巧和手工样品制作方法。学习纸包装结构设计的基本知识，能打好包装设计这种综合应用能力的基本功。

其次，学习纸盒、纸包装结构设计能锻炼逻辑思维和空间想象能力。在纸盒结构的学习中有一个重要的内容是学习变形纸盒设计，变形纸盒的结构可由基础纸盒结构演变而来；在本课程学习中最先将学到有限的数种基础纸盒，是变形纸盒创作的基础。例如最先学到国际标准反向插入式纸盒、是最简单最基础的纸盒，在其结构基础上所衍生的法式反向插入式纸盒和直筒式、飞机式等纸盒，能让我们初步领略到纸盒结构变化的魅力；之后再学习同为基础纸盒的盘式纸盒时，我们会发现盘式纸盒的平面展开图与直筒式纸盒的结构非常相似，可以说盘式纸盒就是由国际标准反向插入式纸盒所衍生的变形纸盒。这样的例子还有很多。变形纸盒大多是由基础纸盒衍生而来的。学习纸包装结构设计能锻炼人的逻辑思维能力和造型创作能力，良好的造型更能赋予纸盒精神意义上的生命力。同时，纸盒结构各个部分都由平面图折叠构架而成，熟练的设计师能发挥空间想象能力，由平面图预计制作成型的纸盒外形。可见，学习纸包装结构设计对逻辑思维能力和空间想象能力的锻炼有很重要的促进作用。

再次，学习纸盒、纸包装结构设计能有效锻炼动手绘图和手工制作的能力。纸盒结构需要制作样品来进行验证，制作过程能有效锻炼设计者的绘图能力和手工制作能力。绘制纸盒平面结构图可以手工绘制于纸面或用电脑绘制再打印于纸面并剪裁制作，还可以雕刻制作成模切板后通过印刷生产线大批制作纸盒成品。不论何种方式都必须认真细致地绘图，方可将纸盒的各功能部件表现到位。同时，学习纸包装、纸盒结构设计还须熟练掌握手工制作纸盒包装样品的技能，这是包装设计课程学习的重要内容，也是包装设计师的职业能力。手工制作纸盒样品是设计从业人员锻炼动手能力和职业素养的一个重要途径，认真细致地绘图、剪裁、折叠、粘贴装配样品并调试，及早发现绘图和设计中的细节问题并加以改进，直至完成合格的纸盒样品，其成就感不言而喻，更能锻炼动手制作的能力和专心专注的态度，培育工匠精神和职业素养。很多时候态度决定成败，试想，如果包装设计师不能提供一个准确的纸盒手工样品给客户，客户通常会认为设计师对待工作的态度不佳，就很难对将用机器生产的成千上万个纸盒成品抱有信心，也很难与设计师有更进一步的合作。可见，学习纸盒包装设计能有效锻炼动手绘图和手工制作的能力，更能培养职业态度和工匠精神。

学习纸包装结构设计，是包装艺术设计专业和其他专业包装设计相关课程中的重要内容，能扎实打好包装设计能力的基本功、锻炼逻辑思维和空间想象能力，同时锻炼动手绘图和制作的能力，具有十分重要的意义。教材是学校教育教学、推进立德树人的关键要素，是国家意志和社会主义核心价值观的集中体现。本教材在遵循学科特点和教育教学规律的基础上，致力于全面、准确地落实党的二十大精神，充分发挥教材的铸魂育人功能，希望此教材能够成为包装设计专业和相关课程的实用好教材，为广大师生提供有益的参考和借鉴。

王 可

2017年4月，学生们在纸盒结构课程上所完成的部分礼盒、套盒作业（制作：师慧君　徐琳玉　肖培辉　陈怡璇）

contents 目录

1 包装材料与纸包装结构设计概述
- 1.1 包装的功能与分类　2
- 1.2 包装材料简介　3
- 1.3 纸包装结构设计简述　6
- 1.4 纸包装的发展和应用前景　7
- 1.5 纸包装的印刷工艺　8

2 纸包装结构设计基础
- 2.1 纸质包装的分类　13
- 2.2 折叠纸盒与固定纸盒　15
- 2.3 纸包装设计的选材和设计依据　16
- 2.4 纸包装结构设计的基本要求　18
- 2.5 折叠纸盒结构的基本设计思路和原则　18
- 2.6 固定纸盒的种类与基本结构　20

3 典型的折叠纸盒结构分析
- 3.1 几种典型的筒式纸盒结构　24
- 3.2 常见的纸盒顶部和底部结构　32
- 3.3 盘式纸盒简介及其结构设计的由来　35
- 3.4 常见的纸箱纸袋基本结构　40
- 3.5 纸盒结构平面展开图的图示符号　41

4 纸盒的手工样品制作
- 4.1 制作纸盒手工样品的意义　44
- 4.2 手工制作纸包装样品时的准备工作及工具材料　46
- 4.3 手工纸盒样品制作的方法　48
- 4.4 量身定做纸包装盒的方法和纸材料的修正系数　51
- 4.5 纸质包装缓冲件及其设计制作　53
- 4.6 固定纸盒的制作练习　55

5 变形纸盒的结构设计思路
- 5.1 变形纸盒的造型分类　60
- 5.2 变形纸盒的设计思路　61
- 5.3 结构简单的变形纸盒设计分析　63
- 5.4 提手式纸盒的结构分析　64
- 5.5 花盖式纸盒的结构设计思路分析　67
- 5.6 非长方体或正方体外观的变形纸盒的举例解析　71

6 运用软件绘制纸盒平面结构和装潢效果的技法

6.1 在绘制纸盒结构和包装装潢设计时常用的软件   86
6.2 以 Adobe Illustrator 软件绘制纸盒结构平面展开图的实例   89
6.3 以 AutoCAD 软件绘制纸盒结构展开图的技法   95
6.4 纸盒包装平面展开图的装潢设计及展示效果图表现——运用 Adobe Illustrator、Adobe Photoshop 软件   99

7 系列化纸包装的设计思路

7.1 纸盒设计的基本程序   104
7.2 纸盒包装的设计思路——以智能手机包装为例   104
7.3 纸盒包装的系列化设计表现思路   107
7.4 纸质礼品套盒的设计表现思路   110
7.5 纸盒包装的装潢设计表现元素及设计原则   112

8 纸包装结构设计赏析

8.1 基于筒式纸盒的纸盒变化形态及其结构简析   118
8.2 基于盘式纸盒的纸盒变化形态及其结构解析   122
8.3 其他部分纸质包装结构设计赏析   128

参考文献

后记

1 包装材料与纸包装结构设计概述

课程目标
　　了解纸材、塑料、金属、玻璃等主要包装材料的基本特点，对纸包装结构设计及其生产制作过程有初步认识。

基本知识
　　各种包装材料的特点，纸包装结构设计的知识和关于包装印刷工艺的简要知识。

参考学时
　　2 学时

第 1 章分节简述

包装是商品的附属品，是实现商品价值和使用价值的一个重要手段；包装是为商品服务的，它区别于一般的物品和容器的地方有两点，即从属性和商品性。包装的基本职能是保护商品和促进商品销售，世界各国对包装所作的定义都是围绕着包装基本职能来表述的。从社会整体角度来看，商品包装的发展将产生良好的经济效益和社会效益，并从侧面反映出一个国家的物质文明和精神文明的发展水平。精美、优质的包装设计和生产水平也是一个国家综合国力的体现。

我国对包装的定义为：以在流通过程中保护产品，方便运输，促进销售为目的，按一定技术方法而采用的容器、材料及辅助物等的总体名称；也指为了达到上述目的而采用容器、材料和辅助物的过程中施加一定技术方法等的操作活动。

1.1 包装的功能与分类

在实际生活中，人和社会真正需要的往往不是包装本身，而是包装的功能。包装从自身生产领域到最后随同商品进入消费领域，其间要经历诸多不同环节。包装为适应各个环节的不同需要，就必须具备多种多样的功能。

总的说来，包装的主要功能有六个方面：容纳功能、保护功能、传达功能、便利功能、促销功能、社会适应功能。容纳和保护的功能是包装的基本功能，传达和促销功能能起到无声促销员的作用，便利功能和社会适应功能则相当于无声的助手，要便于生产、运输、仓储、销售、使用并有利于废弃后的处理。这些功能既互相关联又互相制约，不同商品对包装功能的侧重需求有所不同，包装设计则根据不同商品的具体要求来进行科学合理的优化抉择，很多商品尤其是品牌意识较强的商品通常还需要进行系列化的包装设计（图1-1）。

各种商品需要有不同的包装，人们从不同角度去看待包装便产生了相应的包装分类。有从形态上的分类：箱、桶、瓶、罐、杯、盆、袋等；有从材料上的分类：金属、玻璃、陶瓷、塑料、纸、木、复合材料等；还有从技术方法上的分类：真空、充气、冷冻、收缩、贴体、组合等；或从商品种类上

图1-1 商品的系列包装

图1-2 苹果的运输包装

的分类：食品、饮料、日用品、化工、医药、电器、纺织品、玩具等。此外，还有从结构设计、风格选择等方面为着眼点的各种分类。

从商品流通和商品本体上分类，则把包装分为运输包装和销售包装两大类。运输包装（图1-2）又叫大包装，主要以满足运输、装卸、储存需要为目的，起着保护商品、方便管理、提高物流效率等作用；运输包装大到巨型集装箱、小到纸箱，其内装很多小件包装盒，通常不直接接触商品、一般也不随同商品出售给消费者，运输包装对表面装潢的要求相对要低一些。而销售包装（图1-3）又被称作展示包装、小包装，主要以满足销售需求为目的，起着保护和美化宣传商品，促进销售和方便使用等作用。销售包装通常随同商品一起出售给消费者，是消费者挑选商品时认识商品、了解商品的一个依据，对商品起着有效的传播和促销作用。随着市场和经济的发展，近年来也有不少商品的包装兼具运输包装和销售包装的功能。

1.2 包装材料简介

包装发展到今天，所使用的材料是十分广泛的，从自然素材到人造包装材料，从单一材料到合成材料。包装设计中对材料的选择通常是以科学性、经济性、适用性为基本原则的。目前最常用的包装材料有四大类：纸材、塑料、金属和玻璃。

1.2.1 纸材

纸包装材料是包装行业中应用非常广泛的一种材料，其加工方便、成本经济，适合大批量机械化生产，而且成型性和折叠性好，材料本身也适于精美印刷。纸包装材料基本上可分为纸、纸板、瓦楞纸板三大类。纸的主要种类有牛皮纸、漂白纸、玻璃纸等；纸板的主要种类有马尼拉纸板、白纸板、黄纸板、牛皮纸板、复合加工纸板等。

瓦楞纸板由两个平行的平面纸页作为外面纸和内面纸，中间夹着通过瓦楞辊加工成的波形瓦楞芯纸。各个纸页由涂到瓦楞楞峰的黏合剂黏合到一起。瓦楞纸板主要用于制作外包装箱，用以在流通环节中保护商品，也有较细的瓦楞纸板可以用作商品的销售包装材料或商品纸板包装的内衬，以起到加固和保护商品的作用。

瓦楞纸板的种类很多，有单面瓦楞纸板、双面

图1-3 茶饮的销售展示包装效果图

图1-4 瓦楞纸板

图1-5 各种彩色卡纸

图1-6 不同定量和颜色的卡纸样本

瓦楞纸板、双层及多层瓦楞纸板等（图1-4）。表1-1是瓦楞纸板的部分楞型数据（GB/T6544—2008）。

表1-1 瓦楞纸板的部分楞型数据

楞型	楞高（毫米）	楞数（个/300毫米）
A	4.5～5.0	34±3
C	3.5～4.0	41±3
B	2.5～3.0	50±4
E	1.1～2.0	93±6

随着造纸技术的发展，相关的行业标准陆续出现，使造纸在生产、使用、加工等环节更加标准化和国际化。设计师了解纸张的性能、合理利用不同纸质的特点，对改善包装的最终视觉效果会起到很大的作用（图1-5）。纸张有如下性能：

纸张表面性能：指光滑度、硬度、黏合性、掉粉性等。

纸张物理性能：指纸的定量、厚度、强度、弯曲性、纹理走向、柔软性、耐折度等，如图1-6所示为各种定量的卡纸，因其厚度不同而具有不同的物理属性、适用于不同的包装、印刷制作等场合。再例如在设计玻璃瓶贴时，通常应使纸张的纹路处于水平方向进行印刷和粘贴，这样才能使瓶贴黏合牢固，否则纵向纹路很容易变形、起泡、脱落而影响美观。

纸张适印性能：不同纸质会对印刷效果产生影响，像光滑度、吸墨性、硬度、掉粉度等。

在选择纸材料时要慎重考虑产品的特性以及产品对包装的特殊要求，不可随意。尽管塑料技术的先进及其用量的需求导致了以纸材料为基础的传统包装工业有一定衰退，但这只是以纸材料为基础的包装形式的衰退并不是纸材料本身，相反纸材料将继续保持其声望而被用于新的形式，如纸与塑料复合而成可防静电的材料用于包装电子产品。

1.2.2 塑料

人工聚合物的产生及发展是20世纪材料界的转折点，而塑料这种材料的产生使包装材料发生了翻天覆地的变化，特别是近一二十年来大多数包装技术及设计上的新发展，新突破都发生在塑料领域，其主要原因是因为在技术上已完全克服了原有的一些局限。如过去含有碳酸类的饮料很难被装入塑料袋内。而现在的塑料袋及容器不但可蒸煮，还可用于烤箱和微波炉。在许多西方国家，快餐食品和许多讲究的食品都已趋于装入可蒸煮的袋内及可烘烤的容器内，以适应快节奏的现代生活。塑料的潜力正在被发掘，在20世纪90年代时塑料的地位已超过玻璃，具专家估计在本世纪也有可能超过金属。欧洲目前塑料的用量已占包装材料总用量的50%。尽管由于环境污染的顾虑，各项调查不得不在全球铺开以确保塑料包装都被有效使用，但塑料易用及经济的特点无疑会在将来依然成为主要的包装材料之一。图1-7所示为与纸盒结构相同的塑料材质包装盒。

1.2.3 金属

从1795年拿破仑对能提出有效保护军队食物方法的人进行悬赏时起，用金属材料做包装来存储消耗物质的想法至今已存在200多年了。在这200多年间，金属材料一直保持稳定的发展态势，常见的金属包装以马口铁及铝材为主。

罐头制造的原理是由法国人发现的。1810年英国人设计了马口铁罐密封容器，将熟铁的薄板

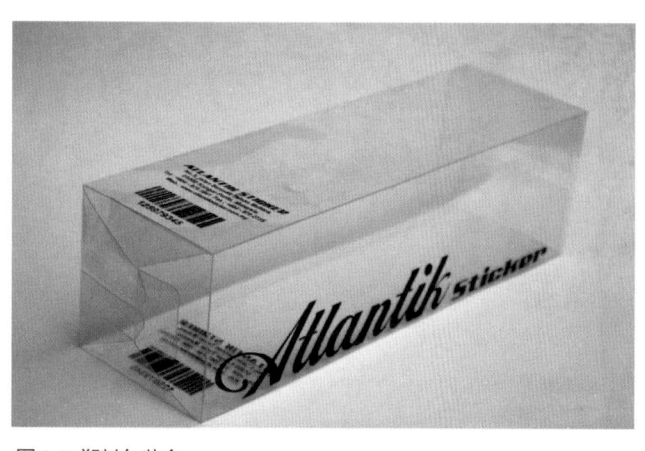

图1-7 塑料包装盒

图1-8 金属材质包装盒

热浸镀锡，卷成圆筒形，分别焊接上盖及底并在1811年成功制出食品罐头。随着时代的发展，马口铁的包装技术也不断改良，制造技术也已达到较为理想的地步（图1-8）。

今天我们用量最大的金属材料应属铝材，铝制品在我们生活中很容易发现，但铝材料商业化的进程却经历了许多年。美国是第一个把铝材料运用于包装上的国家，在19世纪末的最后几年里，美国Ball Brothers公司开始使用铝罐代替Mason牌广口瓶盛装食品。就在第一次世界大战爆发前，欧洲大陆上已出现铝材料的包装，主要用于包装口香糖及糖果棒。

今天用于包装上的金属箔主要是由铝制成，其中只有极小的一部分是由锡制成。锡箔的成本要远远高于铝箔，虽然铝箔仍然比某些包装材料的成本高，但大多数因为铝箔具有耐低温、防压、防裂、无磁性、易回收等特点而不惜增加成本。一般来说，我们把辗制后断面不超过0.15毫米的金属薄片定义为箔。通常箔的厚度变化在正负10%之间，但是由于近些年来合金技术的不断成熟，许多用于包装上的铝箔已比前些年薄了20%左右。大部分用于商业包装上的铝箔纯度为99.5%，很少有百分之百的纯金属箔。

尽管铝箔被认为是一种薄而易撕裂的材料，但实际上它是最好的防潮、防油、防氧气的包装材料。另一方面由于金属箔可防阳光，所以铝箔也常常被用于包装一些比较敏感的医用品。由于铝具有薄、张力强度弱的特点，所以在没有其他材料支持的铝箔上印刷是非常困难的，通常需复合其他的一些材料，如牛皮纸来增强其强度和硬度。

复合金属塑料是近二十年间出现的新材料，它是制造商们寻找多年，既具有金属箔的特点又具备塑料特点的产物。这种新材料不但具有轻的特点，并且还可以延长食品的保鲜时间，也就是说可延长商品在货架上的摆放寿命。除塑料可复合金属材料外，纸也可复合金属材料，且在一定程度上节约成本。比如使用复合金属的纸材料包装香烟，要比纯用金属箔和纸盒包装香烟成本低25%。另外纸材料还可与塑料复合而产生更实用的包装材料，特别适用于食品包装上。

1.2.4 玻璃

玻璃是由硅砂（或称石英砂：SiO_2）、纯碱（Na_2CO_3）、石灰石（$CaCO_3$）、长石（钾长石、钠长石、钙长石等）以及碎玻璃等为主要原料经高温（约1600℃）熔融、凝固而成的固体物质。根据所用原料及化学成分不同，玻璃可分为钠钙玻璃、铅玻璃、硼硅酸玻璃等几种。其中钠钙玻璃中CaO、Na_2O的含量较高，而且最易成型加工，成本低，通常用于耐热性和耐化学性能无特殊要求的场合，目前作为主要玻璃包装容器如玻璃瓶、罐以及其他器皿的材料，平板玻璃等也均采用此种玻璃。铅玻璃则是含PbO成分较多的一种光学玻璃，具有较高的光折射率，通常作为照明灯管使用。硼硅酸玻璃是一种含B_2O_3成分较多的中性硬质耐热玻璃。它具有耐化学性好、热膨胀系数低的特点，在包装上主要用来制作医用注射药的小玻璃瓶及其他玻璃管等。

作为玻璃包装容器，其80%～90%是玻璃瓶和罐（图1-9），所谓玻璃瓶通常指的是饮料用的小口瓶，玻璃罐通常指的是食品用的广口瓶。玻璃瓶罐的种类很多，主要包括啤酒瓶和其他各种酒瓶、饮料瓶、牛奶瓶、油瓶、调味品瓶、化妆品瓶、药瓶、果酱瓶、食品水果瓶等。玻璃瓶罐是一种古老而又吸引人的包装容器，在激烈的竞争中，它始终

图1-9 玻璃包装容器

能介于食品、饮料、化工、医药等包装领域而立于不败之地。

玻璃包装容器的优点表现为：无毒无味，化学稳定性极好，卫生清洁，耐气候性好；光亮、透明、美观，阻隔性能极好，不透气；原料来源丰富、价格便宜；成型性好，加工方便，品种形状灵活；可回收及重复使用；耐热、耐压、耐清洗；可高温杀菌，也可低温贮藏。

玻璃包装容器的缺点为：重量大，运输费用高；脆性大、易破碎，加工能耗大；印刷等二次加工性差。这些缺点在很大程度上影响着玻璃包装容器的使用和发展，特别是受到质轻的塑料及其复合包装材料的冲击。然而，由于近年来在玻璃包装材料的高强度、轻量化方面得到很大发展，特别是玻璃所具有的其他包装材料无法替代的包装特性，使玻璃包装容器的用量逐年增加，成为食品工业中最重要的包装容器之一。玻璃容器的消耗量已占到包装材料总量的10%左右。

包装材料依靠科学技术的发展而日新月异地变化，同时也促进着包装形态的千变万化。铝罐技术的发展使易拉罐得以诞生；复合材料的出现使软包装饮料受到青睐。熟悉各种包装材料的特性，在包装设计中合理科学地加以运用而设计出优美独特的形态结构，是包装设计人员必备的专业素质。在新材料新技术层出不穷的环境下，包装在使用新材料和旧材料上扮演着一个重要角色，如何完美结合新旧材料而创造出不让现代消费者失望的包装，对于任何设计师来说都是一场挑战。

1.3 纸包装结构设计简述

在众多的包装材料当中，纸与纸板作为包装材料不仅有着悠久的历史，而且占有相当大的比重。纸材料之所以有如此大的发展潜力，是因为它有着其他材料无法比拟的性能，可以满足各类商品的要求，例如便于废弃与再生的性能，印刷加工性能，耐积重性能，遮光保护性能，以及良好的生产性能和复合加工性能等。社会的发展，新产品的繁荣，对纸包装结构形态不断提出新的要求。

顾名思义，以纸张（板）为基本原材料，以盛装、包裹商品为目的而制作成型的器物即纸质包装。纸质材料包装是历史悠久、涉及面广、用量最大、翻新最快、发展势头最好的包装，在包装制品中所占的比例高达70%~80%，在包装工业中具有举足轻重的地位。纸质包装的种类很多，包括纸盒、纸箱、纸袋、纸罐、纸杯（盘、碟、桶）等，其中最主要的纸质包装自然要属纸盒与纸箱。纸盒、纸箱之间没有明确界限，习惯上人们把体积较小的称为盒，大的称为箱。作为包装制品，纸盒主要用作销售和展示包装，纸箱主要用作运输包装。

纸包装结构设计是包装设计中的重要组成部分，设计精巧、大方的纸盒造型除了具有立体造型的功用，还可兼作包装平面设计的载体。纸盒结构是实现特定产品包装使用功能的关键环节，同时还是塑造商品形象、突出商品信息与审美效果的物质载体。优秀的纸盒包装造型和结构设计，不仅可以较好地容纳和保护商品、方便消费、美化产品、有利于传达商品信息，还要便于展销和携带，方便装箱、组合、储运及回收处理等。

一般来说，体积较大、用来盛装大型商品的纸质外包装被称为纸箱，纸箱通常用瓦楞纸板制作而成（图1-10）。瓦楞纸板是由瓦楞原纸压成波纹状瓦楞而得名，主要用作运输包装的材料。瓦楞纸箱纸材较厚，强度较高，可以盛装体积较大的家用电器、机器零件等，甚至摩托车、机械设备等都可以用瓦楞纸箱包装，纸箱结构往往较为简单、变化少。纸盒通常指体积较小、盛装小型商品的纸容器，多使用较薄的纸板或单层瓦楞纸板制作，强度有限，故纸盒容积不能太大，多以中小包装结构形式出现，在运输过程中，数个整齐堆码的纸盒之外又套着一个大纸箱，以保证运输中纸盒及其内装物品的安全，因此纸盒通常又被称作内包装或小包装；纸箱被称为外包装或运输包装。因为纸盒有销售展示的需要，故对外观与结构设计有一定要求。

纸包装具有以下优点：原材料来源广泛、品种多规格全、价廉物美且加工便捷、生产成本低、重量轻并能与其他材料混合使用等；同时纸包装便于大批量印刷和机械化加工，成品质量稳定，规格一致，可回收和重复利用。成型的纸包装、纸盒纸箱具有较好的防尘密封性和外表的挺括度及一定的外表抗压强度，能有效保护内装商品不易受到挤压变形，并在很大程度上以其精美造型和装潢来宣传美化商品，提高商品的竞争性（图1-11），故使用纸质包装历来是商品包装中的重要形式。

图1-10 纸箱

图1-11 包装茶饮商品的固定纸盒

包装是商品生产的延续，是实现商品交换价值和使用价值的一种手段，任何设计都要受到诸多因素的制约。纸包装结构设计不是单纯的纸质造型或雕塑，它们具有开启关闭功能，具有内容空间，是具有物理意义上生命力的人造物；受被包装物的形状、尺寸、生产加工条件等因素的制约，纸包装必须遵循"科学、经济、美观、适销"的设计原则。纸包装、纸盒纸箱的外观装潢与纸盒造型、结构设计密切相关，优秀的纸盒结构是美观的包装外观装潢设计之基础，结构设计能直接影响产品的命运，是决定产品能否实现其价值的重要因素之一。若想真正实现纸质包装容纳商品、保护商品、推销商品、方便使用商品的功能，则必须重视纸盒包装的结构和造型设计，在了解纸材料特性和生产成型技术的前提下，以设计的基本原则为指导，掌握一定的设计技巧和制作方法，结合独特的思维和实训方式进行科学合理的创意设计能力锻炼。

1.4 纸包装的发展和应用前景

造纸术是中国古代四大发明之一，中国人民很早就已将纸材用于商品包装；古代的手工造纸术随中外经贸文化交流而逐步传入阿拉伯、欧洲等地区后，随着近代西方工业革命的发展而升级成为化工、机械化的造纸术，大大提高了生产效率，也为大量的商品生产活动提供了源源不断的纸质包装材料。直至今天，纸材料一直都是全世界包装工业中最主要最重要的原材料。

纸材料生产原料充足，利于加工和印刷装潢，便于运输和回收利用，环保性能好，在包装工业中有着十分广阔的运用前景。有关资料的统计数据表明，销售包装中的纸材占整个包装材料的45%左右，不仅用于百货、纺织、五金、电讯器材、家用电器等商品包装，还用于食品、医药、军工产品的包装；而运输包装中纸材料的应用比重还要高得多，因此纸包装在现代包装设计和包装工业中的应用十分广泛，用量大、回收和翻新快，发展前景广阔，在包装工业中具有举足轻重的地位。

随着时代发展，纸包装在包装设计界和现代生活中的作用仍将得到进一步加强，而新技术、新观念、新的生活方式对纸包装、纸盒纸箱的设计及应用仍然具有深刻的影响和启示。

在材料方面。复合材料、新工艺的纸材将进一步增强包装设计的表现力。如具有闪烁炫目外观效果的纸材料，在用于化妆品包装制作时能有效提高商品的身价和感染力；具有特殊视觉、触觉肌理效果的油墨、涂层和金属材质正在进一步与纸材质融合，为纸盒包装设计提供更多的材料选择。同时，纸材质的环保特性将得到进一步加强，除纸材质本身外，对纸材表面涂层、黏合剂的环保性能要求也在逐步提升。

设计方面。纸包装的设计越来越注重整体造型和展示性设计的运用，尤其在销售纸盒的设计中体现得更为具体。通过好的纸盒外观造型吸引受众关

图1-12 生产纸箱的自动化流水线

图1-13 滚筒式模切机

图1-14 可以印制纸盒的普通四色平版印刷机

图1-15 印制在纺织品上的文字

注,并通过开窗等展示化的设计手段来确保即使不打开包装也无碍于产品的直接展示。

在成型工艺方面。纸包装的制作工艺要经过定幅切纸、装潢印刷、覆膜(亚光或亮光)、上光、模切压痕、折叠粘贴等加工工序,随着CAD/CAM、数控、激光等高新技术在包装印刷生产行业的应用,极大地提高了纸盒机械化、自动化水平,如图1-12所示的纸箱生产线;其他诸如滚筒式模切机(图1-13)、自动弯刀机、纸盒打样机、数控激光图形切割机等设备的使用,令纸盒模切版制作发生了技术革命。随着我国包装纸盒加工制造能力的提高和消费能力的不断加强,发展与之相互配套的先进模切版和模切刀具的加工技术成为必然趋势。数字化、自动化设备与技术的逐渐普及,我国纸包装、纸盒纸箱的生产制造将顺应国际化发展与贸易发展趋势,走向标准化、体系化、生态化的经营管理模式。

随着时代的发展,纸包装还将向折叠式包装箱盒和中高档纸箱纸盒的方面发展,通过调整用纸结构,降低生产成本,实现商品包装轻量化,杜绝过度包装。纸材料是极有前途和潜力的包装材料,纸包装是极有前途的绿色包装,纸包装将随着时代发展和社会生产力水平的进一步提高而拥有更大的应用空间。

1.5 纸包装的印刷工艺

纸盒纸箱纸袋等纸包装是纸质材料的一种应用表现形式,其印刷工艺与普通纸材、纸张的印刷工艺大体一致。不过与一般印刷品不同的是,纸包装的印刷不能只按印刷面的好坏来判断其印刷质量,还需要依据其组合成型后的形态来综合判定。

印刷是包装纸盒生产中的重要工序之一,纸张(板)以平面形式经单色、四色、专色等工艺形式的印刷工序后,还可视设计表现需要,通过覆膜(亮光或亚光)、局部上光(油)、压凸等工艺,再经过模切、折叠等工序,方可基本成型。

1.5.1 印刷种类

印刷的种类有很多，根据工艺原理的不同大体可分为凸版印刷、平版印刷、凹版印刷和丝网印刷四类，这四类都可应用于包装印刷中（图1-14、图1-15）。

(1) 凸版印刷。凸版印刷是最早发明并且目前普遍使用的一种印刷技术，其特点是印刷版面上印纹突出，非印纹凹下。当油墨辊滚过的时，突出的印纹蘸有油墨，而非印纹的凹下部分则没有油墨。当纸张在承印版面上承受一定的压力时，印纹上的油墨便被转印到纸上。凸版印刷油墨浓厚、色彩鲜艳，字体及线条清晰。但印刷质量不易控制，而且速度较慢。

凸版包括活版和柔性版。活版印刷是由我国古代发明的胶泥活字和木刻活字发展而来的，活版印刷主要是以铅字进行排版，插图、美术字、照片等则通过照相制版，然后制成锌版、铜版或树脂版。活版印刷是过去印刷工业中的主流，随着数码制版工艺的普及，这种制版方法已不多见。柔性版又称橡胶版，与活版印刷相似，但不同的是印版是由软胶制成，像橡皮图章一样。它采用轮转印刷方法，把具有弹性的凸版固定在辊筒上，由网纹金属辊施墨。柔性版可以在较宽的幅面上进行印刷，不需要太大的印刷压力，压力大时则容易变形。其印刷效果兼有活版印刷的清晰，平版印刷的柔和色调，凹版印刷的墨色厚实和光泽。由于印版受压力过大容易变形的原因，设计时应尽量避免过小、过细的文字以及精确的套印。柔性版印刷对于承印物有着广泛的适用性，适合塑料、软包装、复合材料、纸板、瓦楞纸板等多种印刷材料，而且制版印刷成本较低，质量较好，适宜应用在纸箱、运输包装等对细节要求不是太高的物品。

(2) 平版印刷。其特点是印纹部分与非印纹部分同处在一个平面上，利用油水相斥的原理，使印纹部分保持油质，非印纹部分则水辊经过时吸收了水分。当油墨辊滚过版面后，有油质的印纹沾上了油墨，而吸收了水分的部分则不沾油墨，从而将印纹转印到纸上。

早期的平版印刷是由石版印刷发展而来的，称为平版平压式印刷。此后又改进为用金属锌或铝作版材，由于印刷时版材承受较大压力，使油墨扩张导致印纹变形、粗糙，后来经过改良，附加一个胶皮筒以缓冲压力。其过程是先将锌版制成正纹，印刷时转印到胶筒上成为反纹，然后再将反纹转印到纸上成为正纹，因此这种印刷方式也被称为"胶印"。

平版印刷套色准确、色调柔和、层次丰富、吸墨均匀，适合大批量印制，尤其是印刷图片。因此特别适合画册、书刊、样本、包装等印刷，适应范围很广。

(3) 凹版印刷。凹版印刷的原理与凸版印刷正好相反，印纹部分凹于版面，非印纹部分则是平滑的。当油墨滚在版面上后，自然陷入到凹下去的印纹里，印刷前将印版表面的油墨刮擦干净，只留下凹纹中的油墨，放上纸张并施以压力后，凹陷部分的印纹就被转印到纸上。

凹版印刷方式有二种。一种是雕刻凹版，它以线条的粗细及深浅来体现印刷效果，适合于表现文字、图案，多用于印刷票证和线条细腻的包装；另一种是照相凹版（影印版），利用感光和腐蚀的方法制版，适合于表现明暗和色调的变化，常用于画面精美的销售包装、画册等物品的印刷。凹版印刷由于受压力较大，因此油墨厚实、表现力强、色调丰富，版面耐印度好，对材料的适用面较广，但制版费用较高，工艺较复杂，不适于小批量的印刷。凹版印刷常用于印刷塑料包装、包装纸、纸盒和瓶贴等。另外由于凹版不易被假冒，图案清晰，也用来印刷纸钱币、邮票、有价证券等。

(4) 丝网印刷。又称孔版印刷，是由油墨透过网孔进行的印刷，丝网使用的材料有绢布、金属及合成材料的丝网及蜡纸等。其原理是将印纹部位镂空成细孔，非印纹部分不透。印刷时把墨装置在版面之上，而承印物则在版面之下，印版紧贴承印物，用刮板刮压使油墨通过网孔渗透到承印物的表面上（图1-16、图1-17）。

丝网印刷操作简便、油墨浓厚、色泽鲜艳，而且不但能在平面上印刷，也能在弧面上或立体承印物上印刷，印制的范围和对承印物的适用性很广。

1.5.2 包装印刷的要素

在从设计到成品的整个印刷过程中，有四个基本的决定性要素，即印刷机械、印版、油墨和承印物。

(1) 印刷机械。印刷机械是各种印刷品生产的核心部分，其主要作用是将油墨均匀地涂布到印版的印纹部分，通过压力使印版上的油墨转印到承印物的表面而制成印刷品。根据印版结构的不同，印

图1-16 丝网印刷机正在印制无纺布材质包装袋

图1-17 某型丝网印刷机

刷机械可以分为凸版印刷机、平板印刷机、凹版印刷机、丝网印刷机和特种印刷机五种类型。这些印刷机基本上都是由给纸、送墨、压印、收纸等部分组成。此外按照承印物的尺寸，印刷机械还可分为全开印刷机、对开印刷机、四开印刷机等。按一次印色的能力又可分为单色印刷机、双色印刷机，四色、五色、六色、九色印刷机等。按送纸的形态也可分为平版纸印刷机和卷筒纸印刷机。按压印方式还可分为平压平式、圆压平式、圆压圆式（轮转式）三种。

(2) 印版。印版是使用油墨来进行大量复制印刷的媒介物。现代印刷中的印版大多使用金属版、塑料版或橡胶版，以感光、腐蚀等方法制成。根据印刷画面的效果可以分为线条版和网纹版，线条版用于印刷单线平涂的画面，网纹版主要用于图片及渐变色等连续调画面的印刷。在印刷过程中，单色画面制一块色版，多色画面则需制多块色版，并分多次印刷才能完成。

(3) 油墨。油墨是经过特殊加工制成的胶状体印刷颜料，种类较多，按照印刷方式不同可分为凸版油墨、平版油墨、凹版油墨、丝网版油墨、特种油墨五大类；按照承印物的不同又可分为供纸张、玻璃、塑料、金属等不同材料用的油墨。对于包装印刷油墨一般有以下要求：油墨细腻，墨色纯正；在空气和光照下不易变色及褪色；与同类油墨相互调和不会变质；对于食品、服饰、儿童用品、化妆品等包装的印刷油墨，不能含铅等其他有毒物质；对于化妆品、服饰、儿童用品、卫生用品，油墨不能含有异味，必要时可以加入香料。随着科技的进步，新型油墨不断被研制和开发出来。

(4) 承印物。承印物是包装印刷材料，现代包装材料种类非常多，大多包装都需要进行印刷加工。包装使用的材料中，纸是主要的承印物，此外还有金属、塑料、玻璃、陶瓷、纺织品等，它们对于印刷方式和油墨等都有具体要求，印刷效果也不尽相同。对于不同的承印物的特点，设计人员应该有一定的基本知识，并与印刷环节相配合，才能充分发挥承印物的优点，生产出设计制作精美的包装。

1.5.3 纸盒的印刷工艺流程

(1) 设计稿。设计稿是对印刷元素的综合设计，包括图片、插图、文字、图表等。目前在包装设计中普遍采用电脑辅助设计，以往要求精确的黑白原稿绘制过程被省去，取而代之的是直观地运用电脑对设计元素进行编辑设计。

(2) 照相与分色。对于包装设计中的图像来源，如插图、摄影照片等，要经过照相或扫描分色，经过电脑调整才能够进行印刷。目前，电子分色技术产生的效果精美准确，已被广泛地应用。

(3) 拼版制版。印版有凸版、平版、凹版、丝网版等，基本上都是采用晒版和腐蚀的原理进行制版。现代平版印刷是通过分色成软片，然后晒到PS版上进行拼版印刷的。随着技术发展，现在也出现了将经过拼版的电子稿信息直接以雕刻等技术手段直接输出到印版上的设备和工艺。

(4) 打样。晒版后的印版在打样机上进行少量

1 包装材料与纸包装结构设计概述

图1-18 印刷后期加工中使用滚筒式模切设备切割成型的纸盒毛坯，印刷工人正在进行质量检测

张则产生了凹凸现象。

(5) 模切。又称压切，包装盒需要切成特殊的形状，可通过模切成型。

思考与练习：
1. 包装有怎样的功能？包装的材料主要有哪些，各有什么特点？
2. 纸包装的发展应用前景如何？
3. 纸包装的印刷有哪些后期加工工艺？

折叠纸盒的流水线裱糊

纸箱的印刷和模切一体成型

试印，以此作为与设计原稿进行比对、校对及对印刷工艺进行调整的依据和参照。

(5) 印刷。根据合乎要求的开度，使用相应印刷设备进行大批量生产。

(6) 后期加工。对纸盒印刷成品进行压凸、烫印、上光过塑、打孔、模切、除废、折叠、黏合、成型等后期工艺加工（图1-18）。

1.5.4 纸包装的印后加工工艺

纸包装、纸盒纸箱的印后加工工艺是在印刷完成后，为了美观和提升包装的特色，在印刷品上进行的后期效果加工。主要有烫印、上光上蜡、浮出、压凸、模切等工艺。

(1) 烫印。烫印的材料是具有金属光泽的电化铝箔，颜色有金、银以及其他种类。在包装上主要用于对品牌等主体形象进行突出表现的处理。

(2) 上光与上蜡。上光是使印刷品表面形成一层光膜，以增强色泽，并对包装起到保护作用。

(3) 浮出。这是一种在印刷后，将树脂粉末溶解在未干的油墨里，经过加热而使印纹隆起、凸出产生立体感的特殊工艺，这种工艺适用于高档礼品的包装设计，有高档华丽的感觉。

(4) 压凸。又称凹凸压印，先根据图形形状以金属版或石膏制成两块相配套的凸版和凹版，将纸张置于凹版与凸版之间，稍微加热并施以压力，纸

2 纸包装结构设计基础

课程目标

了解纸包装的分类、选材和设计依据，了解折叠纸盒与固定纸盒的基本种类和设计思路，理解折叠纸盒的整体设计原则和结构设计原则。

基本知识

纸包装结构的设计依据，折叠纸盒与固定纸盒的区别。

参考学时

2学时

2 纸包装结构设计基础

纸包装的结构设计是保护商品、促进销售的重要环节，紧跟时代的发展，利用新的材料技术，创造适应社会需求的完美设计是纸包装结构设计的基本出发点。学习纸包装及纸盒纸箱设计，首先必须了解纸包装，了解何为纸盒纸箱纸袋、纸包装的种类、设计与选材依据在哪里、设计的基本要求等，在此基础上才能独立进行纸包装的结构和装潢设计。

2.1 纸质包装的分类

以纸盒纸箱为主体的纸质包装占据了包装市场中的很大一部分份额，在学习纸质包装设计时，我们需要先对纸质包装的分类稍作了解。纸质包装（容器）有纸盒、纸箱、纸袋、纸罐、纸杯等类型，其分类如下：

2.1.1 纸盒分类

按照纸的种类分：瓦楞纸盒、白板纸盒、卡板纸盒、茶板纸盒等。

按照材料厚度分：厚板纸盒和薄板纸盒。

按纸盒的形态分：方形、三角形（图2-1、图2-2）、多棱形（图2-3）、梯形（图2-4）及特殊异型盒等。

按结构分：折叠纸盒（图2-5）和固定纸盒（图2-6）。

图2-1 三角形纸盒

图2-2 三角形提手式折叠纸盒

图2-3 正六棱柱形纸盒

图2-4 梯形折叠纸盒

图2-5 折叠纸盒

图2-6 使用多种材料、手工制作的固定纸盒

图2-7 开槽纸箱　　图2-8 半开槽纸箱　　图2-9 带有透气孔的裹包式箱坯

图2-10 裹包式箱坯　　图2-11 开口式纸袋　　图2-12 收口式纸袋

按形式分：抽屉式、摇盖式、套盖式、手提式、开窗式、陈列式、组合式等。

按用途分：食品用纸盒、纺织品用纸盒、化工产品用纸盒、药品用纸盒、化妆品用纸盒等。

2.1.2 纸箱分类

纸箱主要归属于储运包装，应用范围很广，几乎包括所有的日用消费品。水果蔬菜、食品饮料、玻璃陶瓷、家用电器以及自行车、家具等商品多用纸箱进行储运。随着社会消费的发展，还有越来越多的商品也同时用纸箱作为销售包装，这使纸箱的使用范围更广泛了。

纸箱通常采用瓦楞纸纸板作为包装材料，其中应用最多的是单瓦楞、双瓦楞和三瓦楞等类型。纸箱是指容积较大的纸容器，使用范围主要储藏与运输之用。纸箱种类有开槽纸箱、半开槽纸箱、裹包式纸箱坯、纸板折叠箱等。

开槽纸箱，又称对口盖式，是纸箱中常用的最普通的造型结构（图2-7）。它使用于数百种产品，食品尤其多用。当然使用时若需特殊结构保护的话，还可以在设计的基础上进行更改。

半开槽纸箱，典型的用途是组合运输容器和货架包装及水果、蔬菜等，结构造型有天地盖式和浅箱结构（图2-8）。

裹包式纸箱坯，包装罐头产品，产品很紧密，以防产品损坏，而且纸板用量最少（图2-9、图2-10）。

另外，还有大型纸箱、瓦楞纸板折叠组箱、抽屉式纸箱、陈列式纸箱等，这些与上述纸箱结构大同小异，就不再一一列举了。

2.1.3 纸袋分类

纸袋是生活中常用的包装容器之一，例如商品包装用的手提袋，工业用品中的多层袋等。在传统的基础上，现在的纸袋在性能上、用途上都大有改进。如将纸与铝箔、塑料或其他材料组合使用，就大大提高了纸袋的使用性能，拓宽使用范围。

纸袋是由纸筒将其一端或两端封闭而成，设有开口，便于盛装产品的一种软性容器，按结构中用纸的层数分有：单层、双层和多层等（图2-11至图2-13）。

按纸袋的用途分有：食品类、药品类、文体办公用品类、化工产品类、纺织品类或专用包装袋和通用包装袋之分等。

按结构形状分有：缝合开口袋、缝合阀式袋、粘合开口袋、粘合阀式袋、扁底开口袋、手提袋等。

缝合开口袋，袋底缝合，袋口张开，充填物品后，可以缝合，也可以用粘合、结扎或U形钉钉合等方法。此袋型可包装颗粒状产品。

缝合阀式袋，袋底和袋顶预先缝合，袋顶角部设阀门，填充和倒出都通过阀门，通常包装小颗粒的产品。

粘合开口袋，袋底采用折叠和粘合方法，充填方式与缝合开口袋同样。

粘合阀式袋，气袋底和袋顶采用粘合封闭，通过阀门进行充填，充填后形成"长方体"结构。

扁底开口袋，底端的每层材料逐层粘合充填后将袋顶折叠后用黏合剂封闭。

手提袋在现实生活中使用量越来越大，在市场竞争日益激化的当今，利用手提袋作为广告宣传的载体，形式更加丰富多样。

2.1.4 纸罐分类

纸罐又称合成罐，主要分为两大类：螺旋形卷绕合成罐和多层卷绕合成罐（图2-14）。

2.1.5 纸杯分类

纸杯是盛食品、饮料等用途的器皿，一般分为有盖和无盖纸杯，有把手和无把手纸杯等（图2-15）。

2.2 折叠纸盒与固定纸盒

纸盒是包装结构设计中的重要和主干内容，其结构造型变化的样式之丰富多彩，远在纸箱纸袋纸杯之上，是本书所介绍和研究的主要内容。立足于包装设计和商品生产管理的角度，纸盒包装一般按结构形式进行分类，分为折叠纸盒和固定纸盒。

折叠纸盒是运用纸板（含卡纸）按照特定设计的盒型与结构，通过模切、压线、折叠、插合或粘贴成型的一类纸盒。其特点是所有部件包含在一张连续的纸面上，不装物时可以折叠压成片状存放，使用时展开立起成盒即可装物；折叠纸盒适合大批量机械化加工生产、方便堆放储运、节省空间、适用于装潢印刷且方便回收，是纸质包装中应用极为广泛、所占比重极大的一类（图2-5）。根据粘胶与否，折叠纸盒可分为免胶（插扣）式与粘接式两大类；根据形态又可分为管式、盘式、特殊造型（变形）纸盒等。折叠纸盒可采用卡纸、夹层纸、单层瓦楞纸等材料制作，强度通常不大。

固定纸盒也叫粘贴纸盒或裱糊纸盒，是运用纸板和纸根据一定的盒型设计方案进行压线、切片后，通过组合粘接或裱糊固定成型的纸盒；成型后的纸盒不能再折叠成平板片状，只能以固定盒型外观进行运输和仓储，因此被称为固定纸盒（图2-6）。固定纸盒以纸板粘接为基础，表面可以裱贴各种贴面材料，如铜版纸、卡纸、仿革纸、丝织品、皮革、塑料以及毛纺织物等，并且可以运用印刷、压凸和烫金等工艺，可以制作成多种精美的盒型。固定纸盒强度高、保护性能佳，但在空盒存放和搬运中所占空间大且造价高，故一般用作较高档次的礼品包装，在包装市场的运用范围有限，多见于中成药、保健滋补品、高档酒类、茶叶、化妆品或首饰等高档产品

折叠纸盒与固定纸盒的区别

图2-13 带提手的纸袋

图2-14 纸罐

图2-15 纸杯

图 2-16 不同定量的白卡纸

的包装，一般通过纯手工或半机械化生产制作，生产效率低、成本高。

2.3 纸包装设计的选材和设计依据

盒与箱作为容器其概念上的差异主要在于相对大小的区别，小的称为盒，大者为箱。纸盒纸箱的基本构造特点相似，一般都是由承压负重的底部、内有容装空间的盒（箱）身、顶端封合的盒（箱）盖（顶盖和摇翼）三部分构成。纸箱造型基本上为立方体，普通纸盒也以立方体为主要造型。材料是做好包装设计的基础，是保护、保持产品特性的重要手段，合理、合适的选材方可设计制作出好的包装。包装的整体设计是在一定物质材料之基础上进行结构、装潢、系列化的规划过程，可用于制作包装的材料有纸材、金属、塑胶、纺织品、木材以及其他复合材料等；但纸张（板）却是包装设计中使用最为广泛且加工方便、成本低廉的材料，具有普遍性和代表性，构成了绝大部分日用百货商品的内外包装。纸材在包装设计中的应用主要通过纸盒纸箱的包装结构来体现，常用的纸材主要有卡纸、纸板、夹层纸、瓦楞纸、复合纸及具有肌理装饰效果的特种纸等；针对不同的被包装物及包装的不同用途，纸质包装结构的选材将有所不同；同时纸质包装具有不同的结构类型，其设计思路亦依据用途和被包装物等因素综合确定。

纸盒选材设计依据

2.3.1 纸质包装结构的选材依据

纸质包装结构的设计制作，其选材的首要依据是被包装物的特性。被包装物既指商品或产品，也可指包装盒自身。许多商品的系列包装盒都有大盒小盒之分，小盒直接接触、包裹商品，是销售或零售包装，常具有较好装潢效果以便于展示陈列；大盒是运输包装，其被包装物即内装商品的小盒（销售包装），包装盒本身也可成为被包装物，设计师应当根据被包装物特性来选择具有特定效果或功能的纸材料。

在纸材料中，常用的制作纸盒的板纸有白板纸、黄板纸和色板纸三种。商品包装中使用涂层白板纸较多。白板纸按质量分类有 230 克、250 克、300 克、350 克、400 克、450 克（每平方米面积的纸张质量，质量越大则纸张越厚）等各种规格，如图 2-16 所示。它有光滑、平整洁白的表面并适宜印刷加工、机械生产，有较轻的自重与便于保管、运输等优点。可单独加工成型，也可以与塑料、铝等材料复合成型。在纸盒包装设计中，我们需要了解和熟悉纸材料的性能，如张力、抗撕力、柔软度、厚度、耐折性、光滑性、承重性等，只有充分认识和掌握材料性能，才能根据产品的包装需要而选用合适材质来设计包装结构造型。

考虑到成本的因素，设计中还应注意纸板的尺寸和合理利用材料，避免浪费。选用材料时首先应当考虑包装物品的形态，是多水分物品、湿性物品、液体物品还是固体物品，是高脂肪物品还是冷冻物品等。必须注意品质保护性、安全性、操作性、方便性、商品性和流通性事项。另外，还要考虑商品的用途、销售对象和方式、运输条件等。

以茶叶的纸盒包装为例，中国的茶文化历史悠久，茶叶包装是包装行业中的一个重要工作内容。茶叶自身具有吸湿性、氧化吸附性、易碎易变性等特性，而茶包装必须能保持茶叶不变质，只有充分了解茶的特性及引发茶叶变质之因素，才能合理选用适当的材料。直接接触茶叶的内包装或销售包装可以用金属箔片、塑料等材料，若选用纸材，则须用具有密封防潮效果的复合纸材。而茶叶的运输包装要考虑运输、装卸、仓储等过程和环境中所难免的晃动、碰撞等因素对商品可能造成的损害，则纸材应当选择具有良好缓冲减震效果的夹层纸、瓦楞纸等。同样的道理，灯泡、鸡蛋等易碎品的内外包装及缓冲件都应当选择具有良好减震效果的瓦楞纸，在运输或移动商品时能最大限度地保证商品安全；如果被包装的产品是油性食品，则纸包装内还须另附一层防油纸材包裹食品，以增加包装整体的保护效果，并保持销售包装外观的整洁。

2.3.2 纸质包装结构的设计依据

纸质包装的结构有折叠纸盒（箱）和固定纸盒（箱）两大类。固定纸盒（箱）的结构是以纸张、纸板为主体，配以磁铁等其他少量零件以手工、半机械化方式粘贴制作而成，其成品不可折叠变形，内部常采用木材、金属箔、布料等作内衬，成本较高且外观造型变化少，主要应用于高档礼品包装。而折叠纸盒（箱）最重要特点是其所有结构部件都由一张纸（或纸板）折叠成型，是纸质包装的主流，可由印刷及后期加工流程高效生产制作，成本低廉。纸质包装结构可以选用折叠式或固定式，须由被包装物用途来决定，内装物的用途直接决定了包装的结构设计的表现形式。例如高档礼品主要应用于社交活动场合，承载了很多除自身特性之外的社交属性，故大多采用具有厚重感的固定纸盒包装，以凸显商品的尊贵气质、提升附加值，而大多数日用百货商品的包装则采用相对廉价的折叠纸盒结构。

折叠纸盒（箱）结构又可分为基础纸盒（箱）与变形纸盒两大部分。基础纸盒外观通常为长方体或正方体，其结构有反向插入式纸盒、自动底纸盒、自动锁合底纸盒、盘式纸盒等。变形纸盒又叫异形纸盒，是具有良好的外观造型和销售展示效果的非基础纸盒的统称。基础纸盒外观工整，便于堆码、陈列展示、运输装箱等，故绝大多数日用商品如零食玩具小商品等，都采用基础纸盒结构进行包装，以节约包装生产成本和销售展示的空间成本。而变形纸盒因具有良好的外观造型和富有生趣的销售展示效果，故常被用于喜庆用品包装或营销推广活动等场合的产品包装，亦具有十分重要的应用价值。由此可见，依据被包装物或包装自身的用途等综合因素来选择包装结构，是包装设计工作中的基本方法。

具体说来，纸质包装结构的设计可参考并依据以下几个方面的要求：

图 2-17 纸盒（袋）以主要展示面面对消费者

（1）依据产品的性质、形态和重量。产品的特性包括化学特性、物理特性、机械特性、生物学特性等。在进行纸质包装结构设计时首先要考虑内装产品所具备的上述特性，内装物的不同要求必然导致纸盒的造型和结构有相应的不同变化。形态指产品在一般环境条件下表现出来的外形结构，包装应合理考虑被包装物的外形而设计。

（2）依据商品的用途和定位。就商品的用途来讲，对多次、长时间使用或食用的商品，包装造型结构无论在美观或耐用性上都应该比一次性消费商品的包装更讲究些。另外，不同消费市场的定位和营销策略，决定了不同商品的包装档次，因此对纸盒设计各有讲究。而且不同消费者对于同类商品的需求数量也不尽相同，容量的差异也要求使用不同的包装造型和容积，这在前期调研和设计时都要慎重考虑。

（3）依据储运条件。方体造型的纸盒纸箱最适合运输、仓储堆码，因此纸质包装外观设计应尽量

图2-18 人们大多习惯于用右手由前向后开启盒盖

物,其结构的选材和设计,需依据其被包装物的特性和用途。在保护商品基本特性的前提下力求美观、新颖地表现各类商品的个性特征是包装设计的追求;合理的结构、理想的选材是保护商品、方便使用并降低生产成本的现实要求。

2.4 纸包装结构设计的基本要求

纸包装结构设计中应当满足以下基本要求:

(1) 方便性。纸盒包装结构设计必须便于生产,便于存储,便于陈列展销,便于携带,便于使用和运输。

(2) 保护性。保护性是纸盒设计的关键,根据不同产品的不同特点,设计应从内衬、排列、外形等结构分别考虑,特别是对于易破损和具有特殊外型产品。

(3) 变化性。纸盒外形的更新、变化非常重要,它能给人以新颖感和美感,刺激消费者选购欲望。

(4) 科学合理性。科学性和合理性是设计中的基本原则。设计合理的纸盒包装其用料少而容量大,重量轻而抗压能力强,成本低而功能全。

保护商品、节约成本是包装设计的原则,促销是目的,为了竞争的需要,设计者当从实际出发,反复权衡各方面的因素,在具体的项目条件限制下找出最佳的设计要素组合。

接近方体造型。

(4) 依据力学原理。纸盒应该结构牢固,具有较好的耐冲击和抗压性能,不易被外力挤压破坏,能保证商品运输储存销售过程中的完整性。

(5) 依据陈列展示要求。商品陈列展示大致有三种方式:将商品悬挂在货架上、一件件堆码起来或摆在货架上。因此纸盒结构可以采用可挂式、POP式、盒面开窗式等包装形式,保持尽可能大的主要展示面,以便为装潢设计提供更便利的条件(图2-17)。

(6) 依据现有的加工工艺条件。生产加工是实现设计创意的主要手段,无论是手工包装还是机械化包装都应力求简化纸质包装的成型程序,有助于提高生产效率,降低工耗和成本,满足节省的包装设计总的要求。销售包装通常尺寸较小,在设计上要考虑纸张的利用率,尽量符合印刷纸张的开度。

(7) 人机工学依据。纸包装结构设计与人机工学原理的关系十分密切,纸盒(箱)成品与人体直接接触,故设计时必须考虑人在使用过程中以手或身体其他部位与纸盒(箱)之间互相协调适应的关系。例如人类手的尺寸大小范围是相对固定的,手在拿、开启、使用、提携、倾倒等活动中,纸盒(箱)造型将如何配合人体这些动作并使人感觉方便省力,就成了纸盒包装设计中尺寸把握的重要依据;此外,人的使用习惯也是纸盒设计中不可缺少的依据(图2-18)。

纸质包装设计是科学性和艺术性相结合的产

2.5 折叠纸盒结构的基本设计思路和原则

纸盒是包装体系中的重要组成部分,以纸盒(箱)为主体的纸质包装占据了包装市场中的很大份额,也是包装工业中的重要和主干内容。如前所述,纸盒包装一般按结构形式可分为折叠纸盒和固定纸盒。折叠纸盒是运用纸板(含卡纸)按照特定的设计,通过模切、压线、折叠、插合或粘贴成型的一类纸盒。其特点是所有部件包含在一张连续的纸面上,不装物时可以折叠压成片状存放,使用时展开立起成盒即可装物;折叠纸盒具有适合大批量机械化加工生产、方便堆叠储运、节省空间、适用于装潢印刷且方便回收等优点,是纸质包装中应用最为广泛、所

折叠纸盒基本设计思路

占比重最大的一类。固定纸盒在包装设计中所占的比重较小，而折叠纸盒结构的设计是包装结构设计中的重要和主干内容，展示了包装设计作为独立学科所体现出的特有思维。

根据粘胶与否，折叠纸盒可分为免胶式（扣式）与粘接式两大类，根据形态又可分为筒式纸盒、盘式纸盒、变形纸盒（又称特殊造型、异形纸盒）等。折叠纸盒可采用卡纸、夹层纸、瓦楞纸等材料制作，强度通常不大。折叠纸盒最常见的形态为直角六面体、即长方体或正方体造型。其结构分为盒盖、盒身、盒底三部分，借助纸材料和各部位具体的结构来支撑组合成形，同时纸盒结构又形成一定的外部形态，即纸盒造型。纸盒用结构来解决功能的实际问题，但如果没有造型的形式美感表现，也很难被市场和消费者认可，功能和形式缺一不可。为了将功能和外在造型（形式）在结构设计中体现到位，折叠纸盒结构设计自有其基本设计思路和原则（图2-19）。

2.5.1 折叠纸盒的基本设计思路

折叠纸盒的基本设计思路首先体现在对纸盒尺寸的把握上，合理的纸盒尺寸和比例关系是保证纸盒性能的首要因素。纸盒要紧密包裹产品或更小的内盒，恰当的尺寸能有效保证纸盒在流通过程中的稳定性和方便性，同时还可决定包装的生产制作成本是否经济。而最佳的尺寸比例由纸板用量、强度、堆码状态及美学因素所决定。事实上，尺寸比例不可能做到完美，但设计时需要设定一个理想的比例概念，并引导着纸盒设计的外观尺寸和比例尽量接近这个概念，也可以说理想的尺寸比例就是在一定条件限制之下的最佳比例。

折叠纸盒结构在设计中要根据纸盒大小、所装物品的重量等因素来选定纸材，通常重量较大商品的包装纸材需要厚实些，而尺寸较大的纸盒也需用较厚实纸材，以保证纸盒外观的挺括。纸盒开闭锁功能关系到纸盒的安全牢固与否，根据纸盒大小和所装物品的重量，纸盒可以考虑添加手提结构附件，若小盒或内装物质量较轻则仅需摇盖封口即可；纸张具有弹性，缺乏咬合关系的盒盖会轻易被打开甚至自动弹开；解决和完善开闭锁功能，是折叠纸盒设计中非常重要的工作内容。另外，纸盒尤其是折叠纸盒因为要进入大规模机械化生产程序，故结构设计一定要做到节省和经济，选材恰当、材尽所用，以提高效率、减少浪费并促进环保。

2.5.2 折叠纸盒的整体设计三原则

折叠纸盒的设计原则是包装设计界从长期的实践经验中总结出来的，其整体设计的三原则是：

（1）整体上应满足消费者在决定购买时首先观察纸盒的主要装潢面（包括主体图案、商标、品牌、厂家名称及获奖标志的主要展示面）的习惯，或满足橱窗展示、货架陈列中让纸盒主要装潢面面对消费者的习惯（图2-17）。

（2）整体设计应满足消费者在观察或取出内装物时由前向后开启盒盖的习惯。

（3）整体设计应满足大多数消费者用右手开启盒盖的习惯（图2-18）。

这三点原则，广大学生或包装设计人员只需稍

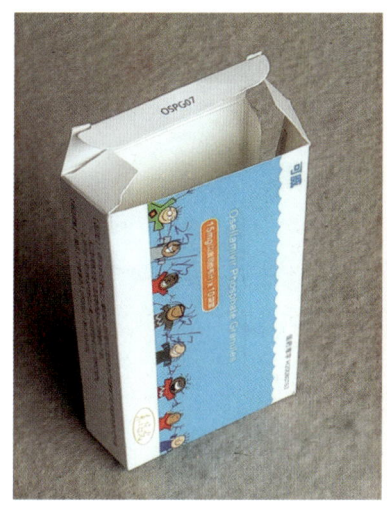
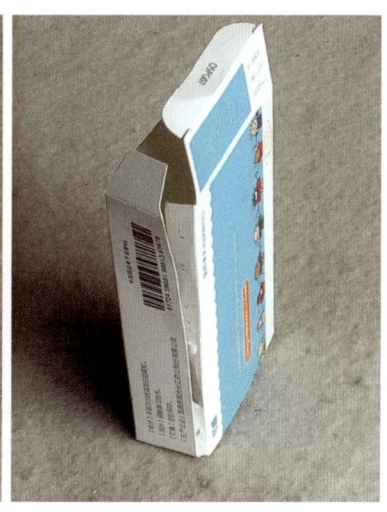

图2-19 纸盒立面两端所粘合的区域被设置在纸盒背面

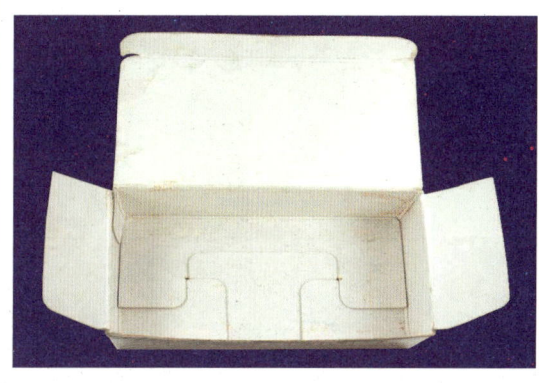

图2-20 纸盒盒盖连接于后板以便于盒盖由前往后开启

微回顾自己在超市货架上观察、拿取商品包装的习惯性动作即可理解，整体设计三原则是顺应人们普遍的使用习惯、是符合生活经验和人机工学原理的原则。

2.5.3 折叠纸盒的结构设计三原则

折叠纸盒的结构设计三原则是：

（1）折叠纸盒粘合襟片应连接在后板上；纸盒盖板应连接在后板上；纸盒主要底板一般应连接在前板上。折叠纸盒的粘合襟片连接在纸盒后板（即纸盒背面）上，这样纸盒正面及左右就看不见纸盒立面两端所粘合而形成的痕迹，保证折叠纸盒在货架或展台上能以其完美的外在结构造型并饰以装潢后展示于公众面前。图2-19中的纸盒被笔者撕开了粘合襟片，纸盒展示面（正面）在正常状态下是看不见粘合痕迹的。

（2）纸盒盖板连接在后板（即纸盒背面）上，则人们方可由前往后开启盒盖，符合上文整体设计原则之所述（图2-20）。

（3）纸盒的主要底板连接在前板（即纸盒正面）上，则可保证盒内物品重量压住底板的同时也稳固住了纸盒正面，保证了纸盒摆放、展示时的稳定。

折叠纸盒的结构设计，是建立在便利、实用的包装设计之基本属性基础上的，故其基本设计思路和原则，也只有结合人的操作、使用习惯和经验，方可理解并运用自如。笔者建议在设计折叠纸盒包装结构时，设计者当观察自己和周围人士使用纸盒包装时的抓取、开启等动作习惯，从而为合理安排和设计纸盒结构奠定基础。

2.6 固定纸盒的种类与基本结构

固定纸盒在我国出现的历史较早，明清两朝就已大量使用手工糊制的固定纸盒，用于包装茶食糕点，工艺较为简陋。近代以来随着西方工业文明的影响和市场的繁荣发展，需要包装的商品日益增多，纸盒包装工业由是获得发展。固定纸盒的设计和制作也在不断探索运用新材料、新结构、新工艺，从原始的手工制作逐步过渡到使用机器开料制坯，形成半机械化生产方式，提高了生产效率，设计上也不断创新，制作工艺日趋精致优美，出现了很多新型的固定纸盒。

固定纸盒种类与基本结构

图2-21 镶装衬里的固定式纸盒

图2-22 八边形固定纸盒及其托架

图2-23 抽屉式固定纸盒

图2-24 天地式固定纸盒

图2-25 包装易碎品，有特殊形状衬里的固定展示盒

图2-26 低档次的固定纸盒——火柴盒

图2-27 礼品包装固定纸盒

图2-28 展示用固定纸盒

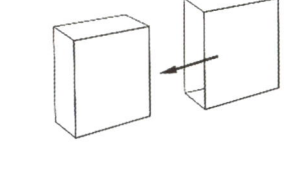

图2-29 固定纸盒的常见外观

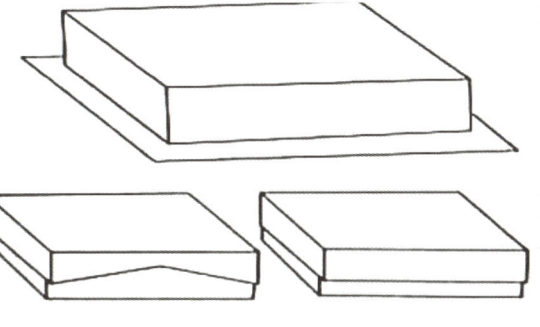
图2-30 固定纸盒的常见外观

图2-31 用纸材和木材（胶合板、密度板）制作的固定式礼盒

2.6.1 固定纸盒的基本种类

常见的固定纸盒有：套筒式纸盒、镶装纸盒（图2-21）、衬垫盖纸盒、异形纸盒（图2-22）、抽屉式纸盒（图2-23）、有肩纸盒、带铰接盖的纸盒、倾斜盒面纸盒、天地式纸盒（图2-24）、盒中盒、特制品纸盒（图2-25）、有格子板纸盒、有内隔板纸盒等。固定纸盒在应用中大体可分为以下三类：

（1）低档次的固定纸盒。早期低档固定纸盒的常见结构，如医用注射针剂包装盒、鞋盒、老式火柴盒等（图2-26），此类固定纸盒通常使用黄板纸（马粪纸）外裱糊白纸，这种纸盒一般是手工制作粘贴，外观粗糙简陋，常适用于档次较低的商品包装。

（2）高档次礼品包装用固定纸盒（图2-27）。这类固定纸盒是礼品包装中最常见的形式，用材讲究、结构新颖而精美，内外装饰精致，以增加商品附加值。

（3）销售展示用固定纸盒（图2-28）。展示型包装纸盒是为了适应现代商业活动中的现场展示需要，这类纸盒需要借助设计手段增加多样、丰富的展示效果，以吸引消费者目光。

2.6.2 固定纸盒的基本结构

固定纸盒的用材包括基材、贴面、内衬材料（缓冲件）及其他附件。基材主要是挺度较高的刚性非耐折纸板，耐压、挺括、不易变形；贴面材料主要是白板纸、铜版纸、胶版纸、蜡光纸、牛皮纸、特种花纹纸等以及绫、锦、软缎、织锦缎、丝绒等纺织品材料；内衬材料主要是能起到缓冲作用的结构和材料，主要有厚板纸、海绵、纸浆塑模、泡沫材料加锦缎、植绒模塑等；其他附件主要有金属铰链、磁铁、金属边框、玻璃、丝带等，通常是进行表面附加装饰的。

固定纸盒以扁方形的盘式结构为主，与折叠纸盒相比，结构稳固、造型方正稳重，装饰新颖独特。固定纸盒按结构形式可分为连体式、分体式与异体式三类（图2-29、图2-30），根据盒盖的造型和位置不同，固定纸盒包括摇盖式、扣盖式、手提式、书本式、展示式、异形盒、多材料组合结构盒等（图2-31），封盖有单盖、双盖和多盖等形式。固定纸盒的盒盖设计往往很讲究，它关系到开启方式和主要展示面效果，是塑造精美档次的关键。

固定纸盒须用厚实的刚性纸板做基材，先量取、裁切出适当大小和形状，当原本属于一块纸

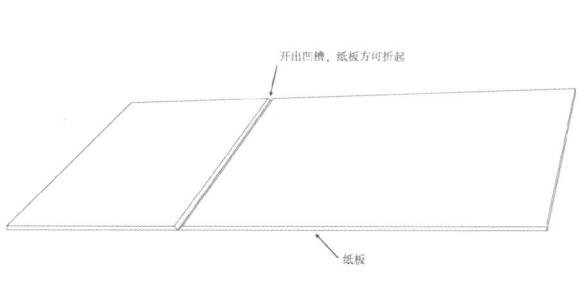

图 2-32 纸板上开出凹槽方可折起

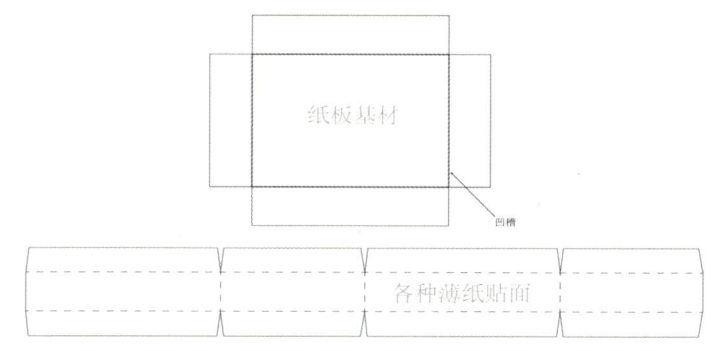

图 2-33 托盘式固定纸盒的基本结构

图 2-34 基本制作完成的托盘式固定纸盒

板的不同部分需被制作成通过直线连接的两个面甚至更多平面时，切不可强行折叠纸板从而造成纸材损坏变形。有一种常见的做法是用纸盒打样机等设备上的 V 刀功能在预定的交界线处开出一个横截面为倒置的等腰直角三角形状的凹槽、上宽下窄（图 2-32 所示），方可将各面立起来并粘贴成型，原来的纸板平面上有开槽的这一面即成为纸盒内部，纸板背面即为成型后纸盒的朝外一面，如此就完成了固定纸盒的基材（坯体）。图 2-33 所示为一种最简单的托盘式固定纸盒的基本结构和制作方法，即制作好基材纸板盒体、再裱糊外表的各种贴面材料和装饰零件；整个过程以手工操作为主、机械工具为辅。图 2-34 为基本制作完成的托盘式固定纸盒，可以交付使用，也可能根据实际需要而有待进一步加工和装饰。正因为制作过程对工人的技术熟练程度和注意力、专注程度要求较高，因此固定纸盒的生产成本较折叠纸盒要高很多，一般多用于高档商品、礼品包装等场合，在本书关于纸盒手工样品制作的篇章中介绍了一种简单固定纸盒结构的制作成型方法和过程。

正所谓"食不厌精、脍不厌细"，固定纸盒的加工工艺多样，可选择的装饰材料、附件很多，内外装饰上可极尽奢华。如此固然产生了很多精美的工艺礼品盒可供欣赏和收藏，也具有除包装之外的储物收纳功能，但就包装本身而言，虽能满足高档商品市场的消费需求，却与现代绿色包装和环保、可持续发展的理念相悖，在社会上也颇有争议；例如很多高档月饼包装，其高档纸质礼盒的成本是月饼成本的数倍甚至 10 倍以上，明显属于过度包装。因此，在商品包装时选择采用固定纸盒尤其是礼盒的形式时，当慎之又慎，应综合考虑市场需求、消费者状况、绿色环保等多方面因素。

思考与练习：

1. 纸盒与纸箱的分类有哪些？
2. 折叠纸盒与固定纸盒各有什么特点？
3. 简述纸包装设计时的选材依据和设计依据。
4. 折叠纸盒设计的基本思路和原则有哪些？试观察所收集的商品纸盒实物来理解。
5. 固定纸盒的基本种类有哪些？

3 典型的折叠纸盒结构分析

课程目标

熟练掌握几种典型的筒式、盘式折叠纸盒结构,培养进行纸包装结构设计的基本能力和举一反三的创新思维。

基本知识

基础纸盒各部分的名称和作用,认识并熟悉国际标准反向插入式纸盒、自动底纸盒、锁合底纸盒的结构,熟悉盘式纸盒的结构及其设计由来,认识纸盒结构制图稿中的各种线条符号。

参考学时

12 学时

折叠纸盒（纸箱）结构繁多，于各种公开出版的纸盒结构书籍、教程中所能收集整理的盒型不少于 300 种，但在有限的课堂时间里无法逐一解析并绘图制作，故本章内容中选取几种典型的折叠纸盒结构进行重点解析，以期读者能在掌握典型折叠纸盒结构的基础上举一反三，逐步了解和掌握各种折叠纸盒结构。

3.1 几种典型的筒式纸盒结构

折叠纸盒可分为三大类：筒式纸盒，盘式纸盒和变形纸盒（也称特殊纸盒、异形纸盒），按制作结构分又有插口或锁口式、粘贴式、组装式等。对于长方体包装而言，一般有三个主要尺寸：长、宽、高（深）。在国内通用标注方式中，长度是指纸包装容器正面左右长度尺寸或盒盖部的长边尺寸，宽度是指纸包装容器的侧面长度或盒盖部分的短边尺寸，高度尺寸指包装容器从盖顶到容器底部的垂直尺寸，如图 3-1 所示，筒式、盘式纸盒一般都是长方体或正方体的外观，否则一般就归入变形纸盒的范畴了。

筒式纸盒是折叠纸盒中最重要最基础的纸盒结构类型，每年在世界上都以天文数字般的数量生产着，各种食品、药品、玩具、日用小商品的包装大多都选择结构简单、易于生产和印刷的筒式纸盒结构，例如图 3-2 中所示的牙膏盒、呈平放状态（躺放）。筒式纸盒的结构特点是盒体各立面是由一个整体折叠而成、两端粘接，盒顶开盖，盒底亦可开启或锁合，盒体的长宽通常要等于或者小于纸盒的高度。筒式纸盒的种类较多，但使用最为广泛和普及的有国际标准反向插入式纸盒、锁合底纸盒、标准自动底纸盒等，本节将详细介绍这三种类型纸盒的平面结构。

3.1.1 国际标准反向插入式纸盒

国际标准反向插入式纸盒是包装设计和印刷界使用最为广泛的筒式纸盒，该结构也是最简单的纸盒结构，牙膏盒、普通药盒、各种小商品的外包装纸盒多采用这种结构，以便于以机械化、自动化地方式大批量印刷加工并有效降低成本。国际标准反向插入式纸盒是学习纸盒结构时所接触的第一种结构，是最简单的、入门的折叠纸盒结构，因此也被

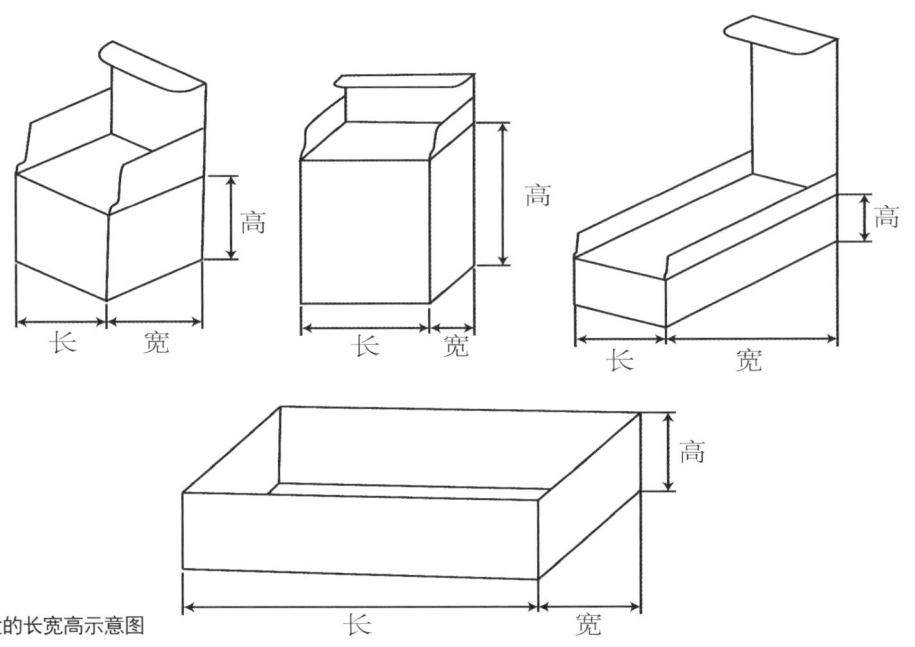

反插式纸盒结构介绍

反插式纸盒与法式反插式纸盒的区别

图 3-1 纸盒的长宽高示意图

一些资料称为"开天辟地第一盒"或"天下第一盒"等。除了最基本的造型法则和开闭锁原理外，初学纸盒结构者还需通过国际标准反向插入式纸盒来熟悉、了解基础纸盒中的各个部件名称及其作用，如图3-3所示。

很多人尤其是青少年都有过拆解纸盒的经历，也都对纸盒的盖、身体、粘胶处等有概念性的基本认识，但没有学习过包装设计的人，通常不能正确说出纸盒各个部分的名称、只能用简单的名称和形容词组成一句甚至多句话来描述防尘翼、插舌、公母锁扣等部分的大致特点或模样。因此在学习纸盒结构时，初学者首先应弄明白纸盒尤其是最基础的筒式纸盒的各个部分名称及作用，这些名称及其作用在不同纸盒结构中是相通的。参见图3-3所示的结构，防尘翼又称摇翼，它的作用顾名思义是防尘，还有一个作用是在盒盖关闭时起到支撑作用以免盒盖滑入盒体中；为了让插舌能顺利插入盒体，防尘翼的宽度（即与盒体连接的最宽处）较纸盒的宽度应减少同等纸厚，即在插舌与盒体相接触的一侧留出了同等纸厚的间隙。插舌是用来插入盒体、关闭并锁定纸盒的，因此一些纸盒设计中为了配合插舌使用，会在插舌与盒盖的交界折线上开出母锁扣、在防尘翼上可与插舌相接触的一边留出公锁扣；插舌的两边朝外处有一段圆弧，圆弧有一端

图3-2 平放状态的典型的筒式纸盒——牙膏盒

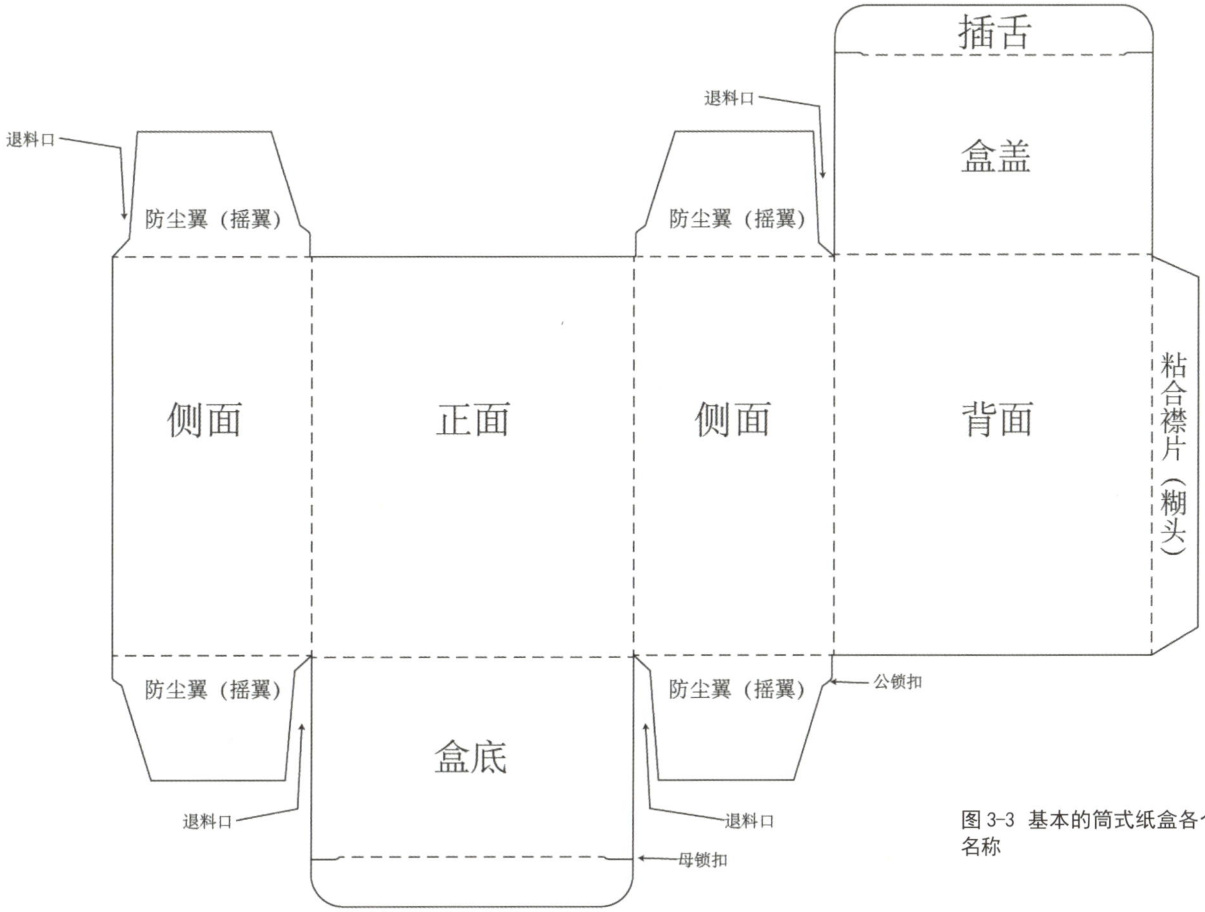

图3-3 基本的筒式纸盒各个部分的名称

以垂线与盖板相连，并处在一条直线上，圆弧的作用是便于插入盒身、连接圆弧与盖板的垂线是为了使插入盒身后的插舌能固定盒体令盒体不至于摇晃。粘合襟片(糊头)是在纸盒成形时用来粘胶的，其外观呈梯形，朝盒内一边长，朝外一边短，上下是斜线，其作用是保证纸盒粘好后粘合襟片能隐藏在盒体内；粘合襟片的宽度不能太大或太小，要根据纸盒大小来确定。还有，图3-3中防尘翼与盒盖之间的不规则形状空隙叫退料口，这个部分无关单个纸盒的结构，但与大批量的纸盒印刷加工有关，退料口可以令印刷模切工序中的纸盒形状容易与多余纸材分离开来，但在单个或少数纸盒模型样品的手工制作中，可以不绘制、裁切出退料口部分；退料口的特点是朝向盒外侧的一头宽，朝盒内侧的一头稍窄些，退料口底部，即与盒体立面接近的部分有转折，最底端与盒体的角部相交。图3-4是手工制作完成的国际标准反向插入式纸盒模型，处于开启状态，防尘翼中没有制作退料口。

图3-5是国际标准反向插入式纸盒各个部分之间的关系图，最左边的侧面与最右边的粘合襟片相连，侧面需减少一倍纸厚以保证侧面粘贴好后不会超出与之相连的背面所在平面。对照图3-5可见，A、B、C分别为盒长宽深(高)；D为糊头(粘合襟片)，宽度是10～22毫米，视纸盒大小自由决定；E为插舌，其宽度是10～22毫米，但一定要小于盒宽，可视纸盒大小自由决定；F为插舌的肩，其长度小于插舌宽度，有3～7毫米，也视纸

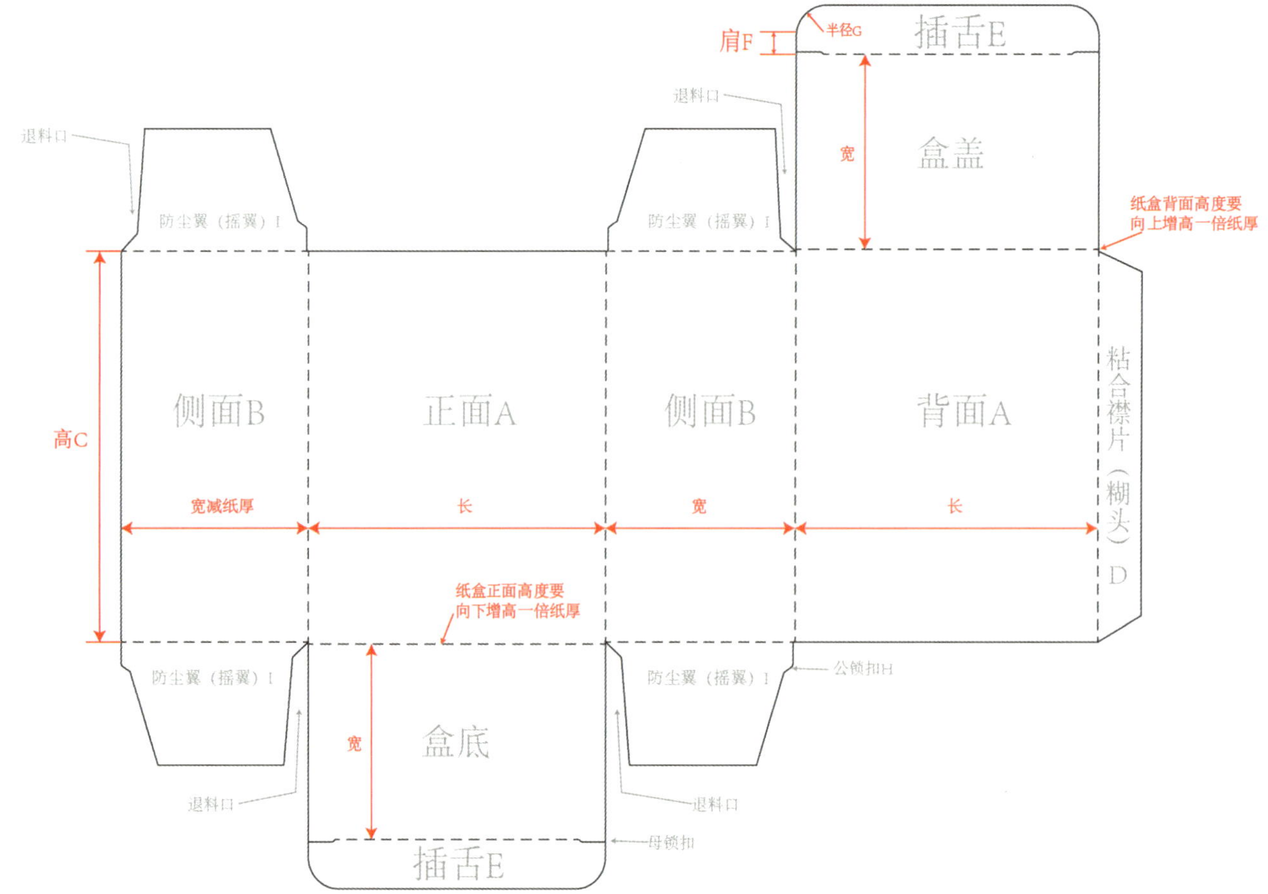

图3-4 组合完成并处于开启状态的筒式纸盒

图3-5 国际标准反向插入式纸盒各部分间的关系图

盒大小由设计师自行决定；G为插舌端头圆弧的半径，数值大小为插舌宽度减去肩宽即可；H为公锁扣，小于母锁扣2毫米，母锁扣长度是5～7毫米；I处为防尘翼，高度约为盒宽加插舌的一半，但不得大于盒长的一半，以防左右两片重叠。

还有一个地方需要特别注意，在国际标准反向插入式纸盒结构中，背面上方与盒盖的折叠线、侧面与防尘翼的折叠线并非在一条水平直线上，正面下方亦然。这是因为纸盒组合后上下盒盖需要将防尘翼压在底下，因此背面上方折叠线要往上、正面下方折叠线要往下多增加一倍纸厚，请见图3-5的指示。

在纸盒结构设计中，如果纸盒制作成型时顶部、底部的某翼片需要将其他翼片完全压制在自身的底下时，则连接该翼片的纸盒立面高度当增加一倍到数倍纸厚、视纸盒具体结构而定。理解了这一点再学习其他类型的纸盒结构时，就能容易理解不同纸盒结构中具体部件的长宽数值为何要增加或减少一定纸厚的设置了。万事开头难，笔者认为初学者应读懂结构图例、了解筒式纸盒的构造，反复动手绘图并制作纸盒模型，力求造型工整、功能完备，以充分理解国际标准反向插入式纸盒的各部分关系原理，在此基础上方可逐渐掌握其他各种类型的纸盒结构。学习纸盒结构时，我们无须也不可能将世界上所有类型的纸盒都拆解学习并仿制一遍，但只要在弄懂并吃透少数典型纸盒结构的基础上培养举一反三的能力，便可以逐步看懂任何纸盒结构的平面图并适当作出改进。

3.1.2 锁合底纸盒的平面结构图解析

锁合底纸盒（图3-6）是一种常见的基本纸盒，它的特点是底部采用锁合结构，底部四个翼片相互穿插锁合，能承受一定的重量，被广泛应用于各种类型和层次的商品包装中；本图是其底部结构的要点分析，红色标记的线条和点的位置是结构造型要点，这种纸盒中两侧面所连接的底部翼片的下端垂线实际起到了一个挂钩的作用，挂住正面底部所连接的凹形翼片（当然也可以不作挂钩、仅仅是插入凹形翼片之间，如图3-6下方所示的侧面所连翼片之下部垂直、没有挂钩作用），而背面底部所连接的凸形翼片在盒底组合时则越过两侧面翼片、插图凹形翼片之凹处。本纸盒底部结构中有角度为a和b的线条，a角度线条在侧面底部翼片中、b角度线条在正面和背面底部翼片造型中，a角度线条和部分b角度线条是底部造型的边缘线之一部分，而浅灰色的b角度虚线线条则是临时存在的指示线，实际成品中是不出现的；a角度应当小于或等于45°，a、b两个角度之和是90°。a、b角度的斜线（包括临时存在的虚线）与浅灰色的两条垂直辅助线和一条水平辅助线的交点是关键点、是底部各翼片锁合的位置，在图中以红色标识。图3-6下方的正方形的锁合底结构，其底部锁合原理和基本造型与上图一致，但侧面底部所连翼片的斜线角度（即a角度）必须小于45°。一般情况下为了便于计算，不论是长方形还是正方形锁合纸盒结构，绘制底部时都取a角度为30°、b角度为60°；但如果是长方形锁合底纸盒且长宽数值之间的差异较大，则一般取a、b角度都为45°，如图3-7所示的长方形锁合底其长宽差异大，除了a、b角度都取45°外，正面背面所连的凹凸翼片还需要增加凹凸齿，凹凸齿位置居中、宽度一致，以加强纸盒底部的咬合强度。

在几个重点位置和距离之外，锁合底中造型相同但方向相反的两侧面翼片之底部边缘线、正面底部所连的凹形翼片和背面相连的凸形翼片中之底部边缘线条的具体形状位置没有严格限定，不同设计师在绘制相同尺寸纸盒的锁合底结构时，除了保证关键点、辅助线的位置距离相同外，绘制各翼片的底部边缘轮廓时也不尽全相同，为了使用便利，通常底部各翼片次要位置（非关键点）的转角处可绘制成圆角。

另外有一点需要注意，如图3-6所指示，凸形翼片和凹形翼片位于水平辅助线以下部分的高度不能等于或大于纸盒的半个盒宽数值，否则纸盒底部无法拼合整齐；但也不能太小，否则凸凹两翼片在纸盒底部咬合时的摩擦力就没有足够强度，纸盒内部的承重能力将有所不足；这部分高度的具体数值需要设计师根据纸材厚度强度、纸盒尺寸及自身经验等多种因素来谨慎决定，通常取值在纸盒宽度的四分之一至三分之一左右。图3-8所示为锁合底结构的组合方式。

3.1.3 标准自动底纸盒的平面结构图解析

标准自动底纸盒也是使用比较广泛的一种纸盒，其承重能力较强，因此常被用作液体容器（瓶、罐等）的外包装盒，多瓶整齐排列的牛奶、酸奶常用

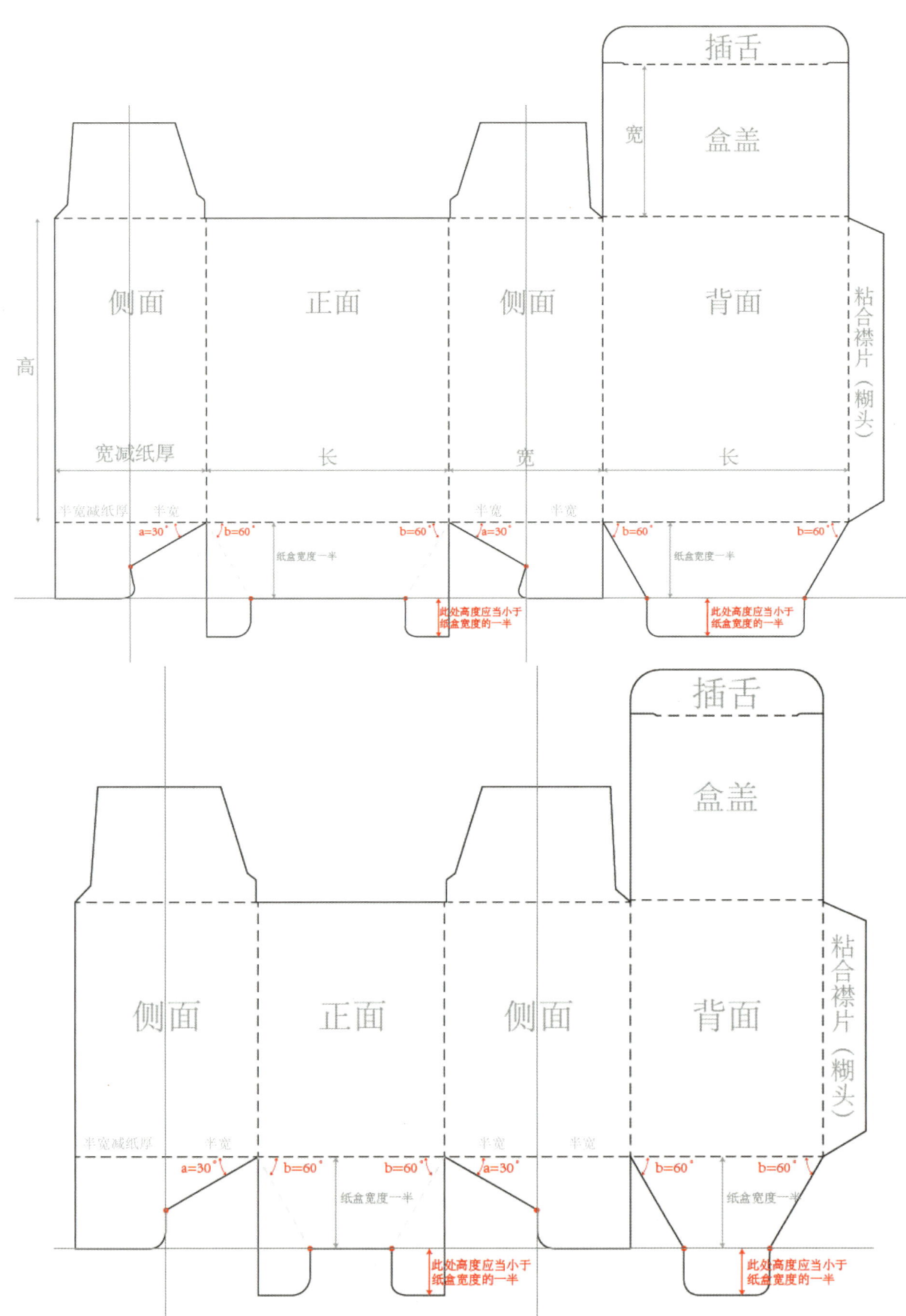

图 3-6 锁合底纸盒的底部结构图解,上方为长方形横截面的锁合底纸盒、下方为正方形横截面的锁合底纸盒。

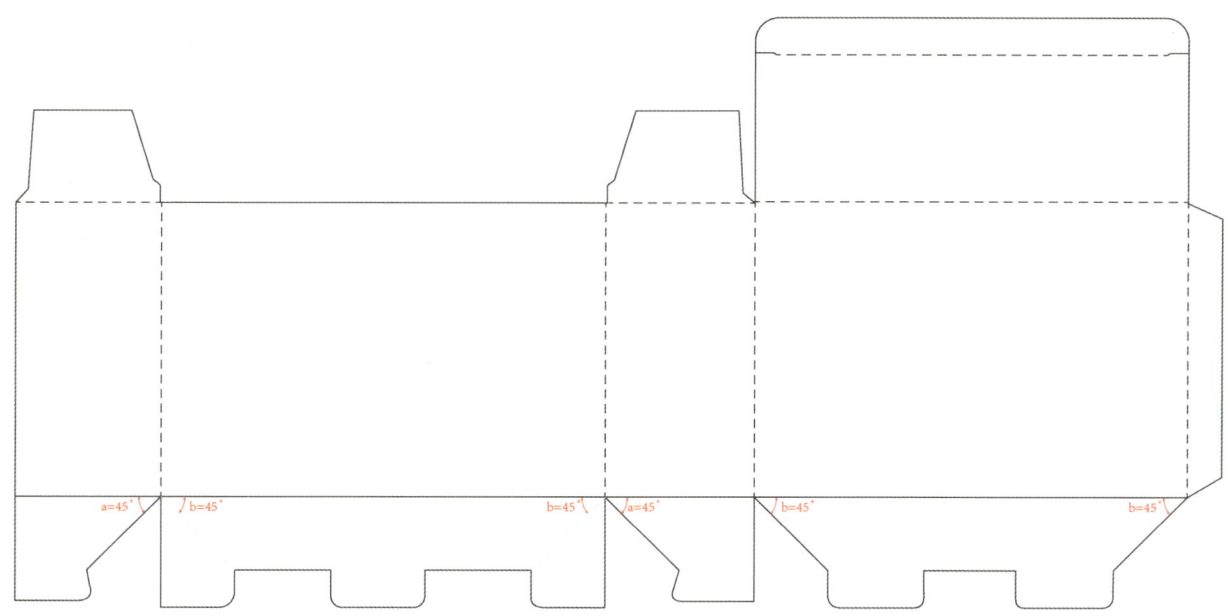

图3-7 长宽差异较大的锁合底纸盒之底部结构

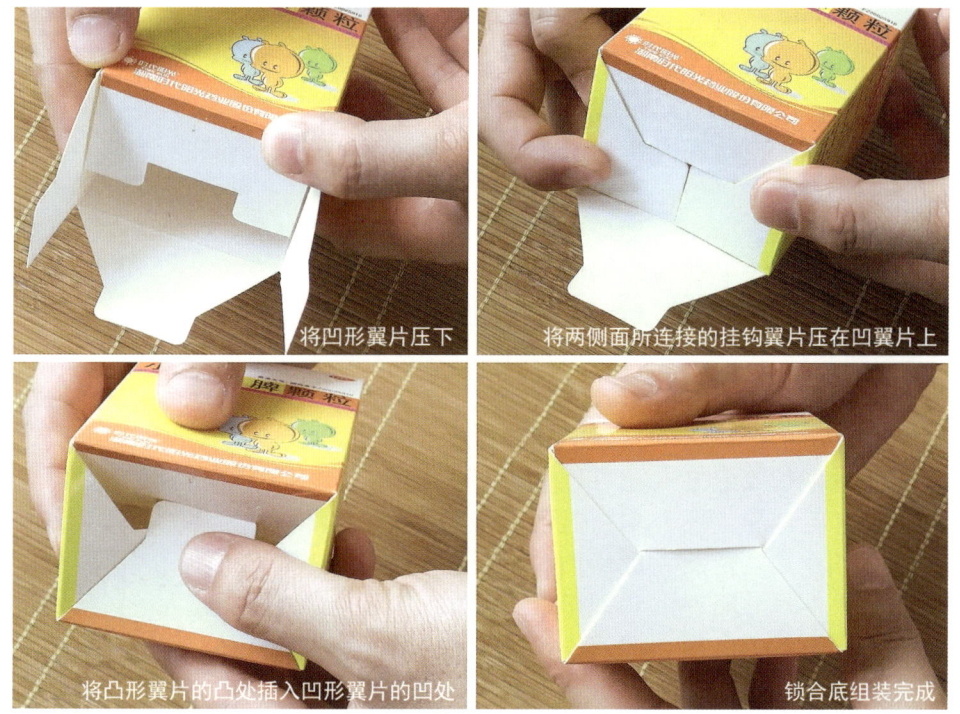

图3-8 锁合底纸盒的底部结构组装过程

讲授锁合底纸盒结构

这种结构的小纸箱装载；这种结构的纸盒在被大量印刷加工成型时需要进行预粘合，出厂后再被放入包装流水线时，其纸盒成形立起时速度快，具有很高的包装效率并很受包装工人的欢迎，当然，标准自动底纸盒底部需要局部涂胶，在生产中成本相对高一点，一般情况下主要是较重液体容器商品（酒类、药液、洗涤用品、化工产品等）会选择这种结构的纸盒做外包装。图3-9所示为标准自动底纸盒的使用状态，标准自动底结构采用两两相对的四个翼片构成两组相同的组合，每对组合都需要用胶粘，盒体的粘合襟片也需用胶，纸盒折叠粘贴完成后以平面形式放置时其底部则收起夹在盒体内，但当盒体由平面变成立体状态时只要手工推动立面，底部会自动组合好，所以这种纸盒结构被称

自动底纸盒结构讲解

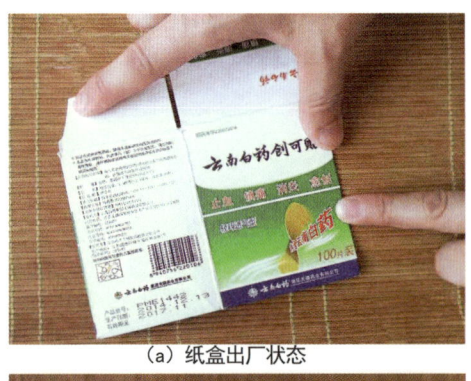
(a) 纸盒出厂状态

(b) 推动盒体，底部结构立起

(c) 底部结构相互挂扣

(d) 底部组合完成

图3-9 标准自动底纸盒的使用

为自动底。

图3-10所示为横截面为长方形的标准自动底纸盒和正方形自动底纸盒的结构图，与长方形自动底结构稍有不同的是：正方形自动底纸盒在正面和背面底部所连翼片的底边中部不存在一段水平直线。这两种自动底结构的四翼片中都有条45°角的斜线，其中两个相对面的一片有一边是45°角斜线，另两相对面中则有条45°角的反折线（以点划线标识），这四条45°角斜线决定了在自动底纸盒成型出厂时的状态中，底部翼片能被收起夹在盒体内 [图3-9（b）]。图3-10中还有浅灰色的两条条纵向辅助线和一条横向辅助线，纸盒两侧面底部所连接的侧翼片的形状相同但宽度尺寸略有差异，纸盒正背面底部所连接的主翼片形状完全相同，纸盒立起时两个主翼片凭借底面中心点一边的斜线突起部分相互卡住、完成了纸盒底部的封闭 [图3-9（c）]。由主翼片中点向下走出的斜线部分是确保自动底纸盒的底部得以顺畅封闭的主要因素，而中心点向下到弧线开始处之间还有一段短短的垂线、长度在2毫米左右且在较大盒体中一般也不超过5毫米，这段短直线是确保底两个主翼片在纸盒底部中心位置得以稳固锁定的重要保障，虽然短小但作用不可忽视、绘制标准自动底纸盒结构时切不可漏掉了这段短短的垂线。在主翼片中心点的另一侧，长方形自动底是一段直线加一段向下45°角的斜线与水平线和垂线所构成的造型、正方形自动底则仅一段向下45°角斜线与水平线和垂线所构成的造型；自动底纸盒底部结构中在水平辅助线以下部分的高度没有确切要求，但一般不要取值太大或太小，需根据纸盒大小、取纸盒宽度的四分之一左右即可。另外需要注意的是主翼片一侧的45°角反折线上朝盒外的一侧有一个等腰直角三角形状的缺口，这个缺口看似简单且易忽视，但实际上在纸盒底部各翼片的数层纸材粘贴后夹在盒体内时可起到避免纸盒底部棱角被"挤爆"的作用，因此绘图时不可忘记绘制这个缺口，缺口大小没有具体要求但不可太大太小，应当视纸盒大小和纸材厚度，由设计师凭经验自行决定。

本小节对折叠纸盒各部分的名称和作用进行了简单介绍，分析了三种在包装设计实践中应用最为广泛的折叠纸盒结构——国际标准反向插入式纸盒、锁合底纸盒、标准自动底纸盒的造型原理及逻辑，并尤其对第一种纸盒着墨甚多。笔者认为，学习纸盒结构一定要先从最简单的国际标准反向插入式纸盒入手，不厌其烦地读懂图例、通过拆解纸盒实物来了解并吃透其构造逻辑，反复绘图制作纸盒样品并力求造型工整、功能完备，不怕初学时效率低，但求打好基础。学习纸盒结构的初学者，应当

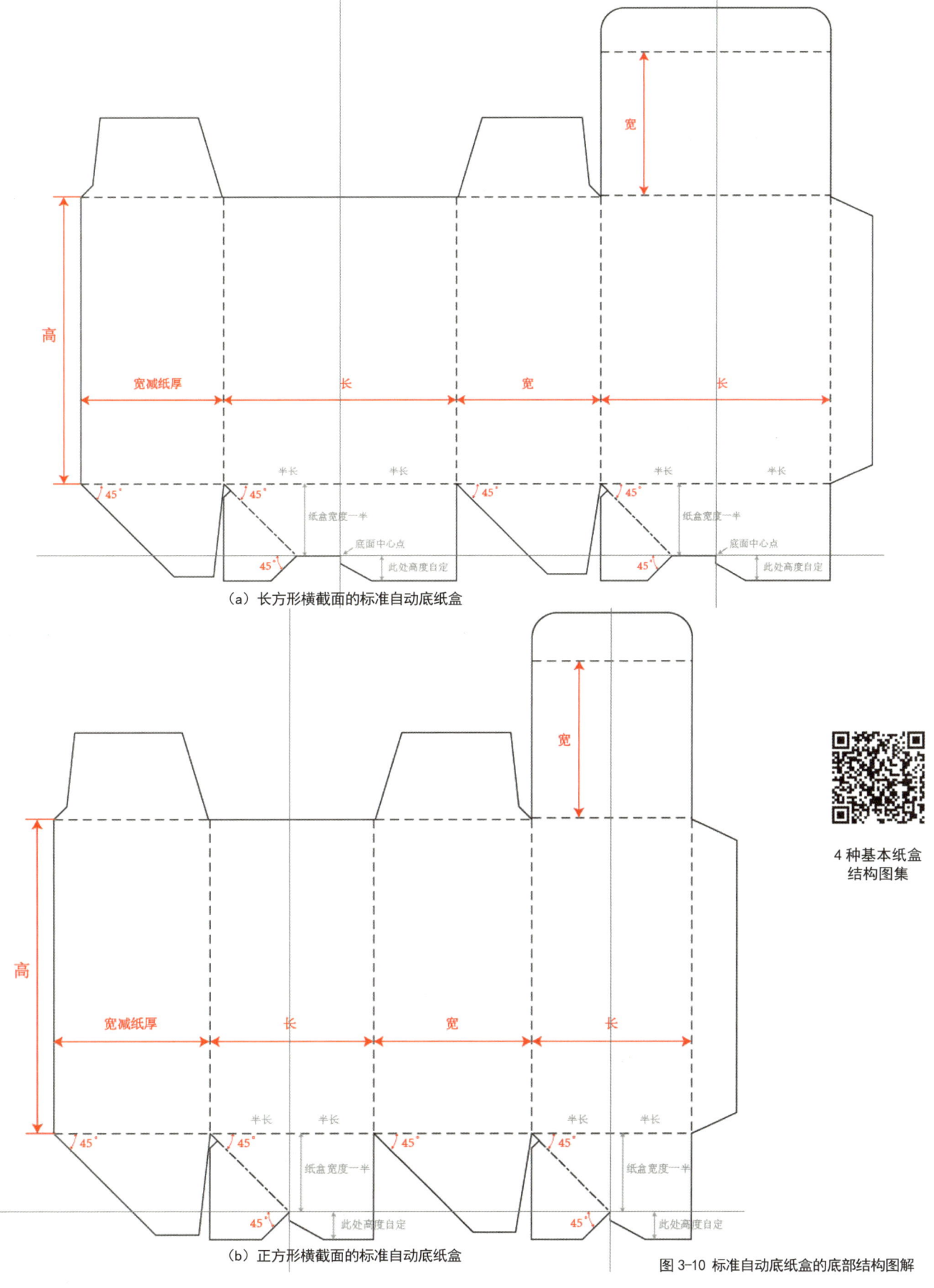

(a) 长方形横截面的标准自动底纸盒

(b) 正方形横截面的标准自动底纸盒

图 3-10 标准自动底纸盒的底部结构图解

4 种基本纸盒结构图集

在仔细了解上述三种纸盒结构的基础上再反复动手绘制这几种纸盒的平面图并制作样品，经过反复数次之后即可掌握基础筒式纸盒的结构组织原理，从而打好学习纸盒结构和包装设计的良好基础，能举一反三，对于其他折叠纸盒、固定纸盒结构的学习也就更容易入手并掌握了。

3.2 常见的纸盒顶部和底部结构

纸盒内部具有容装空间，是实现包装目的的物质条件，然这个物质条件的充分使用却需要纸盒顶部和底部结构的承载和开闭锁功能来保证。折叠纸盒分为筒式纸盒、盘式纸盒和变形纸盒（也称特殊纸盒），筒式结构折叠纸盒往往形态较高、侧面粘合、上下两端开口，筒式纸盒的长和宽通常要等于或者小于纸盒的高度。而盘式结构折叠纸盒是指造型立面较低似盘型，其立面高度往往要小于甚至远小于纸盒的长宽，上端开口、底部不开口且纸盒四侧面采用翼片相互交叠的方式固定，无需粘接。变形纸盒常在筒式或盘式纸盒结构的基础上变化而来，其顶部或底部结构的变化较为丰富。

折叠纸盒的结构主要分为顶部（盒盖）、盒体、底部（盒底）三部分，功能完善且便利的顶部和底部结构是折叠纸盒具备和实现容装功能的重要条件和保证，在学习纸盒包装结构时，设计人员必须对折叠纸盒中常见的顶部结构和底部结构形式有所了解和掌握，方可在实践中根据需要进行搭配和选用。

3.2.1 折叠纸盒中常见的顶部结构形式

筒式和盘式折叠纸盒中常见的顶部结构（即盒盖）有一次性开启式、多次开启式，而变形纸盒的顶部开启方式类型则较多，纸盒顶部结构的固定方式主要有以下几种：

（1）利用粘合剂将盒盖板与防尘翼粘合或顶部使用双层盖板之间相互粘合，形成一次性开启式结构，一旦开启（撕开、扯开）将无法复原，这种顶部结构固定方式主要应用于饼干、肥皂等产品的包装盒中，通常纸盒上下开口部分的结构相同，如图3-11所示。

（2）还有一种一次性开启式结构需要借助其他附件来开启，而包括顶部底部在内的纸盒本身是密闭的粘合结构，这种结构是牛奶、果汁等饮料包装纸盒的常见形式（图3-12）。装液体的纸盒多采用复合纸材通过一定方式折叠形成密闭式的粘合结构，开启式则借助吸管等附件或使用塑胶等材质的附加开口结构。

（3）摇盖式顶部结构，这种结构有两种表现方式，分别应用于筒式和盘式纸盒中。在筒式纸盒

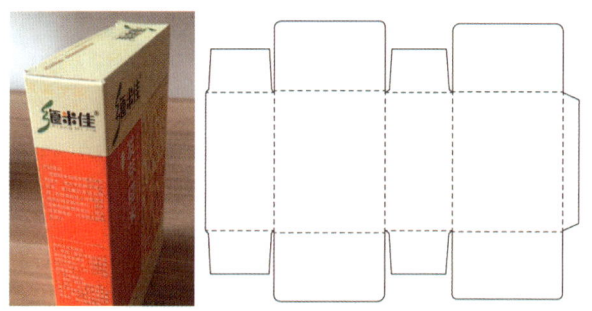

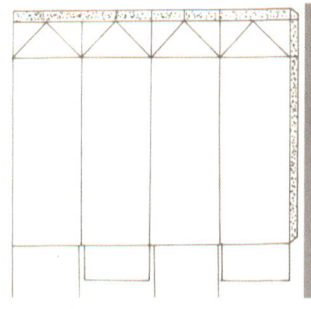

图3-11 使用粘贴式双层盖板封口的一次性开启式食品纸盒

图3-12 装液体纸盒采用复合纸材料、顶部密封粘贴

图3-13 香烟盒顶部以摇盖方式开启

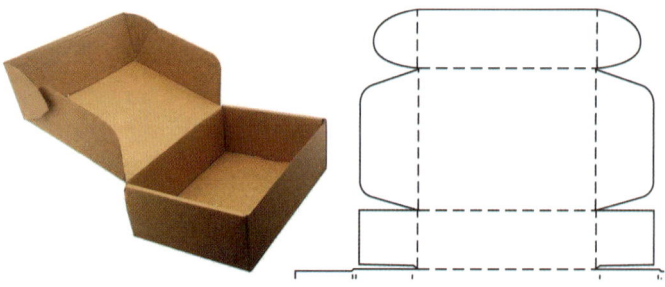

图3-14 盘式纸盒的盒盖结构

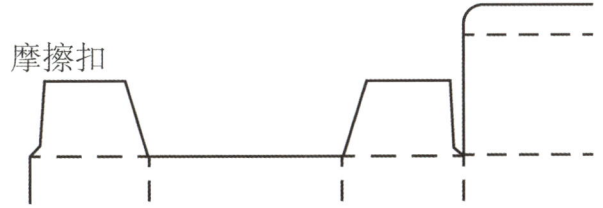

图 3-15 纸盒顶部的摩擦扣结构

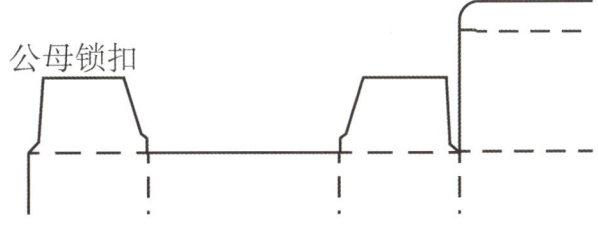

图 3-16 纸盒顶部的公母锁扣结构

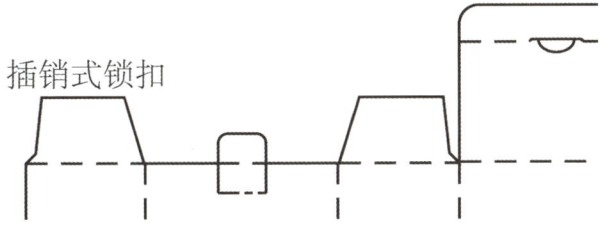

图 3-17 纸盒顶部的单层盖板插销锁扣结构

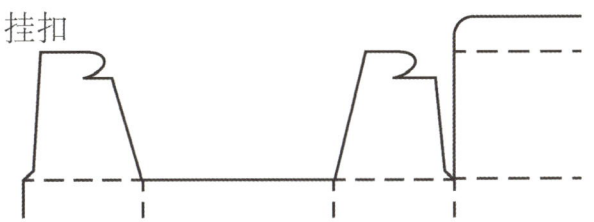

图 3-18 纸盒顶部的挂扣式锁扣结构

 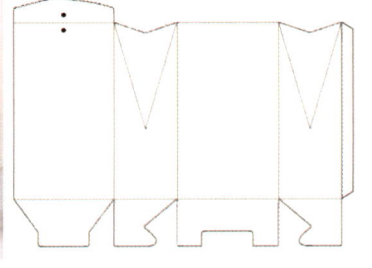

图 3-19 顶部结构为包顶式、采用系带封口的喜糖盒

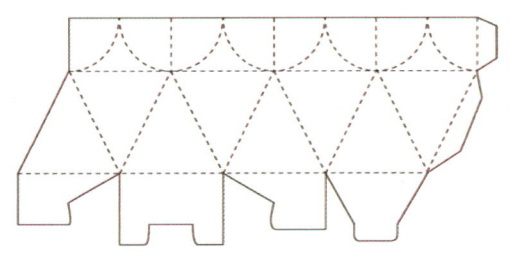 

图 3-20 具有嵌压式顶部结构的小礼品盒

中，将一个主盒面的摇翼延长，通过将延长面折叠成型或粘合成型形成仰开式罩帽盒盖，这种盒盖在香烟包装中比较常见（图 3-13）；在盘式纸盒中，顶部盒盖的一边与盒体连接、另一边延长生成盖板与盒体正面重叠，顶面两侧连接防尘翼，盖板两侧有插舌插入盒体侧面而固定（图 3-14）。

(4) 折叠纸盒顶部结构还常利用纸板间的摩擦力防止纸盒自动散开，多见于普通小商品的包装盒，这种顶部结构通常称作摩擦扣结构（图 3-15）。

(5) 在顶部结构的适当位置设置卡口（锁扣）结构，卡住防尘翼，这种顶部结构是公母锁扣式结构，常见于药品、小商品等包装纸盒中（图 3-16），详见前文 3.1.1 小节所述。

(6) 插锁式顶部结构，在顶部设置插嵌结构，将盖板、防尘翼之间相互锁合，令盒盖不至于自动散开。在这些顶部结构中又分为单层盖板插销式结构（图 3-17）、挂扣式结构（图 3-18）、双层盖板双插销式结构等。

(7) 变形纸盒的顶部结构。变形纸盒造型变化丰富多彩，其顶部封口结构有包顶式如图 3-19 所示，可以用系带封口或插销封口，还有嵌压封口（图 3-20）、花形交互锁扣式封口（图 3-21），图 3-22 所示的是具有提手式封口的纸盒，详见本书第 5.5 节，除此之外还有其他多种顶部结构。

3.2.2 折叠纸盒中常见的底部结构形式

纸盒盒底需要承受内装物的重量并兼顾纸盒的封底功能，因此对盒底设计的要求首先要有足够的承载强度，保证盒底在装载商品后不会被破坏；其次是盒底结构要简单，盒底结构过于复杂将影响盒底本身的组装、降低生产效率；另外盒底的封合方

图 3-21 顶部采用花形交互锁扣的喜糖盒

图 3-22 提手式纸盒的顶部锁合结构

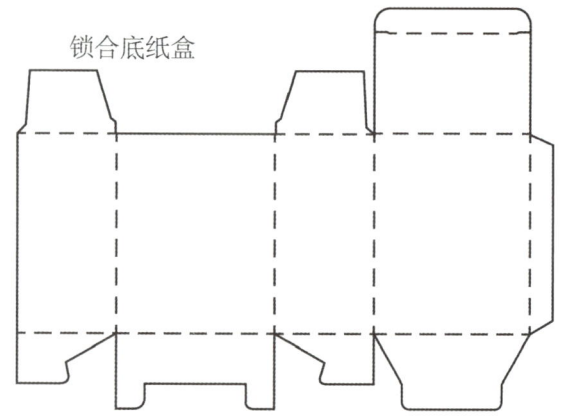

图 3-23 锁合底结构的筒式纸盒

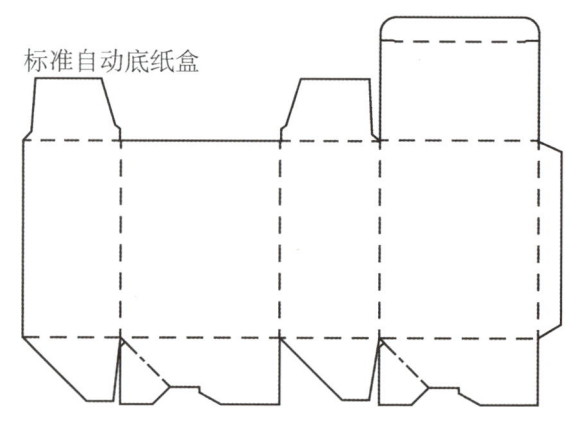

图 3-24 标准自动底结构的筒式纸盒

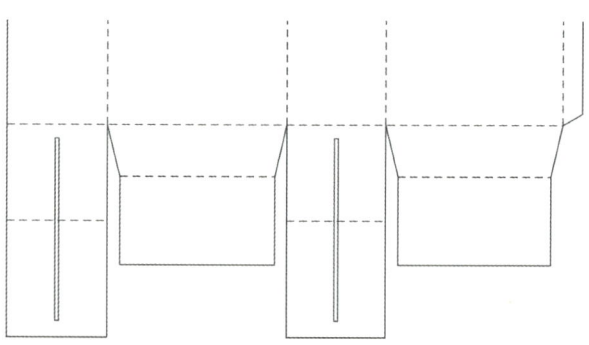

图 3-25 间壁式底部结构纸盒

在顶部底部都使用提手式封口；同时，盒体为筒式的变形纸盒，其底部结构也可以和普通的筒式结构纸盒一样，采用下述常见的形式：

（1）摩擦扣和公母锁扣结构，原理同上文纸盒顶部结构，这种底部结构要求纸盒内部所盛装的物品重量不能较大，否则拿动纸盒时物品可能会从底部掉出。

（2）锁合底结构（图 3-23），可承载具有一定重量的商品，详见 3.1.2 节所述。

（3）自动底结构（图 3-24），这种结构可以承载较重的商品，详见 3.1.3 节所述。

（4）间壁式底部结构（图 3-25），多见于纸盒内部装载多个商品。

当然，纸盒结构中远不止上述四种底部结构，上述四种结构是在实践中应用较多的，故被重点列举

式要可靠，否则可导致商品从纸盒底下掉出。筒式纸盒和盒体为筒式的变形纸盒可应用的底部结构形式很多，而变形纸盒造型变化丰富多彩，筒式盒体的变形纸盒，其底部结构也可采用上文所述的摇翼连续折插式封口、嵌压封口、系带封口等，但不宜

说明。另外，盘式纸盒的底部不开口，其底部呈现为完整且平整的盒底与四周立面连接，而四周立面相互对折锁合，无需粘合而形成较为稳固的结构。

3.3 盘式纸盒简介及其结构设计的由来

盘式纸盒是指盒体立面较低、整体似盘型结构的纸盒，其立面高度要小于甚至要远小于纸盒的长宽。盘式纸盒是折叠纸盒中非常重要的一种基础纸盒，在纸盒包装设计实践中有着较为广泛地应用；学习并掌握盘式纸盒结构、能绘制并制作盘式纸盒样品是纸盒结构课程学习中的重要内容，通常被安排在筒式结构纸盒的学习内容之后。依笔者曾多次教授纸盒结构课程的经验来看，在有限的课堂实训中学生们通常对于筒式、盘式等基础纸盒概念及其分类的印象不深，课堂上能跟着老师完成作业，但课后、经过一段时间后对于基础纸盒结构的了解就会有所生疏。因此，笔者认为教授纸盒包装结构课程中，在学习了最基本的筒式纸盒结构并制作实物模型并接下来开始盘式纸盒结构学习时，教师一定要指导学生回顾一下几种最基本的筒式纸盒结构及其典型的衍生盒型，找准筒式纸盒中与盘式纸盒平面结构外形有所近似的几种盒型，转换角度即可成为接近盘式纸盒结构的形状；也就是说盘式纸盒可以看作由基础的筒式纸盒结构稍加演变而来。掌握盘式纸盒与筒式纸盒的结构关系、培养举

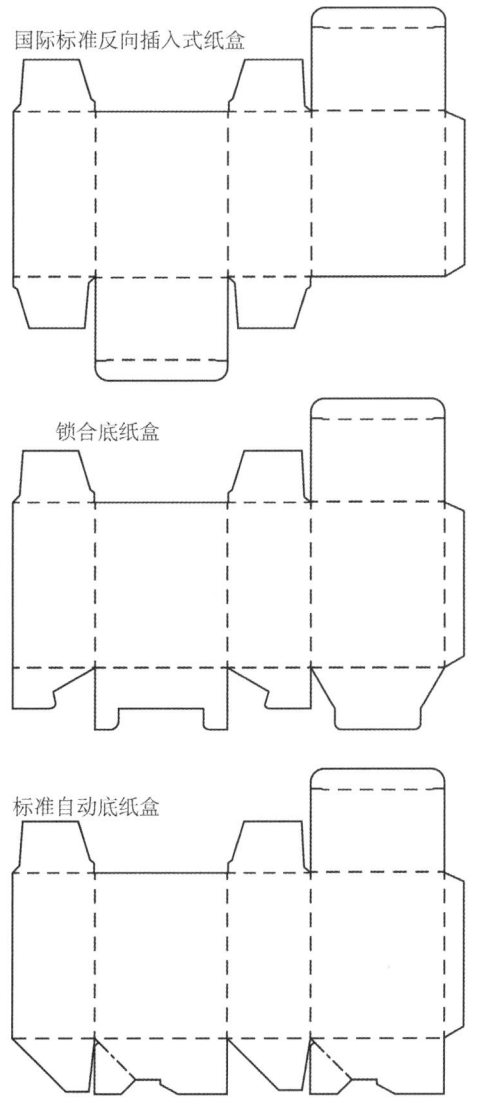

图3-26 几种筒式纸盒平面结构图

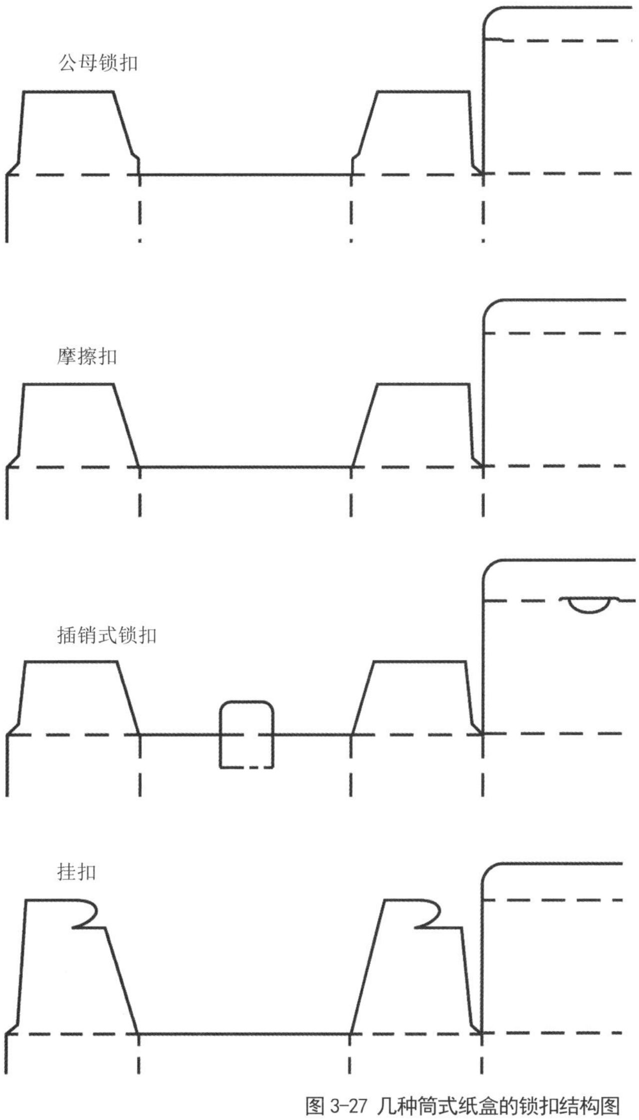

图3-27 几种筒式纸盒的锁扣结构图

纸盒结构类型，每年在世界上的产量堪称天文数字，各种食品、药品、玩具、日用小商品的包装大多都选择结构简单、易于生产和印刷的筒式纸盒结构。筒式纸盒的结构特点是盒体各立面是由一个整体折叠而成、两端粘接，盒顶开盖，盒底亦可开启或锁合。图3-26所示者即最常见的几种筒式纸盒平面结构图，各结构图的上下盖部分均有差异，从上至下分别为国际标准反向插入式纸盒、锁合底纸盒、标准自动底纸盒。这几种纸盒有着相同的立面和顶部结构，顶盖公母锁扣稍加变化又可以生成其他几种锁扣结构，都是商品包装纸盒中常见的式样。图3-27所示自上至下分别为公母锁扣、摩擦扣、插销式锁扣、挂扣等。不同顶部和底部结构的组合，可令纸盒包装设计在形式上千变万化，魅力十足。而作为结构最简单的筒式纸盒、国际标准反向插入式纸盒在上下盖结构不变的情况下，也可以变化出法式反向插入式纸盒、笔直式、飞机式等三种衍生结构。如图3-28所示。其中笔直式纸盒若逆时针旋转90°，即可看作一种简洁型的盘式纸盒。如图3-29（a）所示；笔直式纸盒的上下盖成为了盘式纸盒的侧立面、插舌成为盘式纸盒的防尘翼，其连接上下两盖板的立面则成为盘式纸盒的底面、其对立面则成为盘式纸盒的顶面，笔直式纸盒的粘合襟片则可演变成为盘式纸盒的插舌。为了增加盒体的稳固，盘式纸盒侧立面内部的支撑翼片改为挂扣结构，笔直式纸盒结构中与之对应的部分是防尘翼。由此可见，盘式纸盒基本上可以看作由笔直式筒式纸盒演变而来，具体说应该是由简单、基本的国际标准反向插入式纸盒演变而来，盘式纸盒与筒式纸盒是相互关联的关系，其结构本质上相通。图3-29中的简洁型盘式纸盒常应用于传统食品、点心的包装中，而在其结构基础上增加正立面盖板和插舌、顶面压合翼片（防尘翼）和侧立面嵌压翼片结构等，并将支撑翼片上已不再是必须的挂钩去除之后，又可演化为如图3-30所示的典型盘式纸盒，这是广泛应用于IT和电商行业等领域的盘式纸盒造型，比较常见和普及。从盘式纸盒与筒式纸盒的关系解构中，我们可以清楚地看到盘式纸盒的设计由来，在此基础上增加或减少一些结构部件，还可以衍生出更多的盘式纸盒结构。

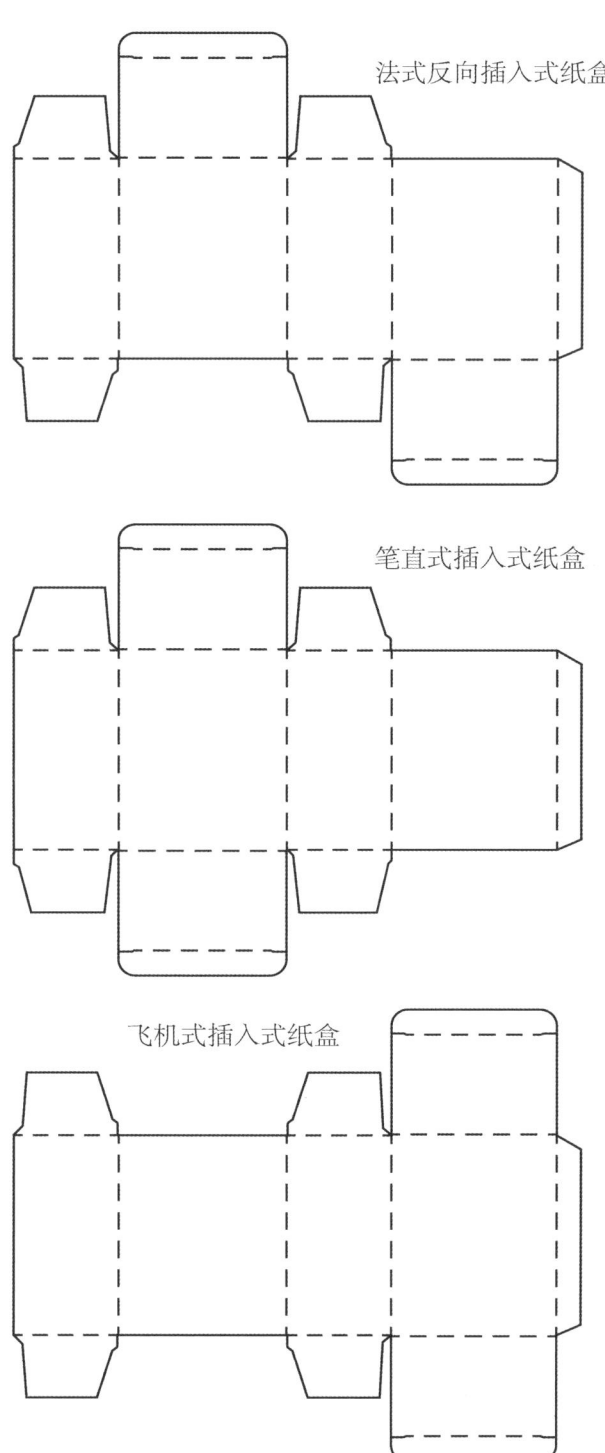

图3-28 由国际标准反插式纸盒所衍生的几种筒式纸盒

一反三的思维，对于随后学习变形纸盒结构的设计思路和其他包装专业课程将有很大帮助和启迪。

3.3.1 从盘式纸盒与筒式纸盒的关系中论述其设计由来

筒式纸盒是基础折叠纸盒中最重要最基础的

3.3.2 盘式纸盒结构在设计中需要注意的问题

盘式纸盒结构最突出的特点是其折叠成型的

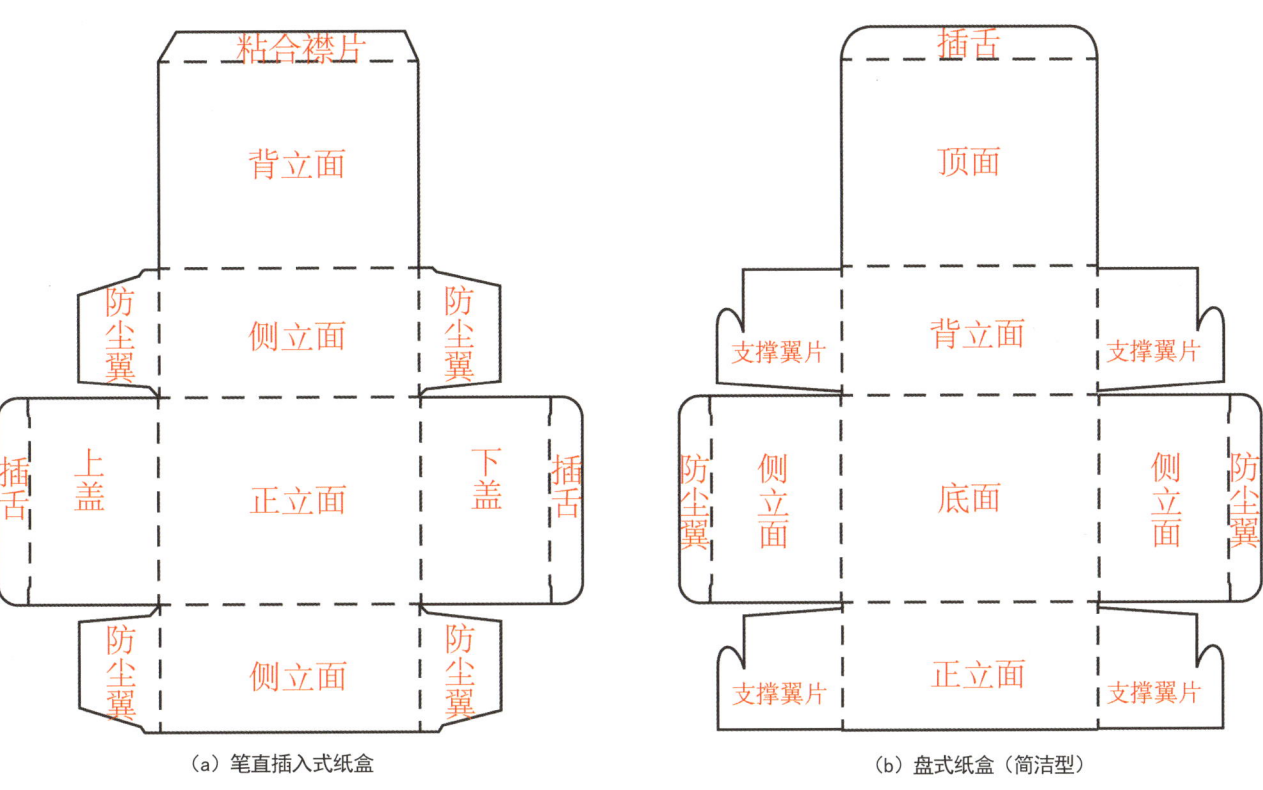

图 3-29 笔直插入式纸盒与简洁型盘式纸盒的平面结构图

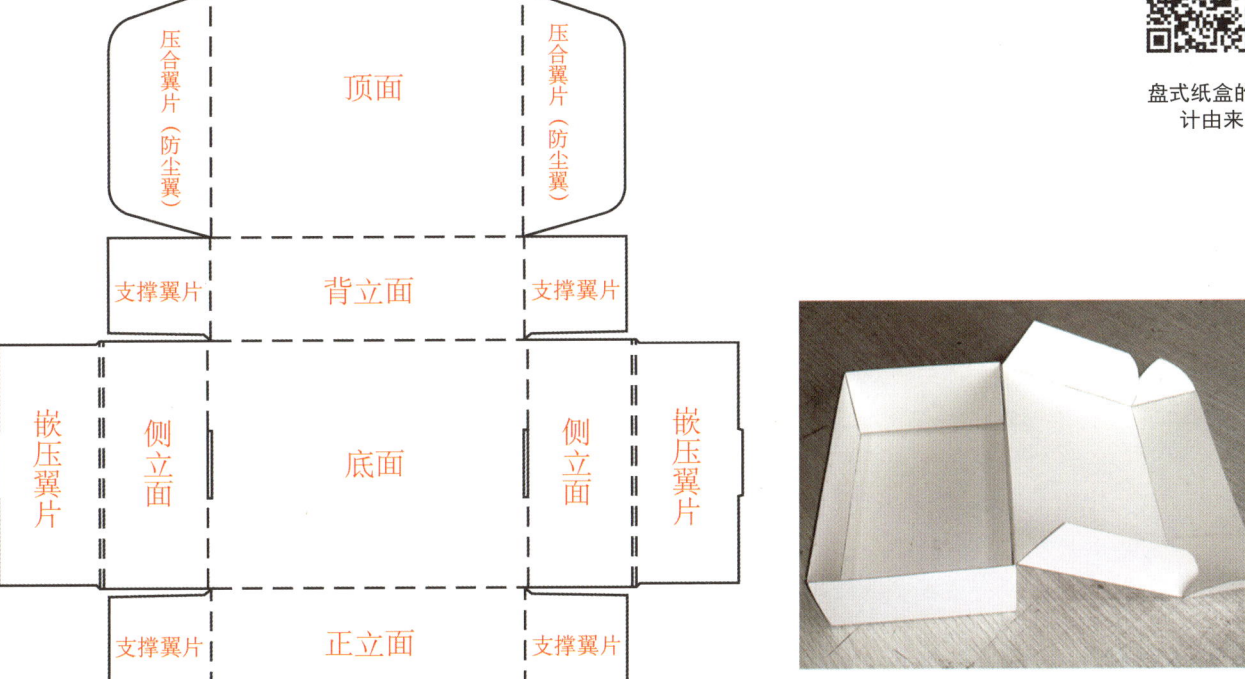

图 3-30 典型的盘式纸盒展开结构图与样品模型

由基本纸盒所衍生的常用纸盒结构图集

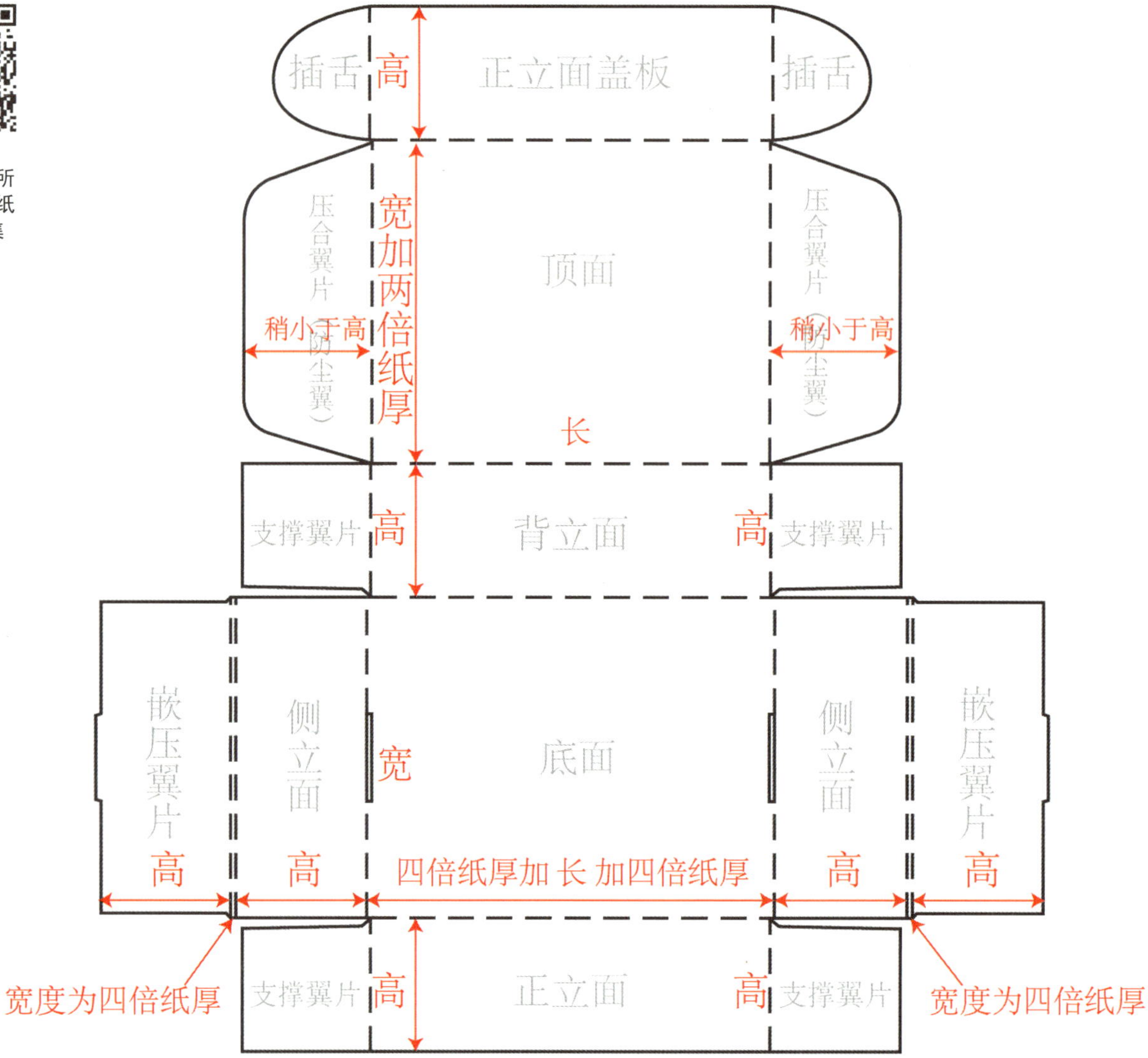

图 3-31 典型盘式纸盒结构的各部分关系详解

过程中无需粘贴，成型后的纸盒还可随时还原为平面展开结构，不会对盒体产生破坏，这点较筒式纸盒优越。图 3-29 所示的简洁型盘式纸盒与笔直式筒式纸盒的结构基本一致，在设计时所需注意的要点，即连接盖板（侧立面）的立面（底面）上下（左右）都须增加一倍纸厚度的思路相通。而图 3-30 所示的典型盘式纸盒结构因为增加了不少翼片，故连接侧立面的底面左右各须增加四倍纸厚，以容纳侧立面、支撑翼片和嵌压翼片的厚度，并预留在侧立面与嵌压翼片对折所产生的空间中插入插舌的间隙；同时，侧立面与嵌压翼片还有一段四倍纸厚左右的细长部分连接，这是为侧立面与嵌压翼片在对折后能形成内部空间所设计的。此外，盘式纸盒在顶面左右还设置了压合翼片（防尘翼），除了起到防尘作用外还可以在盖板开启时起到支撑作用，令盘式纸盒在使用时更为方便；需注意的是，压合翼片的高度应当小于纸盒侧立面高度。图 3-31 所示者为典型盘式纸盒结构各部分之间的关系详解，可以看出盘式纸盒的设计较其筒式纸盒原型复杂得多，但理解其结构之后，再学习更多的纸盒，尤其是变形（特殊造型）纸盒结构时，将更容易入手，并具备举一反三的能力。

根据笔者的教学经验，对于包装纸盒结构的初学者而言，在了解最基本筒式纸盒结构后再掌握盘式结构时有一定难度，笔者建议不妨将笔直式筒式纸盒分解，将盘式纸盒看作由基础的筒式纸盒稍加演变而来，在了解盘式纸盒与筒式纸盒的结构关系的基础上举一反三。

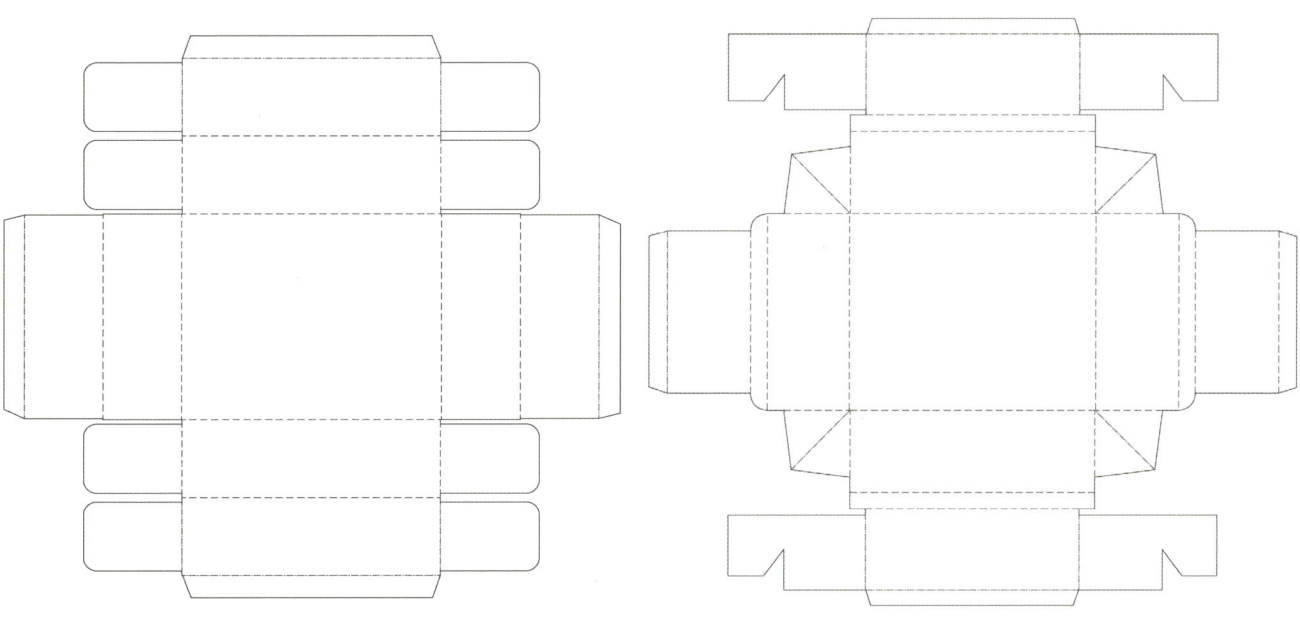

图 3-32 托盘式纸盒

图 3-33 中空壁板托盘式纸盒平面图

图 3-34 两个托盘纸盒为一组天地盖纸盒

图 3-35 中空壁板托盘纸盒为底、托盘纸盒为盖的一组天地盖纸盒

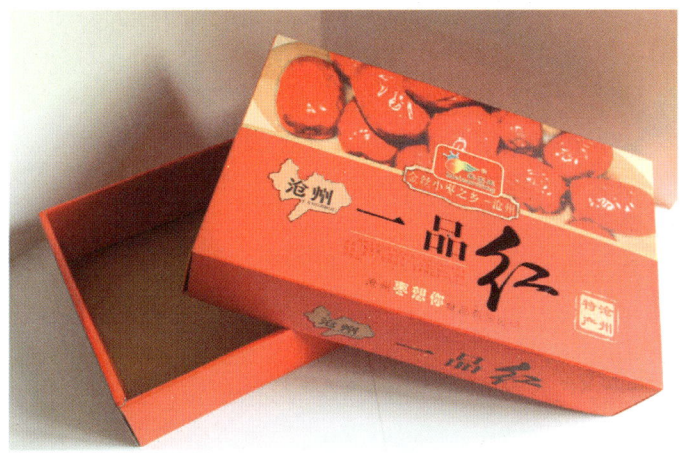

图 3-36 包装食品和土特产品的天地盖纸盒

图 3-37 抽匣纸盒

在掌握盘式纸盒结构后，我们很快又会发现，托盘式纸盒结构（图3-32）、中空壁板托盘式纸盒结构（图3-33）就是从典型盘式纸盒基础上所演变出来的，而且，大小适当的两个托盘式纸盒（图3-34）或者一个托盘式与一个中空壁板托盘式纸盒的组合（图3-35），可以构成使用较为广泛的天地盖纸盒，其在很多产品的包装中都有所应用，如图3-36所示。另外，一个中空壁板托盘式纸盒加上一个结构简单的封套，就可以构成一套抽匣式纸盒（图3-37）。托盘式纸盒和中空壁板托盘式纸盒在细节上可以作出不少变化，包括这两者在内由盘式纸盒稍加变形而所生成的纸盒结构很多。

3.4 常见的纸箱纸袋基本结构

纸箱纸袋与纸盒同构，构成原理与设计思路相通，相对而言纸箱纸袋的种类和用途没有纸盒广泛，但学习纸包装结构设计时，也需要对其基本情况和结构有所了解。在学习了纸盒的基本结构构造原理后，学习和掌握常见纸箱纸袋的基本结构设计也将比较容易。

3.4.1 纸箱及其基本结构介绍

纸箱主要归属于运输包装，其应用范围很广，几乎包括所有的日用消费品，如水果蔬菜、食品饮料、玻璃陶瓷、家用电器以及自行车、家具等。不过随着社会消费品市场的发展和包装设计行业的不断进步，不少商品也开始将运输包装当销售包装进行设计。纸箱设计对于标准化的要求是严格的，因为它直接影响到货场上的整齐码放、货架上容积的有效利用，以及集装箱的合理运输。同时还要充分考虑到在运输过程中的保护功能，纸箱在运输中所常见的封口开裂、鼓腰、结合部位破损等问题，都与纸箱结构的设计有关。纸箱设计主要有以下几个因素：

（1）箱体造型。箱体尺寸主要指长、宽、高的比例，三者之间的比例关系直接影响到纸箱的抗压强度。同样材料的纸箱如果其长宽不变，高度越高，抗压强度越低；而高度不变，周长不变，那么长与宽的比例越大，抗压强度越低。通常情况下，纸箱箱体长、宽、高的比例以尽量接近1.5∶1∶1为宜（图3-38）。

（2）内部结构。纸箱为了形成整体良好的保护功能，在箱体内需要增加各种附件，如衬板、隔板、环套、发泡塑胶材质的缓冲件、防潮纸等。采用不同的附件，可改变纸箱的抗压强度、防潮性能、防震性能等各种保护功能。特别对于易碎产品和结构造型比较复杂的产品，设计好内部结构是非常重要的，可以采用定位、隔离、架空等方法，保护产品在运输销售过程中不受损坏（图3-39）。

（3）结合部位和封口。纸箱的结合部位和封口是储运受压后容易破裂的部位，除了采用一定的工艺和材料外，在结构设计上也应当加以重视，不同的结构造型、不同的结合部位、不同的封口方式都可以提高结合部位的强度。常见的封口方式是纸箱顶、底部各翼片组合到位后用胶带封住（图3-40）。

3.4.2 纸袋及其基本结构介绍

纸袋是生活中常用的包装容器之一，例如商品包装用的手提袋，工业用品中的多层袋等。在传统

图3-38 不同规格的纸箱，其长宽高的比例都接近1.5∶1∶1

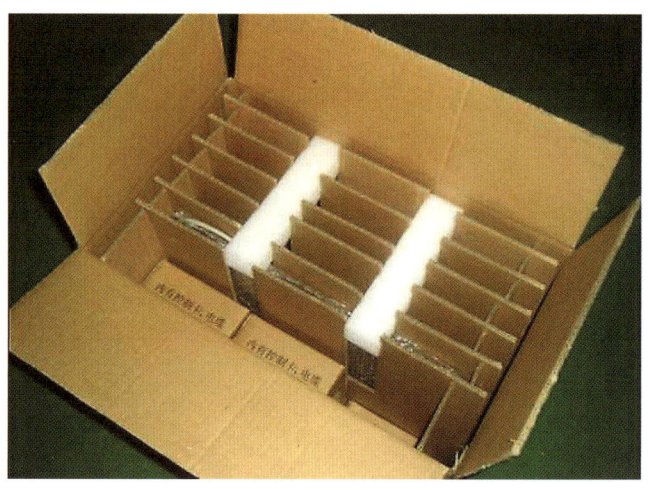

图3-39 纸箱及其内部的缓冲件

图 3-40 纸箱通常用胶带封口

图 3-41 手提式纸袋

的基础上,现在的纸袋在性能上、用途上都大有改进。如将纸与铝箔、塑料或其他材料组合使用,就大大提高了纸袋的使用性能,拓宽了使用范围。纸袋是由纸筒将其一端或两端封闭而成,设有开口,便于盛装产品的一种软性容器,有以下几种类型:

(1) 缝合开口袋。袋底缝合袋口张开充填物品后,可以缝合,也可以用粘合结扎或 U 形钉钉合等方法。此袋型可包装颗粒状产品。

(2) 缝合阀式袋。袋底和袋顶预先缝合,袋顶角部设阀门,填充和倒出都通过阀门,通常包装小颗粒的产品。

(3) 粘合开口袋。袋底采用折叠和粘合方法,充填方式与缝合开口袋相同。

(4) 粘合阀式袋。袋底和袋顶采用粘合封闭,阀门进行充填,充填后形成"长方体"结构。

(5) 扁底开口袋。底端的每层材料逐层粘合充填后将袋顶折叠后用粘合剂封闭。

(6) 手提袋。在现实生活中使用量越来越大,尤其是市场竞争日益激化,利用手提袋作为广告宣传等,形式丰富多样(图 3-41)。

3.5 纸盒结构平面展开图的图示符号

在纸盒设计过程中,设计师在对整个包装效果图进行构思后要通过平面展开结构图将立体的包装结构以平面方式展示并交付制作,故绘制平面展开结构图是纸盒包装设计中的一个重要环节。过去绘制此类图形多以手工方式进行,但随着信息技术的发展,应用计算机进行包装纸盒结构展开图的绘制越来越普及,但不论如何选择绘制方式,结构图都必须符合国际通用纸质包装绘图设计符号规则或符合中国国家标准 GB12986—1991 纸箱制图的规定和要求,所以了解和掌握绘制的方法和规定是必须的。

(1) 裁切、折叠与开槽符号(图 3-42):
单实线:轮廓裁切线;

图 3-42 裁切、折叠与开槽符号

双实线：开槽线；
点划线：外折压痕线；
双点划线：外折切痕线；
三点划线：内折切痕线；
单虚线：内折压痕线；
双虚线：对折压痕线（即180°折叠线）；
点虚线：打孔线；
波纹线：软边切割线。

(2) 封合符号（表3-1）：

表3-1 封合符号

名称	绘图线型	功能
S接头	∣∣∣∣∣∣∣∣∣∣∣∣∣∣∣∣∣	U形钉钉合
T接头	<<<<<<<<<<<<<<	胶带粘合
G接头	∧∧∧∧∧∧∧∧∧∧∧∧	黏合剂粘合

(3) 提手符号（图3-43）：

提手造型有P型、N型、U型等，N型提手具有防尘作用，U型提手较之N、P型不易伤到手指手掌，因为提手与手掌或手指接触的地方有圆滑的折叠线，而另两者是较为锋利的裁切线。

包装中采用提手设计时，需要考虑以下几个方面：提手的长度应略大于手幅；提手宽度应大于手掌厚度；提梁高度应等于或略小于手掌的执握尺寸，以便手掌穿过提手执握时更轻松舒适，但提梁高度不可过小以免易撕裂；提手开口与提手所在面的左右距离不宜过小，以免影响整体强度，可参考后文5.4节的提手式纸盒结构内容。

思考与练习：

1. 熟练掌握国际标准反向插入式纸盒、自动锁合底纸盒、标准自动底纸盒这三种常见的筒式纸盒结构原理，掌握这几种纸盒结构各部件之间的关系。

2. 折叠纸盒中常见的顶部结构和底部结构分别有哪些？请分别了解和熟悉它们的技术特点。

3. 盘式纸盒可以看作是由哪种筒式纸盒演变而来？请熟悉盘式纸盒的技术要点。

4. 选用0.5毫米厚度的卡纸，自定尺寸，用尺和铅笔在纸面绘制国际标准反向插入式纸盒、自动锁合底纸盒、自动底纸盒、盘式纸盒等常用折叠纸盒的平面结构图，并尝试将纸盒外形剪裁下来、折叠组合。

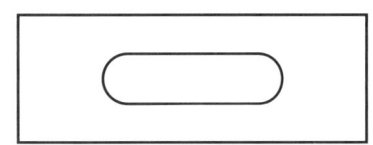

(a) P型提手（计算机代码PC，功能：全开口提手）

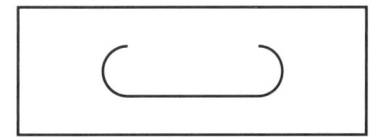

(b) U型提手（计算机代码UC，功能：不完全开口提手）

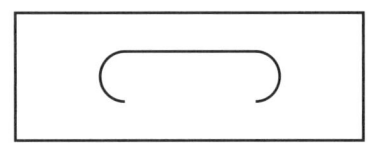

(c) N型提手（计算机代码PC，功能：不完全开口提手）

图3-43 提手符号

4 纸盒的手工样品制作

课程目标

了解制作纸盒手工样品的重要意义,能在一定的必要工具和材料的辅助下,独立完成折叠纸盒与固定纸盒的样品制作,培养动手操作能力和精益求精的工匠精神。

基本知识

量取被包装物品的方法,纸盒平面图的制图方法,手工剪裁、制作纸盒样品的方法,纸包装结构的修正系数,纸质缓冲件的基本知识。

参考学时

10学时

纸盒包装设计项目过程中的手工样品制作，是一项重要内容，通过样品制作能修正和改进包装结构设计稿中的各种问题，对设计结果有着切实直观的感受；同时手工样品的制作对设计师的动手能力和职业态度也是一种很好的锻炼和展示，具有十分重要的意义。在纸盒包装设计的学习中，需要重点掌握几种基本纸盒盒型的手工样品制作技法。

4.1 制作纸盒手工样品的意义

在纸盒包装设计任务中，制作手工样品是其中一项重要的内容。手工样品简称手样或手办，英语词汇写作 hand sample，图4-1所示是笔者在课堂上指导学生手工制作的各种纸盒。在包装设计的项目过程中，设计委托方——客户都希望在大量生产前先看到真实、正确的纸盒包装样品，然而相关工厂的机械化加工设备的开机成本较高，不适合仅制作出少数纸盒样品，因此纸盒样品通常需要包装设计师以手工绘图并裁切制作，或电脑绘图打印于纸面后裁切制作成型，有的公司备有纸盒打样机可以将纸盒平面结构图的电子稿在纸面上自动裁切出来，但也须设计师手工粘贴、组装成型并调试。理论上手工样品需要与量产的纸盒成品完全一样，以检验纸盒包装是否符合实际生产和使用的需要、是否真正体现了设计者的意图，或想要对客户和市场所表达的观念，图4-2、图4-3所示是笔者指导学生进行包装项目制作时，用电脑绘制结构图并设计装潢、再打印于不同纸材上剪裁制作成型的纸盒样品作业。纸盒包装设计的内容包括结构设计、外观装潢设计、附加物（缓冲件）设计等。在实际项目设计过程中，当某包装的纸盒结构已使用多年、无需改动，而仅更换外观装潢时，可以不必制作手工样品而仅以效果图来体现装潢设计意图；但有全新结构设计的纸盒或在原有结构基础上做出改进时，则设计师必须制作手工样品，便于通过样品来发现在绘图设计中难以察觉的各种细节问题并可检验纸盒结构中各项功能是否完备和美观适用。

在包装设计实际项目中，曾有设计师为了赶工而忽略了制作样品并检验的过程，等到量产的包装盒制作成型了才发现纸盒的开闭锁功能不足，或插舌防尘翼、底部结构锁合等处有细节缺陷，有的缺陷不太影响使用但欠美观，也有的需要花费很多人工来用胶带等材料修补；笔者还曾亲眼看见某鸡蛋包装盒的底部锁合式结构设计不合理、凹凸翼片咬合不牢固，以至于有人在该纸盒样品中装满鸡蛋后提携行走时盒底翼片突然脱落散开，造成盒内几十个鸡蛋全部掉出打碎的情况。这个包装中的安全隐患最后只能额外花费人工在所有量产纸盒底部加粘透明胶带做修补以防再出现类似事故，这当然要增加包装生产的成本，影响企业的信誉。但还不算最糟糕的问题，如果量产纸盒的某个部分出现了尺寸偏差，比如盒盖宽度、某个立面宽度高度等哪怕只

图4-1 一个班级学生在课堂上手工制作的部分纸盒作业

图4-2 学生用电脑绘制结构图并设计装潢再打印制作的包装盒样品（一）

图4-3 学生用电脑绘制结构图并设计装潢再打印制作的包装盒样品（二）

图4-4 笔者指导学生设计并手工绘图、制作成型的礼盒（制作：张妍 陈康杰）

偏多或偏少了一两毫米，都会造成盒体结构无法正常开启或关闭，所有量产成品纸盒只能全部作废，损失较大。不制作样品、不进行检验可能给生产造成很大困难和损失。作为包装设计师一定要懂得包装结构和样品制作的重要性。人们观看包装往往只注意其精美装潢，而精美的装潢必须以正确的立体纸盒结构来承载，惟有懂得结构、完善结构、在设计和样品制作中不断修正结构，纸盒包装才能具备完整顺畅的使用功能，进而才具有外表饰以精美装潢的必要。

4.1.1 纸盒手工样品的制作与实际成品的关系

纸盒包装手工样品的重要作用如上文所述，那么样品具体该如何做才能符合实际，或者说纸盒手工样品的制作与实际成品的关系如何呢？首先，手工样品必须要选用纸盒量产时所使用的纸材，其纸质、厚度、工艺水平当与实际生产中所用的材料完全相同；如果设计项目中没有明确指出量产纸盒所采用纸材的详细规格，则设计师应当采用不同纸材做几个样品，以便于设计委托方进行选择并估算成本。其次，手工样品必须符合设计时所确定的尺寸和强度，并在制作中尽最大努力减小误差，尺寸准确的样品方可成为量产时的检验依据；同时，有些产品为了保证其运输仓储时的安全，在包装定型量产前需做抗压、抗摔和寿命实验，因此手工样品的结构、规格、材质必须完全符合实际需要，才能通过实验，设计项目才可能被采纳。最后，还有很多在设计中无法预知的细节和要求，惟有通过手工样品的制作和改进、改进后再次甚至多次制作样品，才能最大限度地将设计和使用过程中的各种不良因素消灭在萌芽状态，保证包装纸盒的量产成品符合实际要求。

4.1.2 制作纸盒手工样品在包装设计中的重要意义

如前所述，虽然设计师可以用软件绘制包装结构和装潢并打印在纸材表面，也可以借助数码雕刻机、纸盒打样机等设备在纸材表面切割出纸盒的平面展开造型，但纸盒样品的折叠、粘贴、装配和调试成型工作仍需设计师手工进行，目前尚不可使用机械完全替代包装设计过程中样品检验调试的手工操作部分，且前文有述工厂的印刷后期加工设备亦不会为仅出产少量样品而开机。

手工制作包装纸盒样品是包装设计课程教学中的重要内容，也是包装设计师的重要职业能力，虽然在实践中并非所有的客户和设计项目都要求包装设计师提供标准正确的手工样品，但如果设计师能主动制作精致的样品，则客户对设计师的业务能力和专业水平将留下良好的印象，将会有利于设计师更进一步开展设计工作。同时，手工制作纸盒样品也是设计从业人员锻炼动手能力和职业素养的一个重要途径。认真细致地绘图、剪裁、折叠、粘贴装配并调试，及早发现绘图和设计中的问题并加以改进，直至完成合格的纸盒样品，其成就感不言而喻，更能锻炼动手制作的能力和专心专注的态度和职业素养；图4-4、图4-5、图4-6所示为笔者指导学生设计并手工绘图、制作成型的礼盒，同学们经过精心构思、草图验证再绘制平面图并最终制作出精美的包装礼盒后，对纸盒结构知识有了更深的了解并提高了学习本专业后继课程的信心，不少原本比较粗心的同学还因此逐步端正了学习态度。很多时候态度决定成败，试想，如果包装设计师不能

图4-5 笔者指导学生设计并手工绘图、制作成型的礼盒

图4-6 笔者指导学生设计并手工绘图、制作成型的礼盒（制作：何心怡 岳欢）

提供准确的纸盒手工样品给客户，客户通常会认为设计师对待工作的态度不佳，就很难对将用机器生产的成千上万个纸盒成品抱有信心，也很难与设计师有更进一步的合作。可见，在各种技术和自动化手段飞速发展的今天，手工制作纸盒样品在包装设计中仍然具有十分重要的意义。

4.2 手工制作纸包装样品时的准备工作及工具材料

在手工制作包装纸盒样品时，所需要准备的主要工具有美工刀、剪刀、三角板、直尺（或平行尺、丁字尺等）、曲线板、切割板等；还需准备双面胶、固体胶、纸材等耗材。用于剪裁切割的美工刀和剪刀应保持锋利清洁，刀具使用以美工刀为主、剪刀为辅。在包装实践项目中，手工样品所用的纸材当与量产纸盒相同，而在教学实训中，因为文具种类的限制以及许多包装纸材（如夹层纸、瓦楞纸等）属于工业原料而难以小批量购置，故作业纸材一般选用适当的光面厚卡纸、带有肌理的厚卡纸或牛皮纸、波纹纸等文具纸材；不论用何种纸材制作包装样品，都应保证纸盒外表整洁美观。

4.2.1 手工制作纸盒包装样品时的准备工作

在制作手工纸盒样品时，需要有一块平整的较大桌面当工作台，制作进行之前桌面和尺规必须清理干净并保持整洁；纸盒样品制作完成后，需及时收拾工具材料、清理桌面垃圾，恢复工作台、地面和尺规工具的干净整洁，这样可以保证本次作业实物的表面干净整洁并在下次作业操作时容易进入状态，这是一个学习包装的学生或从业者所应具备的良好习惯和职业素养。

在初学纸盒结构的设计绘图时，建议多使用白色卡纸，这样可以清晰地看到纸面上所绘制的线条，容易认清纸盒结构各部分。绘图均在纸张的背面进行，针对盒体的大小、内容物的轻重可灵活选择不同厚度的纸张。除白卡纸外，手工制作纸盒还可使用彩色卡纸、黑白灰色卡纸、牛皮纸、带有肌理效果的厚卡纸等；在制作由多个部分组合的纸盒实物样品或者系列化纸盒样品时，若能合理搭配纸张颜色、肌理，则可以在不设计、不绘制表面装潢的前提下，纸盒作业亦具有十分美观的展示效果。

4.2.2 手工制作纸盒包装样品时的工具和耗材

（1）铅笔（图4-7）。纸盒包装结构绘图可使用普通铅笔和自动铅笔，笔芯应采用HB、B、2B等软硬适中的型号。一般情况下，建议使用0.5毫米规格的自动铅笔绘制线条，下笔较为方便、线条较细且笔痕深浅恰到好处，即便出错也容易修改擦除；如果使用普通铅笔、则绘图前应该将铅笔芯削得稍微尖一些以保证纸面线条绘制较细，同时绘图时落笔要偏轻，以求线条工整准确并便于修改。

（2）三角板（图4-8）、直尺、平行尺（图4-9）、丁字尺（图4-10）。绘图时应该使用上述尺规类中的一种或几种并用，以求绘制准确的垂直线、水平线和平行线。在上述工具不能求全时，应至少使用两把三角板或一把三角板加直尺丁字尺；选择三角板时，应该选用绘图专用三角板，最好是还带有量角器和曲线板的（图4-11）。用尺规类工具是为了精准绘制垂直相交的线条和平行线，作业中一定要保证上述两种线条绘制准确，否则纸盒样品就会歪斜，成为废品。另外，因为铅笔尤其是普通铅笔沿尺规绘制线条时会沾染墨迹于尺规上，多次绘制后尺规上所沾墨迹会加重、容易污染纸面，因此在绘制一段时间后，应该使用干燥或稍有湿润的纸巾或者抹布将尺规擦干净，以保证接下来的线条绘制干净整洁。

(3) 圆规（图4-12）、曲线板（图4-13）。绘制纸盒插舌、防尘翼、底部结构等部件时需要将尖锐的外角修改为圆弧形，以方便使用并保持美观，这时需使用圆规，还有一些不规则的曲线段需用曲线板辅助绘制。

(4) 美工刀与剪刀（图4-14、图4-15）。美工刀可以用来削铅笔，纸盒的裁切线更需用美工刀进行切割；美工刀的刀刃容易磨钝故应时常折短或更换刀片，以随时保持锋利状态，方可保证所切割

图4-7 铅笔

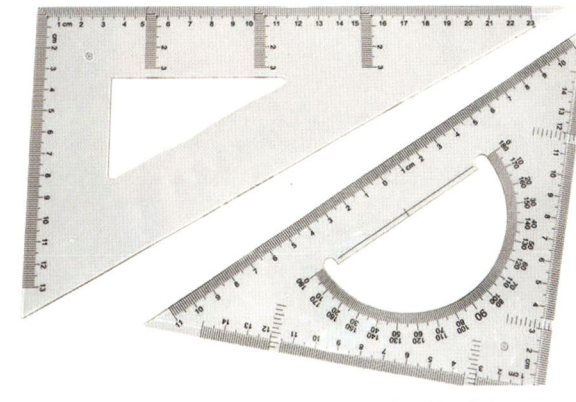

图4-8 带量角器的三角板

图4-9 平行尺

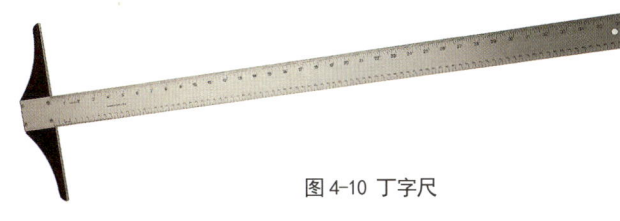

图4-10 丁字尺

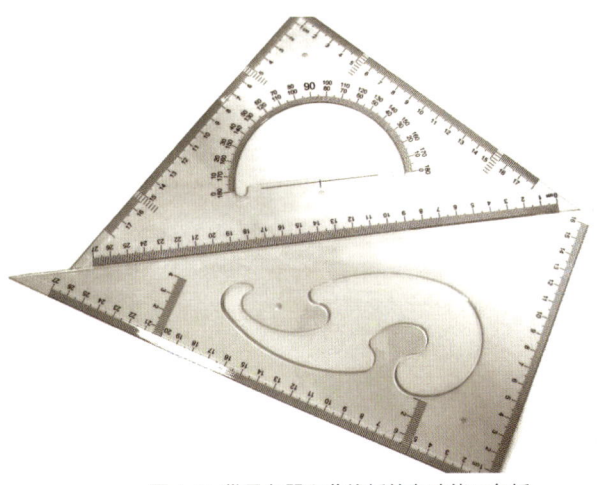

图4-11 带量角器和曲线板的多功能三角板

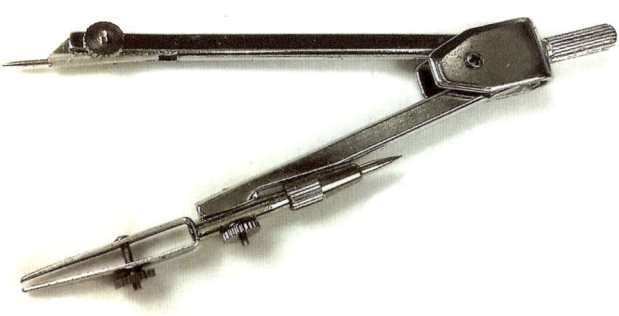

图4-12 圆规

图4-13 曲线板

图4-14 美工刀

图4-15 剪刀

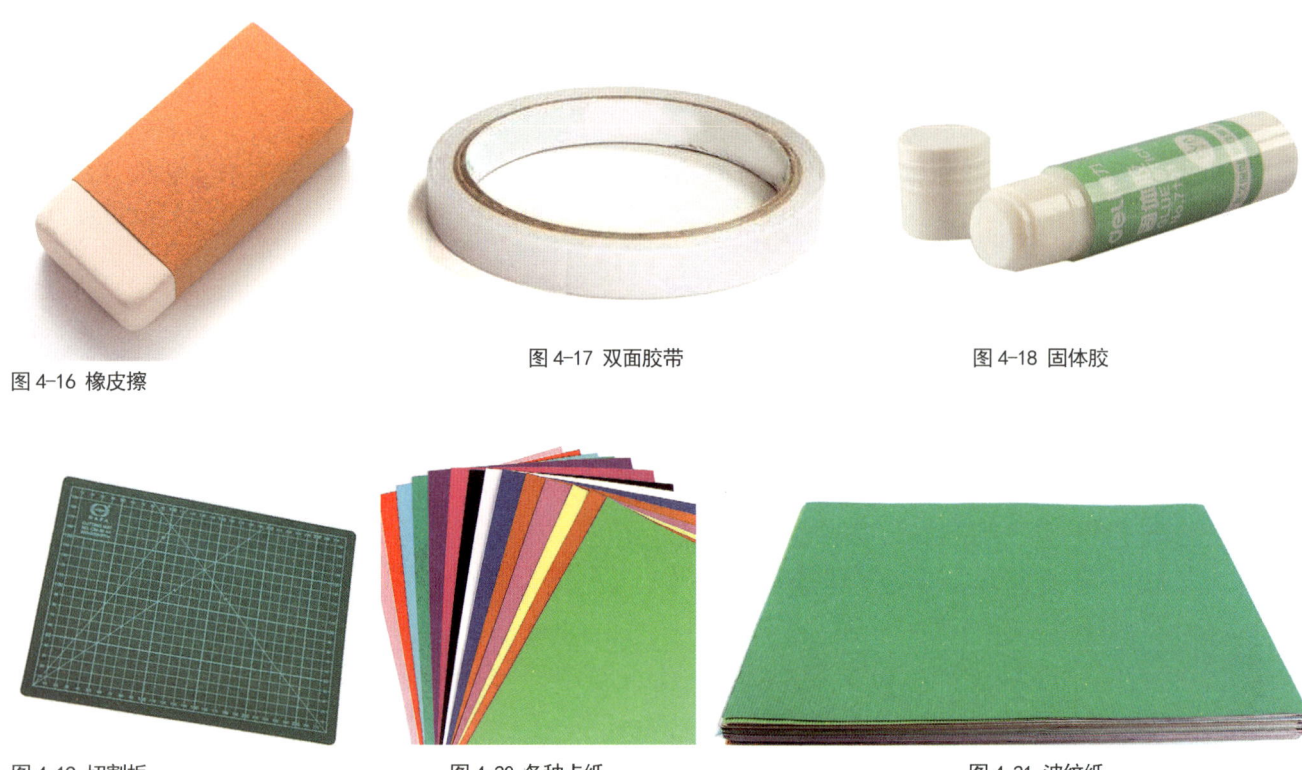

图 4-16 橡皮擦　　　　图 4-17 双面胶带　　　　图 4-18 固体胶

图 4-19 切割板　　　　图 4-20 各种卡纸　　　　图 4-21 波纹纸

的线条干净流畅。在处理折线时，在纸张反面使用美工刀刀背，以中等力度划动即可在正面体现出十分挺括的线条。对圆角圆弧或其他不规则的曲线可使用剪刀进行修剪，在制作纸盒时使用刀具应以美工刀为主，剪刀为辅。

(5) 橡皮擦（图4-16）、双面胶带（图4-17）、固体胶（图4-18）。橡皮擦用来擦除绘制失误的线条或者临时辅助线，也可以将完稿后纸盒正面所残留的污迹擦去。双面胶带和固体胶用来粘贴纸盒的粘合襟片，一般情况下，使用双面胶带的粘贴效果要优于固体胶。

(6) 切割板（图4-19）。切割板是各种手工制作中的重要制作工具，能保护桌面（特指普通的桌面，非专用工作台）免受美工刀划伤，同时板面的刻度条也方便在纸盒绘图、切割时随时计量纸盒局部尺寸。

(7) 各种易于获得的纸材。如上文所述，一般情况下普通小商品的包装纸盒样品使用各种颜色光面卡纸制作即可，土特产、传统食品的纸盒样品可选用牛皮纸、带有肌理的各色卡纸（图4-20），这些纸材的应用与实际生产中基本一致。少数需要做缓冲保护的瓷器、蛋、灯泡等商品的包装设计样品则可用波纹纸（图4-21）制作，该纸材特性与瓦楞纸性能接近。选择具有适当颜色和表面效果的纸张来制作特定主题的商品包装样品，是学习包装的学生和从业人员应该积累的经验。

4.3 手工纸盒样品制作的方法

制作纸盒样品时，首先需要将盒型的平面展开图按1:1实物尺寸精确绘制于适当纸材上，纸材厚度、性质当与实际量产纸盒相同。绘制纸盒平面展开图时，有手工绘制和软件绘制两种方式。而用软件绘制纸盒平面电子稿时还有将电子稿打印于纸面再手工剪裁制作和将电子稿直接用数码雕刻机、纸盒打样机等刻绘于纸材的方法，不论哪种方法，最后都需要将成型的纸材用手工方式折叠组装并进行调试。

如果用手工绘制纸盒平面展开图时，需将大小适合的纸材正面朝下放置于工作台上，将纸盒结构图绘制于纸张反面，包装纸材通常印刷面（正面）较光滑、细致，而反面则粗糙无光泽。绘制时可将纸盒底部四边所在的线条定为下基线，纸盒顶部四边所在线条为上基线，如图4-22所示；以笔者经验，绘图时首先绘制下基线，下基线与纸张底边平行并应尽量以纸张左边线为起点开始绘制，但要预先估算纸盒底部结构的总高度从而定出正确的下基线距纸张底边距离，以免绘制进行中却发现下部纸张不够用而前功尽弃；如图4-22所示为例，该反插式纸盒的宽度为50毫米，则基线下方必须留出50毫米以上宽度的空间以容纳展开图中的底部盒盖和插舌，在该例中插舌宽度可取值12～15毫米，则基线距离底部纸张边缘的距离可取65～70毫米。绘图中的垂线即纸盒的立面边线、应当保持与基线垂直的状态，绘制完五条主垂线后再绘制上基线后，纸盒的立面构架开始形成。随后分别由

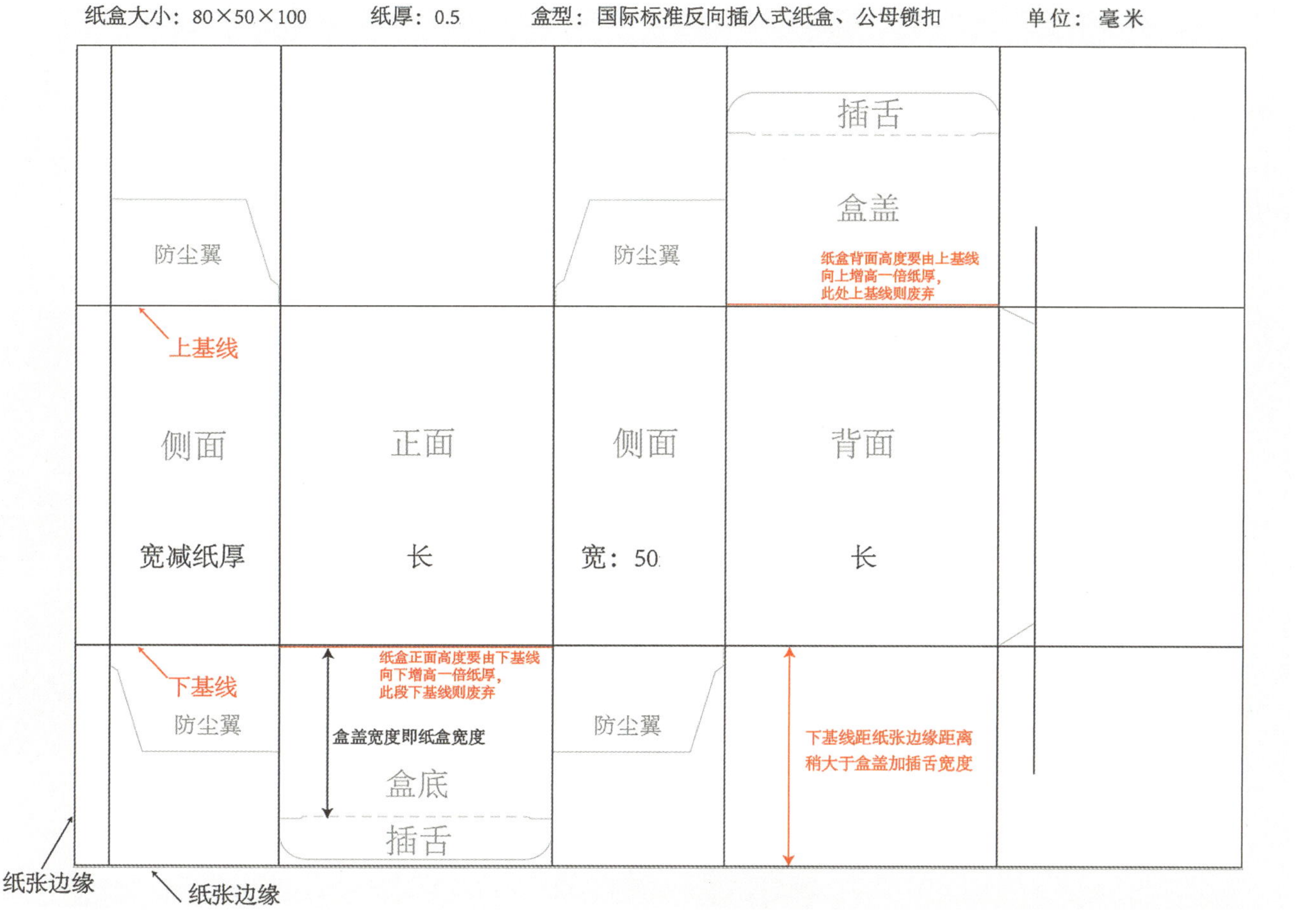

图4-22 在纸面手工绘制纸盒结构图的要点示意（电脑制图）

图4-23 绘制完线条后用直尺和美工刀将盒体从纸材中裁切下来

图4-24 少量圆弧区域可用剪刀修剪

纸盒正面下基线向下、背面上基线向上绘制出一条增高线，各增高线距离原基线距离为纸材厚度的大小，纸盒背面上方的基线段和正面下方的基线段则废弃；再接着由增高线为基础，分别向上（纸盒背面）和向下（纸盒正面）做出盒盖、插舌等部件，侧面上下方做出防尘翼，最后别忘了盒体右边还有粘合襟片。各部分之间的结构关系详见前文3.1.1的解析。

当纸盒平面结构展开图的线条绘制完成并检查无误后就可以动手剪裁制作了，制作时先以直尺加美工刀的组合方式将盒体从纸材中裁切下来（图4-23），并用剪刀修剪少量圆弧区域（图4-24）。折

图 4-25 用美工刀刀背与直尺配合划出折痕

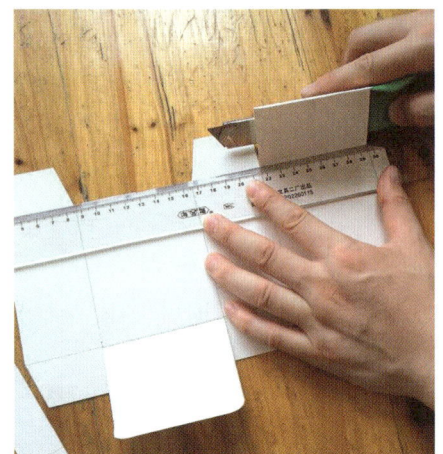

（a）用尺、美工刀沿折痕将纸盒预折　　（b）将粘合襟片涂胶，盒体对折黏合、压平

图 4-26 预折与粘压

制作手工实物的工具和步骤

图 4-27 将粘好的盒体立起来，手工纸盒样品即告成型

叠各折线时则以直尺与美工刀刀背相配合，刀背贴紧直尺并接触纸面、以中等力度按压并移动，纸面即留下恰当折痕（图4-25）；而后用尺和美工刀等工具辅助、将切好的纸盒预折［图4-26（a）］，在沿盒体居中的垂线将纸盒对折后，使用双面胶带或固体胶将折入盒体内部的粘合襟片涂上胶，并将纸盒盒体靠外侧的侧面与粘合襟片粘接、压紧［图4-26（b）］，最后将盒体立起来，手工纸盒样品即告成型（图4-27）。

4.4 量身定做纸包装盒的方法和纸材料的修正系数

在包装设计课程的学习和工作实践中，为被包装物量身定做纸质包装盒是一项重要内容。很多新开发的产品需要设计包装，有些无厂商提供尺寸，需设计师自行量取再制作样盒，有些产品虽然有厂商提供的准确外观尺寸，但这个尺寸未必是适合进行包装设计的尺寸。例如茶壶，厂商能提供其高度和壶体宽度、从壶嘴前端到壶身后方把手末端的总长度等数据，但除了高度外，茶壶的总长度数据并不适合作为确定其纸质包装盒长宽的依据，因为会造成包装材料的浪费，故正确做法是将量取茶壶侧立的最短总长数值作为确定纸质包装盒长度的依据［图4-28（b）、图4-30（a）］；此外很多带把手的玻璃杯等容器的包装盒长宽数据之确立也与茶壶的原理相同，都必须采用量身定做的方法，合理确定纸盒的长宽高数值并制作样品。

在为被包装物准确量取合理的尺寸后，设计师选择适当盒型，根据纸盒结构原理和特点将平面图手工绘制于纸面或用电脑绘制再打印在纸材料上，最后剪裁、折叠，装入物品并调试纸盒样品。完成这个过程需要准确量取被包装物的合理尺寸，同时在绘制纸盒结构时需要确定合理的修正系数。现在笔者以实践经验为基础，浅谈量身定做纸质包装盒的方法及如何确定纸材的修正系数。

4.4.1 量取被包装物的合理尺寸的方法

被包装物一般指产品，也可能指贴身保护产品的缓冲件（详见后文4.5节）。如何得知被包装物的尺寸呢？不少产品由厂商提供尺寸，若厂商没有提供尺寸或所提供尺寸并非适合进行包装设计的合理尺寸时，设计师借助游标卡尺、三角板等工具可快速量取。如上文所述，量取被包装物尺寸时，物品的长、宽、高未必是制作其纸质包装盒的尺寸依据。通常情况下，长方体、正方体或圆柱体产品，量取其高度，身体最长处最宽处的数值，即可作为推断纸盒尺寸的依据；而茶壶、带提把容器等不规则外形的产品，则需将其侧立量取其从前至后的最短长度作为推断纸盒长宽的依据，当然，不规则外形的产品是侧身立放于纸盒中的。量取产品的直径、边长时，运用游标卡尺简单易

量身定做纸盒

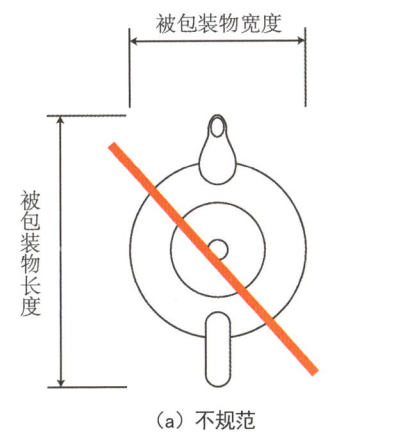

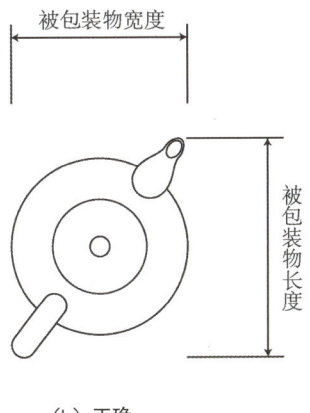

（a）不规范　　　　　（b）正确

量取茶壶等不规则外形的被包装物时，在总宽度不变的前提下将物品侧立，量取其最短的总长度作为被包装物的长度，据此再确定包装盒的长宽。

图4-28 量取茶壶等不规则外形被包装物的正确方法

图4-29 量取被包装物的高度

(a) 量取壶的长、宽

(b) 量取罐的直径

图 4-30 量取被包装物的长、宽、直径或边长

行，也可以将一对三角板背靠背、底部对齐用透明胶固定背部，再将两三角板立放于桌面上，两三角板之间呈 90°夹角（可先用一本厚书贴紧两三角板之间，确保两三角板夹角呈 90°，之后移除书本），产品放进两三角板所形成的空间中，再借助另一把直尺，即可从三角板上读出产品的高度、侧立时最短的长度、容器直径、物体长宽等数据，如图 4-29、图 4-30 所示。根据上述方法，可以简单有效地量取被包装物的合理尺寸。

4.4.2 通过被包装物的合理尺寸来确定纸质包装盒尺寸的要点

纸盒包装必须比被包装物大，不然被包装物（产品）无法装入，这是常识。但纸盒当比产品大多少呢？纸盒之于产品而言就像人穿衣，人要量体裁衣，包装盒也需依照产品量身定做。在运输和堆叠包装盒（箱）时，包装上下左右都可能受力，如果外盒尺寸偏大、盒内较空时则包装容易被挤压变形，尤以纸盒角落易破裂；但若外盒尺寸对产品而言刚好贴身，则压力就间接作用于产品上。一般说来产品比纸盒坚固，且产品如果很轻很软，多个相同包装盒叠加时自然也难产生较大压力。因此，纸盒的尺寸对于产品而言应该要绝对贴身，产品放入后能紧靠盒墙即可安全可靠。具体说来，纸盒的长宽应较产品尺寸稍大于纸材的厚度，高度较产品高度略大于 2 倍纸材厚度即可；纸盒的上下盖均有防尘翼或其他翼片，因此要增加 2 倍纸材厚度。通过已知的被包装物的合理尺寸，再来确定纸盒样品的尺寸，以认真细致的态度动手制作、勤于实践，很快可游刃有余。图 4-31 至图 4-34 所示为笔者指导学生在课堂上完成的部分量身定做纸盒作业：为带把手的杯子量取适合的尺寸并制作外盒。

4.4.3 纸盒结构绘制中的修正系数

纸盒的制作、生产受很多方面因素的制约，除了根据产品处于恰当摆放姿态时的外部尺寸、纸材厚度等数据外，在确定纸盒尺寸后还要加上特定的纸盒制造尺寸修正系数，修正系数的产生和应用是因为纸材料在具体的环境和使用过程中会产生细微外形变化，在纸盒的尺寸数据中加入修正系数，虽然数值通常很微小，但可以让纸盒样品更加精致、外形挺括，故不应忽略。修正系数与以下几个方面有所关联：

(1) 空气湿度。纸材料具有吸水性，空气湿度大会造成纸板尺寸稍有增加，而空气干燥则纸板尺寸将有所缩小。

(2) 加工工艺。不同机械设备的加工精度及工艺条件对纸材成型的质量有所影响。

(3) 纸板纵横纤维的影响。纸板纵横纤维组织的差异，促使纸板尺寸在环境湿度有所改变时纵向

量身定做的口杯纸盒的平面图绘制

图4-31 学生作业——带把手的杯子置于定制外盒内（制作：吴姮）　　图4-32 学生作业——带把手的杯子与定制外盒（制作：吴姮）　　图4-33 学生作业——带把手的杯子置于定制外盒内（制作：王峥）　　图4-34 学生作业——带把手的杯子与定制外盒（制作：王峥）

和横向尺寸产生变化，而且变化的幅度不一。

（4）尺寸方向差异的影响。由于折叠纸盒的成型特点及考虑装入产品后承重方向的问题，纸盒在长、宽、高方向上纸板的尺寸变化是有差异的。

综合考虑以上影响因素，制造尺寸的修正系数一般在纸盒长、宽方向上取，高度方向上的纸板湿度和加工工艺则可忽略不计，不同纸材的修正系数数值可以从包装材料的相关工具书中查到。量身定做产品的纸质包装盒样品，不断调整其纸材料的修正值，在反复调试中达到纸盒样品的准确精致，是包装设计师的重要工作内容，也是设计师业务能力的重要体现。为学习包装设计专业的同学，需要在学习和实训中，多动手制作纸盒，方可加深对书本知识的理解并积累经验。

4.5 纸质包装缓冲件及其设计制作

缓冲件是包装结构体系中的一种附件，也被称作防震件或防震结构，在各类包装中占有重要地位。众所周知，产品和商品从加工出厂到最终被消费者使用之间要经过运输、仓储、堆叠、装卸和搬运等过程，环境中的各种摩擦碰撞在所难免，为防止产品发生机械性损坏，除了必备的外包装之外，还需减小外力的冲击和影响，缓冲件就是为了减小包装所受外力对内装物的冲击和振动，保护其免受物理损坏而采用的结构部件。

缓冲件可用多种材料制作，常用于设计和制作缓冲件的材料有纺织品、纸张（板）、海绵、塑胶、发泡材料等。其中丝绸、棉麻布等纺织品的材料及加工成本较高，并多被粘贴覆盖于其他材料缓冲件的表面，不单独用作缓冲件；海绵、塑胶、发泡材料等制作缓冲件需专业机构运用特殊工艺和模具冲压，常用于机械电子类产品的包装中，包装设计师通常无法参与设计制作；而纸张（板）则为包装设计中使用最为广泛的材料，其用作缓冲件时加工手段简便、成本低廉，与纸盒包装一样在各类商品的包装中使用广泛。纸质缓冲件同时也是纸盒包装设计中的一项重要内容，包装设计师在设计纸盒结构和装潢时可以一并完成纸质缓冲件的设计、样品制作，并能保持纸盒及其缓冲件具有整体统一的效果。

4.5.1 纸质缓冲件结构的设计当以实用为本

用纸盒包装的商品如有缓冲件，未必为纸质，如糕饼在纸盒包装内多由塑料缓冲件所承托，电子类产品多以海绵或发泡材料贴身包围保护着放入纸盒外包装，但纸质缓冲件通常只配合纸盒包装使用；因为用金属、塑料、木材等制作的包装盒通常作为高档商品包装，不会使用廉价的纸质缓冲件。非纸质高档包装盒的制作周期长，通常属于专业工程师和技术工人的工作范畴，超出包装设计师的业务范围；惟有纸质包装盒及其缓冲件，包装设计师能独立设计完成样品，并迅速转换为可大批量高速生产的包装产品，因此纸质缓冲件结构的设计当以实用为本，以适合搭配纸盒外包装，适应内装产品保护的实际需求。

纸质缓冲件的材料可选用普通卡纸、波纹纸、夹层纸、瓦楞纸、具有装饰效果的特种花纹纸等，材料之选定通常随纸盒外包装，例如灯泡作为易碎品，其外包装纸盒多选用具有良好缓冲效果的瓦楞纸，贴身紧护灯泡的缓冲件也须使用瓦楞纸，以双重瓦楞纸尽力保证运输、装卸等过程中盒内灯泡的安全；而彩色铅笔等文具是非易碎品，其包装选用价格较低的普通卡纸即可，在盒内贴身保护铅笔

图4-35 纸盒结构课程中的学生作业,具有内外盒和纸质缓冲件(制作:陈婉平)

图4-36 纸质缓冲件开口处以四边为折线,将中间纸材向内折入

图4-37 井字形纸质缓冲件结构

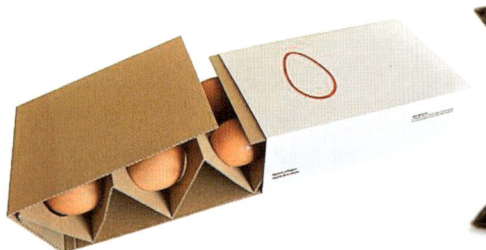
图4-38 W形结构的鸡蛋缓冲件

图4-39 S形结构的鸡蛋缓冲件

图4-40 瓷器的纸质缓冲件

的缓冲件也应使用卡纸,若使用价格较高的夹层纸、花纹纸等则有喧宾夺主之嫌。但也有少数情况下纸质缓冲件与外包装纸盒所用材料不同,如高档月饼、茶叶的外包装是用厚纸板粘贴成型的固定纸盒,其缓冲件多以瓦楞纸作底,面覆丝绸等材料;当然这种高档商品包装不具有普及性,不在本章的论述之列。整体而言,纸质缓冲件的色彩和外观应低调,以衬托外包装盒和内装产品,并与内外包装形成整体统一的视觉效果;纸质缓冲件结构的设计当以实用为本,适应产品保护的根本需求。

4.5.2 纸质缓冲件的尺寸及结构设计要点

纸盒包装有折叠纸盒和固定纸盒两大类别,固定纸盒以纸材为主体,通过手工剪裁粘贴制作成型,多见于礼品包装,成本较高,而折叠纸盒所有结构部件都由一张纸材折叠而成,适合高效大批量地生产且成本低廉,在各类商品包装应用广泛。加工便利、成本低廉的总体要求,决定了纸质缓冲件自然当属折叠结构,与折叠纸盒相通。

纸质缓冲件常由一张纸材折叠成型,其成品的长宽高自当小于外包装盒尺寸。出于贴身保护内装物的需要,缓冲件尺寸不可与包装盒内部空间相差过大,缓冲件长、宽小于盒内空间长、宽的2~4倍纸厚即可,图4-35所示为笔者上课指导学生所作的内外纸盒及大盒中缓冲件的作业;缓冲件高度通常要大于纸盒高度的一半,最高则可至低于纸盒内部空间高度的2倍纸厚左右。纸质缓冲件多以表面开口的形式放置被包装物,开口处长宽当大于被包装物长宽的2~4倍纸厚左右、视纸材的厚度和弹性等因素而定,力求被包装物放置于缓冲件中不松不紧;开口时不可将纸张挖去,而应当以开口四边为折线、将中间部分切开后向内折入以保证纸质缓冲件自身结构的稳固性并能增强与内装物之间的摩擦力,从而能够有效地缓冲、保护内装物,同时为了便于取出内装物,纸质缓冲件开口的两侧也可留出较小缺口,以适合手指伸入抓取为宜。图4-36所示为一种较为简单和普遍的纸质缓冲件,多见于糕点、文具等小商品的包装中。

此外,缓冲件也可以采用多部件组合而成,如图4-37所示,缓冲件使用数个相同(相似)的结构相互嵌合而形成井字形,能间隔出一定数目的空间并起到缓冲作用,在这个设计中需要把握缓冲件所间隔空间的长、宽应稍大于内装物尺寸的2倍纸厚左右,且缓冲件高度应小于产品以便于伸手拿取。此类结构既是缓冲件又能对盒内空间进行合理划分,使空间构图和内装物井然有序。

在纸质缓冲件的设计中,还有鸡蛋(或咸鸭

蛋等)、陶瓷器皿、灯泡等产品的缓冲包装之设计颇具挑战性,因为上述物品属于易碎品,故缓冲件需要对产品进行全方位保护,常以纸材通过巧妙折叠、嵌合并构成支架结构,确保其上所固定的产品不与外包装直接接触,以便将外力的冲击降至最低,为了强化缓冲减震效果,此类纸质缓冲件多用瓦楞纸制作。如图4-38、图4-39所示的鸡蛋缓冲包装,分别用瓦楞纸材料制作成W形和S形结构,支架上的蛋形缺口尺寸小于鸡蛋,故鸡蛋不会从缓冲件中掉出;缓冲支架利用三角形的稳定性原理将鸡蛋托举,不与外包装盒接触,因此能最大限度地降低外力对内装产品的冲击。陶瓷、灯泡等产品的包装缓冲原理与鸡蛋相似,亦以瓦楞纸构建一定造型托举产品、全方位保护;但此二类商品的形态丰富多样,故缓冲件造型的设计也须具体分析,通常开口造型与产品外观接近、尺寸恰当,从而将产品固定于缓冲件托架中,如图4-40所示。

在包装的整体设计中,纸质缓冲件与折叠纸盒的结构同样是精巧的包装结构设计,能体现包装设计师的技术水平。本章仅举上述几例,即可表达纸质包装缓冲件之结构精巧、形态多样,不论如何设计与构造,都须以保护内装产品为基本前提。

纸质包装缓冲件是包装中的附件,结构简单、加工便捷、成本低廉,但绝非可有可无。缓冲件是包装整体设计中的重要一环,既具有减震和保护内装物的作用,同时又是包装整体造型的重要部分,能衬托、美化内装产品及外包装。纸质缓冲件的设计与纸盒结构一样,同样体现着包装设计者的设计水平和功力。

4.6 固定纸盒的制作练习

本书第2章中曾对固定纸盒的基本种类和结构、常见的外形等作了一些简要介绍,因为固定纸盒基材(坯体)主要是由厚纸板等材料粘贴而成且表面需要贴面,所以也常被称为粘贴纸盒。固定纸盒的结构组合相对于折叠纸盒来说比较简单,种类和外观造型变化也少很多,初学者容易看懂平面图。固定纸盒基材所使用的材料通常为实心纸板、1~3毫米厚度,因此基材各面之间无法通过折叠而连接,必须采用预先切割成型后再粘接的方式制作;基材(坯体)粘贴成型并牢固后,方可在

其外部裱贴面纸、完成固定纸盒的制作。固定纸盒的批量制作过程中可以有部分专用设备辅助参与,但仍以手工操作为主,因此固定纸盒的生产成本通常较折叠纸盒高出许多,主要用于贵重商品、礼品等包装实践中。

在制作固定纸盒时,切割盒体各面板材的方法也不止前文2.6.2中所介绍的一种,前文所叙述的斜面切割方法需要具备V刀的纸盒打样机等专用设

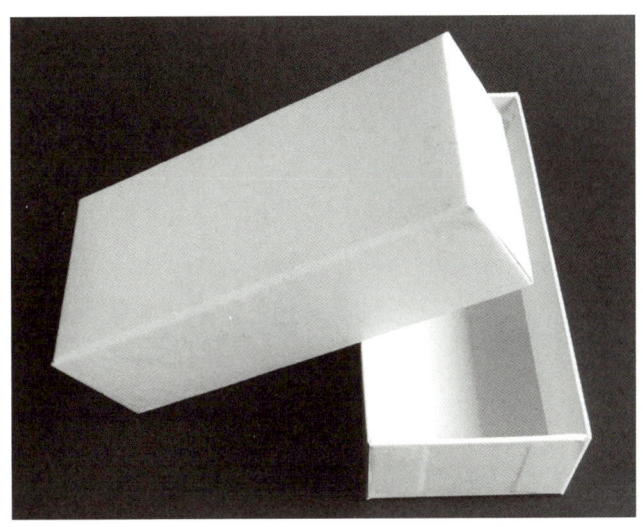

图4-41 天地盖式的固定纸盒

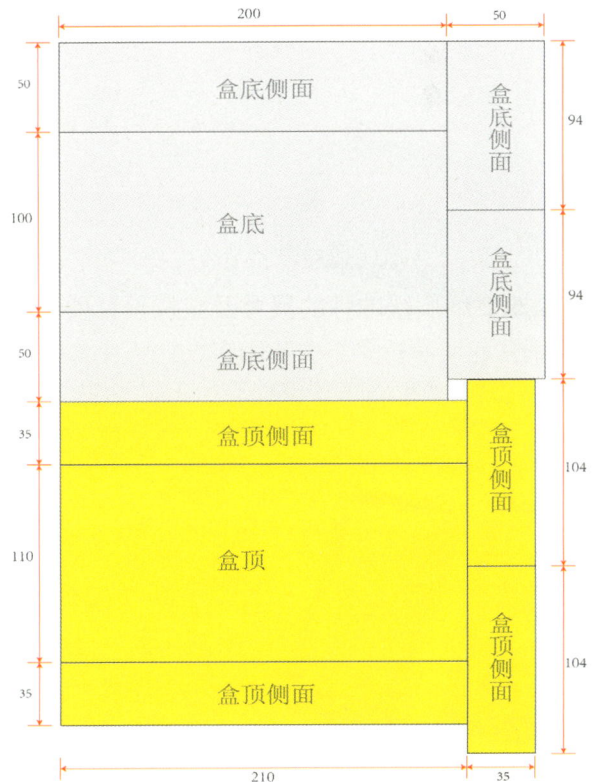

图4-42 天地盖式固定纸盒基材的平面结构示意图(单位:毫米)

备参与，而这些设备不是每个包装设计工作室或教学过程中都具备，因此本小节仅介绍使用普通美工刀具、纯手工方式切割纸板制作固定纸盒盒体的过程，以适应大多数课堂教学时的实际条件。制作固定纸盒，可以充分锻炼学生们的动手制作能力和严谨认真的学习态度。

固定纸盒的常见外观形态不多，本例中仅介绍一种常见的天地盖式固定纸盒的制作过程作为初学者的入门练习内容。盒体类似于图4-41所示，这种固定纸盒的盖与底采用相同纸板做坯体、外表贴面，无须磁铁等附加物来协助盒体开启，便于制作、成本较低，有利于初学者对固定纸盒的制作过程有直观而形象的认识。

制作之前首先选定纸材，因为本例由笔者上课带领学生们制作，考虑到学生们对纸盒结构的认知程度差异和动手制作技能的高低有差别，为保证所有学生都能顺利做好固定纸盒，故选用厚度为3毫米的灰纸板作为基材的制作材料，目的是各面边缘粘贴时的接触面积相对较大，便于施胶让坯体成型。首先通过简单计算，绘制出平面示意图（图4-42），盒盖与盒底分别绘制，盒盖侧面高度比盒底侧面高度小，便于完成后的盒体开启，根据纸板厚度和贴面的需要，盒盖长、宽须较盒底长、宽大一些，同时基材（坯体）盖、底各面之间长、宽差距也要根据纸板厚度而作出相应调整。示意图中的盒盖盒底各面间紧贴排列，既为了合理利用纸材

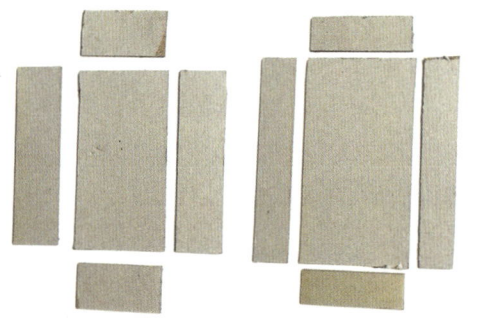

图4-43 完成切割后的坯体盒盖与盒底的各个组成部分

图4-44 纸盒坯体粘胶后基本成型

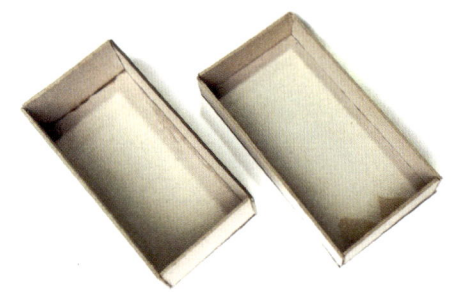

图4-45 粘胶干燥后并已完成打磨的盒盖盒底坯体

图4-46 内部各面边缘以胶带加固的盒体基材

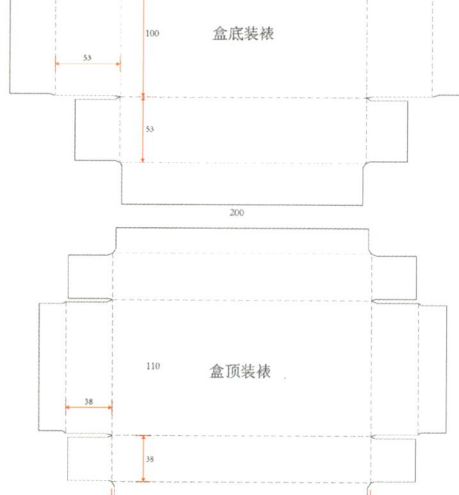

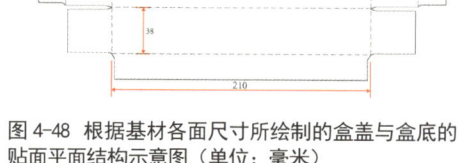

图4-47 内部各面边缘以胶带加固的固定纸盒基材

图4-48 根据基材各面尺寸所绘制的盒盖与盒底的贴面平面结构示意图（单位：毫米）

图4-49 绘制并剪裁完成后的贴面纸材（自带背胶）

图 4-50 初步完成贴面装潢的固定纸盒　　图 4-51 固定纸盒内部也可以粘贴贴面材料　　图 4-52 放入缓冲件并装载手机的固定纸盒（制作：周洪飞）

也便于减少切割时的工作量。手工切割纸板后的纸盒坯体各个组成部分如图 4-43 所示，切割后的各小块纸板应使用细砂纸修饰边角，令边缘整齐，避免出现毛边现象。

随后开始粘贴盒体，在粘胶前应先对各块纸板进行预组合，检查各面位置摆放是否正确、各面之间的贴合线流畅与否，再使用胶水（白乳胶）将顶、底面与四周各立面进行粘贴；先粘长条，再粘短条，粘贴成型的坯体如图 4-44 所示，静置数小时后再用砂纸将坯体棱角打磨得稍平滑一些，图 4-45 是完成粘贴和打磨后的盒盖、盒底坯体。

接下来是在盒体内部各面的交界线上粘贴一层较薄的纸材，可以使用较为便利的纸胶带，为了粘贴起来更容易更整齐，纸材边缘应裁成约 45°角。沿盒体内部各面的交界线粘贴纸材可以让盒体更牢固，如图 4-46、图 4-47 所示。不过在包装工厂中使用纸盒打样机和 V 刀切割出斜面粘贴的量产型固定纸盒，则无须在内部各面交界线处粘贴纸材加固。

固定纸盒基材（坯体）表面须进行贴面，裱贴在坯体上的贴面纸可以是各种颜色、印有花纹的装饰用纸，一般厚度较薄，也可以是事先批量印刷完成的纸盒装潢设计图样，贴面纸材被剪裁为适当大小和形状。根据盒盖盒底的尺寸，在贴面纸上绘制好如图 4-48 所示的平面结构，剪裁后如图 4-49 所示（该纸材自带背胶）。贴面纸材有带背胶和不带背胶之分，如果贴面纸纸材自身不带背胶，则剪裁后将内侧朝上平置于工作台面，用文具固体胶棒等均匀涂满胶料于贴面纸，将坯体的底部对准位置后仔细粘贴于贴面纸中央，再将四周的贴面纸各部分由下向上推进，包裹于固定纸盒坯体外表面之各处。需要注意的是，贴面结构类似于托盘式纸盒，其底面四角处的支撑翼片部分一定要粘贴在侧立面的底下，最后将四周贴纸剩下的部分折入、贴入盒体内。不带背胶的纸材贴面时相对而言容易在固定纸盒基材表面裱贴平整，图 4-50 是初步完成贴面装潢的固定纸盒。

如果贴面纸材如图 4-49 所示那样自带背胶，则绘制、剪裁完成平面结构后必须将所有折线处折好，内侧朝上平置于工作台，撕掉背纸后将坯体底部放入贴纸中央，对准位置粘贴；为了方便粘贴，去除贴面材料的背纸时不妨先仅撕去略大于坯体底面的部分，放入坯体底面贴稳妥后再撕去四周贴面的背纸，将四周各面贴纸向坯体四面从下往上贴进；使用带背胶贴面材料时须时时检查贴完的部分是否留有气泡，如果有气泡可掀起部分贴纸重新贴过，或用工具和手掌将气泡推出，确保完成后的贴面整齐美观，有多余的贴面材料也可以贴入盒内底部和四壁（图 4-51），对基材同样起到加固和保护的作用。

经过前述的制作过程后，天地盖式固定纸盒的盒体已基本完成，之后制作纸质缓冲件放入盒体，才算做完整个纸盒包装样品。纸质缓冲件一般选择折叠纸盒的成型方式，具体结构要视被包装物品的形状和数量等因素来决定。本例中笔者指导学生制作放置智能手机及其附件的缓冲件，如图 4-52 所示。图 4-53、图 4-54 所示为其他学生的作业展示，可以看清固定纸盒内所装物品和缓冲件，本固定纸盒中的缓冲件为上下两层，结构如图 4-55 所示，各部分的尺寸以固定纸盒内部空间大小为依据并适当进行了修正，缓冲件（托架）下层放置手机充电器和数据线，缓冲件开孔大小视产品尺寸而定；缓冲件上层是放手机的托架，根据不同型号手机的大小区别，托架开孔设置了两种情况：手机较

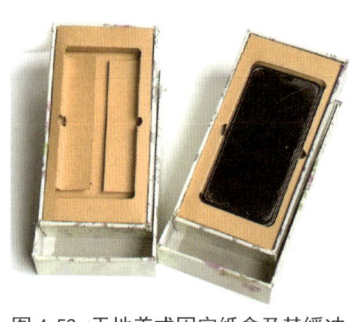

图 4-53 天地盖式固定纸盒及其缓冲件、内装物展示 （制作：刘小仪 高静娴）

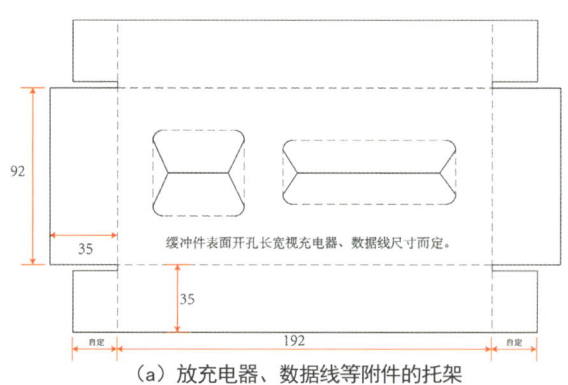

固定纸盒制作实例的结构图

（a）放充电器、数据线等附件的托架

图 4-54 天地盖式固定纸盒及其缓冲件、内装物展示 （制作：刘小仪 高静娴）

（b）放手机的托架（手机较小）　　　　（c）放手机的托架（手机较大）

图 4-55 天地盖固定纸盒中的缓冲件平面展开图（单位：毫米）

图 4-56 很多同学的天地盖固定纸盒作业集中展示

小时可在放置手机位置的两侧设置两个椭圆形开口，便于使用时将手指伸入以抓取手机 [图 4-55(b)]；手机尺寸较大时则可在放置手机位置的首尾两端开出一个或两个椭圆形开孔 [图 4-55(c)]。图 4-56 是很多同学的固定纸盒作业集中展示，盒体表面饰以不同图案的贴面纸。

制作固定纸盒对手工操作技巧的要求相对较高，作为礼品、贵重商品的常用包装形式，固定纸盒成品各立面间的良好拼合效果和裱贴装潢后的平整精致，是固定纸盒相对于折叠纸盒具有高级感和贵重感之源泉，也是固定纸盒的生命力之所在，需要包装制作者以精益求精的工作态度和高超的制作技艺来赋予其生命。囿于本书篇幅，本小节仅以最简单的天地盖固定纸盒为例，讲授了制作技法，其他常见的固定纸盒类型如圆形盒、书本型盒、异形盒等（见前文图 2-29、图 2-30 所示），虽然会增加磁铁、铰链等附件，但大体结构成型方式和粘贴、裱贴面纸的制作技法与天地盖纸盒基本相同。课堂上进行固定纸盒作业练习，结构的简单或复杂并不重要，而在于要从细节上培养学生们良好的学习态度和勤于钻研的认知习惯。

思考与练习：

1. 纸盒手工样品的制作有何重要意义？
2. 自备工具，选用 0.5 毫米厚度的卡纸为主要材料，自定尺寸并手工绘图，剪裁制作国际标准反向插入式纸盒、锁合底纸盒、自动底纸盒、盘式纸盒、托盘式纸盒等各一，注意结构图中需加、减纸厚的各处细节。
3. 掌握量取被包装物尺寸的方法，能够为被包装物量身定做包装盒；选择一个带把的口杯、小茶壶等物品，为其量身定做外包装盒。
4. 了解和掌握纸质缓冲件的设计制作技法。
5. 了解和掌握固定纸盒的基本制作方法。

5 变形纸盒的结构设计思路

课程目标

了解变形纸盒的造型分类，掌握变形纸盒的基本创作思路，学会在基础纸盒结构上构建变形纸盒的方法，培养创新精神和创新意识。

基本知识

对普通纸盒的形体结构进行外观变化设计的切入点，提手式纸盒、开窗纸盒、花盖纸盒、非长方体纸盒等多种变形纸盒的造型方法。

参考学时

16 学时

变形纸盒又被称为特殊造型纸盒，是纸盒包装结构设计中的一项重要内容，是体现商品包装个性的重要手段。变形纸盒的世界看似繁杂多样，实则有创作规律可循。变形纸盒的设计创作水平是包装设计从业人员综合业务素质的重要体现，也是纸包装结构设计的独特魅力之所在。笔者根据自身包装设计实践和课堂教学经验，尝试总结并解析变形纸盒的设计思路和创作技法。

5.1 变形纸盒的造型分类

变形纸盒的盒体变化非常丰富，其优点是造型新颖、美观、具有创意性，艺术表现力强，设计技巧性强，能彰显设计的独特魅力。因为生产、储运、销售等各种条件的限制，纸盒造型的形态和结构具有较强的限定性，普通纸盒造型一般都是六面体，除了直角六面体的纸盒造型之外，其他形态的纸盒就是变形纸盒。变形纸盒的形体可以在正方体或长方体的的基础上发展变化而来，或抽象或象形有趣，设计更具有灵活性和随意性。虽然受制于生产条件、交通运输、成本核算、保护商品等因素，变形纸盒的应用范围远不如普通纸盒那么普及，但变形纸盒丰富多变的造型却是商品推广和营销活动中的有效手段，其灵活有趣的造型设计技法也是锻炼包装设计人员的设计思维的有效途径。当然，从实用性的角度来说，并非所有造型的变形纸盒都适合用作商品包装并上市销售，考虑到运输、仓储及各类成本等因素，纸盒包装的外形应有所限制，轮廓当尽力简洁，变形纸盒也不例外，还要便于折叠、组合成型。

变形纸盒的外观造型主要有以下几类：

（1）其他几何形体造型纸盒。普通纸盒的造型为六面的长方体或正方体，除此之外的几何形体造型纸盒，皆为变形纸盒，其中常见的几何形体有正三边形柱体、正五边形、六边形、八边形柱体等、三棱锥、四棱锥等、三棱台、四棱台等等，如图5-1所示。

（2）运用了附加结构造型的变形纸盒。运用了附加结构，因而使外观造型有所改变的纸盒，如提手式纸盒等，大多就是在六面长方体（正方体）的基础上，通过增加提手及挂耳等结构而形成的一种重要的变形纸盒（图5-2）。

（3）盒体或上下结构中运用了曲线、折线线条的纸盒，如图5-3所示的纸盒其立面使用了曲线造型，这类变形纸盒的外观变化更加丰富多彩。

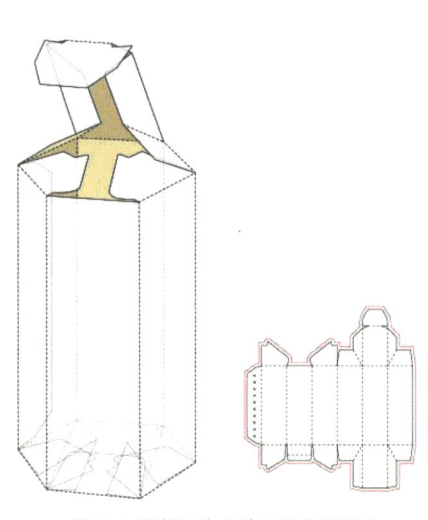
图5-1 横截面为六边形的变形纸盒

图5-2 小型提手式礼品盒

图5-3 盒体立面为曲线造型的变形纸盒

5.2 变形纸盒的设计思路

变形纸盒的外观造型设计，通常可以归属于上述类别中之一种，也可能归属于上述类别中之两种的组合创作，变形纸盒的设计其思路和造型手法不拘一格，学习变形纸盒设计，重在多观摩多总结，学会分类和分析，以此为指导并多动手制作。

纸盒包装结构主要分为折叠纸盒和固定纸盒两大类别，固定纸盒以纸张、纸板、塑料、海绵泡沫、纺织品、磁铁等材料和零件通过手工剪裁粘贴制作而成，因而成本较高且外观造型变化少，主要应用于高档礼品包装；而折叠纸盒则可由印刷及其后期加工机械进行高效、大规模生产制作，故成本低廉，被广泛应用于各类商品包装中。

折叠纸盒最重要特点是其所有结构部件都由一张纸（或纸板）折叠成型而来，其种类丰富、结构繁多，是纸盒包装设计的主流，折叠纸盒包括基础纸盒与变形纸盒两大部分。基础纸盒是包装行业中最普通、最常见的纸盒之统称，外观通常为长方体或正方体，其结构包括国际标准反向插入式纸盒、自动底纸盒、自动锁合底纸盒、盘式纸盒等，种类不多但在包装行业中运用广泛；世界上绝大部分的日用商品如食品、药品、化妆品、小电器及玩具等，多采用基础纸盒包装。变形纸盒又叫异形纸盒，是具有良好的外观造型和销售展示效果的非基础纸盒的统称。变形纸盒的外观既有基础纸盒式的长方体或正方体造型，也有非长方体正方体的复杂几何造型，较基础纸盒而言变化丰富多彩；虽然变形纸盒在包装界所占的市场份额不多，但其良好的外观造型和富有生趣的销售展示效果，常被用于喜庆用品包装或营销推广活动等场合的产品包装，亦具有十分重要的应用价值。

5.2.1 变形纸盒的基本创作思路

变形纸盒的结构可由基础纸盒结构演变而来，基础纸盒是变形纸盒创作的基础。学生们在纸盒包装结构设计课程中首先学习基础纸盒结构，从中了解纸盒各部分的关系、掌握纸张（纸板）的厚度数值与纸盒结构各主要部分的尺寸修正值之间的关系，从而深切领会包装盒立体空间的成形原理和包装开闭锁功能的实现技法，由此方可具备学习和掌握变形纸盒设计的能力。

在基础纸盒的学习中，学生们会学习最基础的国际标准反向插入式纸盒及其所衍生的法式反向插

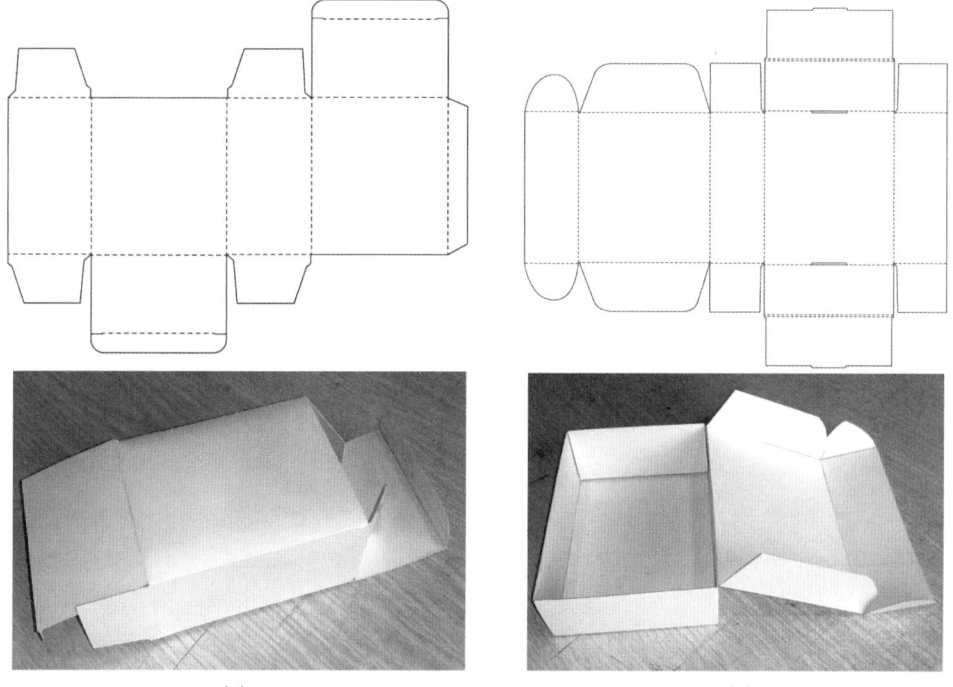

图 5-4 国际标准反向插入式纸盒（a）与盘式纸盒（b）结构图及实物手工样品图

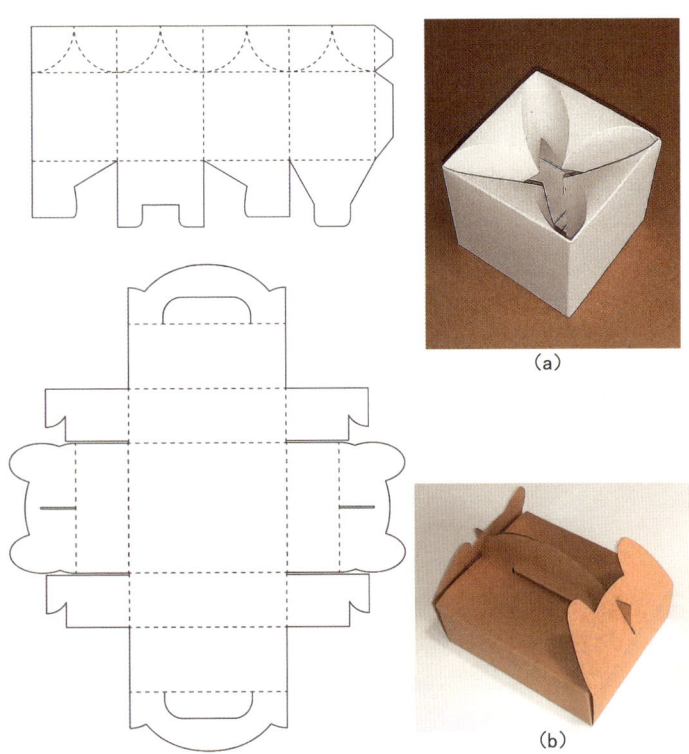

图5-5 花盖嵌合式纸盒（a）与提手式纸盒（b）的结构及实物图

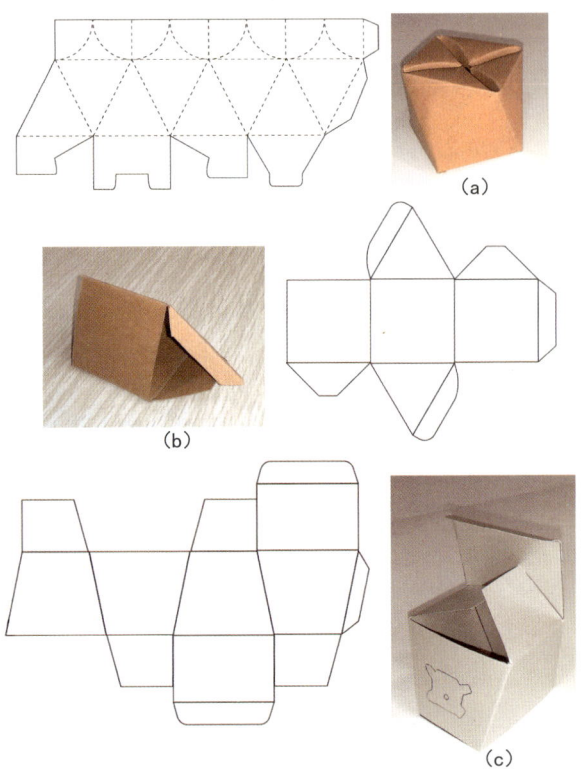

图5-6 多面花盖式纸盒（a）三角形纸盒（b）梯形立面纸盒（c）的结构及实物图

入式和直筒式纸盒等，待到学习基础纸盒中的盘式纸盒时，则会发现盘式纸盒的平面展开图与前述直筒式非常相似，可以说盘式纸盒就是由国际标准反向插入式纸盒所衍生的变形纸盒（图5-4）。包装纸盒的世界作为一个有功能、有生命力的体系，其结构和设计思路从来就不是孤立地存在，而是彼此联系的。由此思路举一反三，教师可以引导学生们发现变形纸盒设计的基本创作思路大体有逐步递进的三个层次：其一是在基础纸盒表面进行开窗或附加装饰，这点相对容易掌握，开窗和附加装饰只要造型美观且不影响纸盒的开闭锁功能即可，很多商品展示盒即运用此思路而设计；第二个层次是改变基础纸盒的上下盒盖、翼片造型，生成具有一定实用或装饰效果的上下盖外观，典型者如花盖嵌合式纸盒或提手式纸盒等，前者多用于喜糖等喜庆用品包装，后者多见于传统商品和土特产包装等（图5-5）；其三是在纸盒平面展开图中更改纸盒立面的线条数量和形状，使折叠成形后的纸盒主体部分不再是传统的长方体或正方体，可成为三棱柱、三棱锥、四棱锥、多面球形、梯形、棱台形等几何外形，如包装披萨饼的三角形纸盒、一些高档巧克力

的顶面为六边形的纸盒等等（图5-6）。变形纸盒设计创作思维的培养，能综合提升学生和包装从业人员的创意设计水平。

5.2.2 变形纸盒的创作思路与人机工学的关联

变形纸盒在设计中还需时刻以人机工学原理为准绳，以保证纸盒使用时方便顺手。人机工学以人的生理和心理感受为依据，追求相关设计应符合人的需求。变形纸盒的外观形态虽花样繁多，但其单体的长宽高等基本尺寸应当符合人以单手抓取、把握为宜，便于人们轻松手持并感觉省力。在设计制作一种市场上常见的变形纸盒——手提式纸盒时，这种多用于盛装土特产的纸盒其尺寸不会很小，载物后重量也不太轻——否则不必选择手提式结构，故盒体顶端提手结构的开口大小和位置需符合成人以手掌穿过并省力提携的要求；在制作花盖嵌合式变形纸盒时，除了顶盖各翼片间的开口宽度需符合手指穿过而开启的要求外，各翼片的外观线条应制作流畅以符合人们的审美心理需求，如此方可令变形纸盒设计同时具备实用和展示价值。

5.3 结构简单的变形纸盒设计分析

变形纸盒设计是纸盒包装结构设计中的一项重要内容,其设计创作水平是包装设计从业人员综合业务素质的重要体现,也是纸盒包装设计的独特魅力之所在。变形纸盒是从基础纸盒结构中逐步演化来的,演化的进程有前有后,程度有深有浅,因此具体到某个变形纸盒上来说,其"变"不在于外观是否"巧"或"炫",也不在于实用价值的高低,而在于其造型元素是否具备上文5.2.1节中所述的从基础纸盒逐步递进的变形创作思路三层次,即表面变形(如开窗)、盒体所连接的各翼片变形、盒体立面形状和数量的变化等;具备这变形创作思路三层次之一,该纸盒基本上就可以归入变形纸盒的范畴。在具体分析变形纸盒的结构设计思路时,我们不妨先从简单的变形开始,如纸盒表面开窗或添加附属展示面等。

5.3.1 开窗式纸盒

开窗式展示型纸盒是一种比较常见和普及的变形纸盒,也是一种比较简单、其结构很容易被理解和掌握的变形纸盒。纸质材料通常是不透明的,为了能在不打开盒盖的前提下展示内部产品的整体或局部形象,则需要在纸盒表面开窗,如果必要,一般用透明玻璃纸等材料从内封闭窗口,如图5-7所示,这是在包装盒主要展示面正面开出了一面窗口的展示型纸盒。展示型纸盒的开窗设计并非只能在一个展示面上开出窗口,在实践设计中开窗既可以在一面开,也可以跨两面甚至三面开窗口,图5-8所示的就是跨面开窗口的展示型纸盒,其封闭窗口的玻璃纸材料也需要折叠后粘贴于纸盒内部。

开窗展示型纸盒可以在结构十分简单的国际标准反向插入式纸盒、锁合底纸盒等基本筒式纸盒的基础上设计开窗并改进而来,也可以从盘式纸盒和后面将述及的提手式纸盒、花盖式纸盒等变形纸盒的盒体结构上设计开窗,从而形成具有展示内容功能的纸盒,开窗展示型纸盒的原型可以有很多选择。开窗的造型多样,数量也不限于一个,除最基本的矩形、圆角矩形、圆形和椭圆形、三角形多边形等几何图形外,很多星形、不规则造型都可以作为开窗的形状出现,但开窗形状应尽量简洁,转角细节不宜过多,以免造成模切板制作的困难;同时,如果有两个开窗时开窗间距离不要太小、开窗边缘与纸盒外轮廓边缘间的距离不要太小,以免造成模切后的纸盒成品容易被撕扯坏,另外需要注意的是开窗边缘与纸盒边缘的距离一定要大于盒盖插舌的宽度,并且还一定要大于纸盒粘合襟片的宽度,以避免纸盒组合成型后会有插舌或粘合襟片从

图5-7 在主要展示面开窗的展示型纸盒

图5-8 跨面开窗口的展示型纸盒

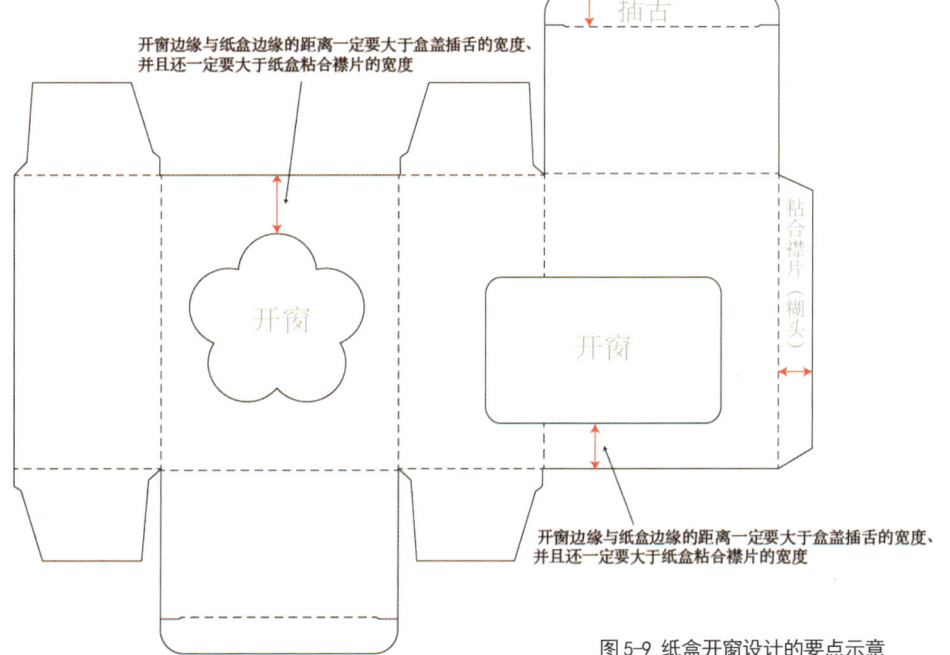

图5-9 纸盒开窗设计的要点示意

(a)　　　　　　　　　　　(b)

图5-10 某壁挂式纸盒的平面展开（a）及其立体展示（b）

图5-11 正背面开孔并用绳索作提手的纸袋

开窗处显露出来，影响纸盒外表的美观，如图5-9所示。

5.3.2 壁挂式展示型纸盒

除了开窗式展示型纸盒外，壁挂式纸盒也是一种简单的变形纸盒兼展示型纸盒，顾名思义，壁挂式纸盒可以挂在墙上。纸盒带有开孔可挂在墙上突出的钉子等物品上。一般情况下很少有设计师会在普通筒式、盘式等结构纸盒的立面上设计一个开孔作为壁挂式纸盒，因为这样会降低纸盒立面的结构强度；通常设计师们会在基本纸盒结构的基础上另外附加或设置一块用于壁挂的结构部分，在这部分上开孔来实现壁挂功能，同时该部分还可以作为产品品牌的展示面，有的壁挂式纸盒还会在正面等主要展示面进行开窗设计，提高在销售场合下的展示效果。如图5-10所示是某洗涤用品的纸包装盒平面结构展开图及其实物展示，该纸盒是普通筒式纸盒，锁合底，盒盖为普通的公母锁扣，但在纸盒背面的上端增加了一个对折的双层板并开出了挂孔。

除了这几种简单的展示型、壁挂式纸盒外，用于展示或可以壁挂展示的纸盒结构还有很多种，可以参看本书第8章中相关内容所展示的典型盒型。

5.4 提手式纸盒的结构分析

顾名思义，提手式纸盒是具有提携装置，可用手提携的纸盒，是一种在商品包装实践中使用非常广泛的变形纸盒，通常用来装载具有一定重量的物品。提手式纸盒最大的特点自然在其提携装置，该装置有附加型和结构型两大类，附加型提携装置（提手）即使用绳索、塑胶提手成品等附件安装于纸盒体以供人用手抓取、提动整个包装盒及其内装物；而结构型提携装置则是从折叠纸盒的平面展开结构中设计出提手部分，经模切、剪裁折叠成型等工序而成为立于纸盒顶部的造型。两种类型的提手式纸盒各有优缺点，都可以由普通的固定或折叠纸盒演变而来。少量固定纸盒通过附加绳索或塑胶、金属材质提手的方式而成为提手式纸盒，但绝大多数提手式纸盒——不论是附加型提手纸盒还是结构型提手纸盒，都是由几种最常见的基础折叠纸盒结构演变而来的。本小节对提手式纸盒的结构设计稍作分析，以期初学者在了解并掌握提手式纸盒与其他常见纸盒结构的关系之基础上举一反三，尽快熟悉更多变形纸盒的结构。

提手式纸盒

5.4.1 具有附加型提携装置的提手式纸盒结构浅析

具有附加型提携装置的提手纸盒其原理很简单，可以由任何纸盒（纸袋、纸箱）在其结构上开孔并附加两根绳索或塑胶提手等改进而成。较为简单的附加提携装置是在纸包装身体两侧各开一对小孔再穿过两根绳索即可，纸质购物袋（图5-11）是一种常见的具有附加绳索的包装产品，这种纸袋通常会将顶部开口处的纸材朝内折入一部分，以双层纸开孔的方式来增强提手结构的强度和耐用性；但附加绳索的纸盒其平面展开结构中却难以采用双层纸材开孔穿绳的方式，故盒体采用较厚的瓦楞纸、夹层纸制作，如图5-12所示的普通筒式纸盒结构展开图在正面和背面上各开一对绳索插孔。这类提手纸盒一般内部不会装太重物品，否则人以手提携绳索时会感到不适、同时开孔处的纸材也会承担太大重量和压力，容易撕扯开裂。

附加塑胶提携装置的纸盒只需在具有双层盖板的纸盒下盖板中安装一个塑胶提手预制件，通过上盖板的开口伸出；图5-13是未安装塑胶提手的纸盒，顶部上下盖板上均可见开孔，作为提手的塑胶预制件通常由第三方企业设计制作、其大小宽度适宜，人抓握时手感较为舒适（图5-14）。安装塑胶提携装置的提手纸盒往往使用较厚瓦楞纸制作，里面可以承载较重物品，图5-15所示即安装塑胶提手的较大纸盒。图5-16所示的两种结构分别是具有双层盒盖的筒式纸盒和盘式纸盒，盖板上的开孔以红色文字指示，下盖板上的开孔是塑胶提手的插孔，上盖板开孔是塑胶提手的伸出孔，形状和位置不同。这里需要注意的是，筒式纸盒附加塑胶提手时其双层盒盖下的防尘翼高度应偏低一些或留出适当位置的缺口，以免与插入插孔的塑胶提手底座相摩擦而影响提手之使用。

5.4.2 具有结构型提携装置的提手式纸盒的结构设计要点

附加型提手纸盒的主体即基本纸盒结构，容易理解，而具有结构型提携装置的提手式纸盒则是一种重要的变形纸盒；与附加型提手式纸盒相比，结构型提手纸盒的总体结构虽然相对复杂一点，但在大批量生产时其提手部分是随盒体一同被流水线模切成型并折叠、粘贴成成品的，无需如附加提携装置纸盒那样还必须经过人工安装绳索或塑胶提手的

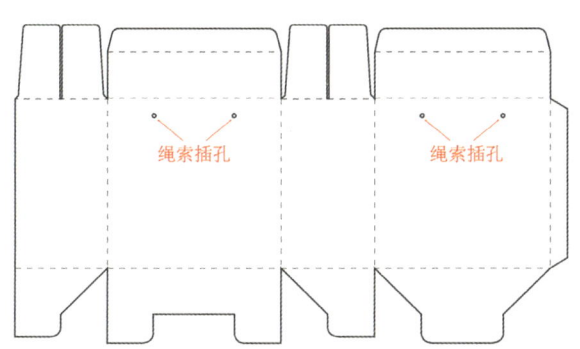

图5-12 正背面开孔的筒式纸盒平面展开图

图5-13 未安装塑胶提手的纸盒，顶部上下盖板上均可见开孔

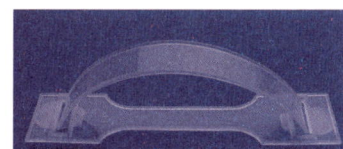

图5-14 塑胶提手预制件

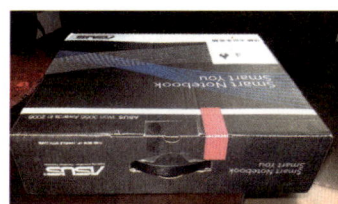

图5-15 安装塑胶提手的较大纸盒

（a）盘式纸盒

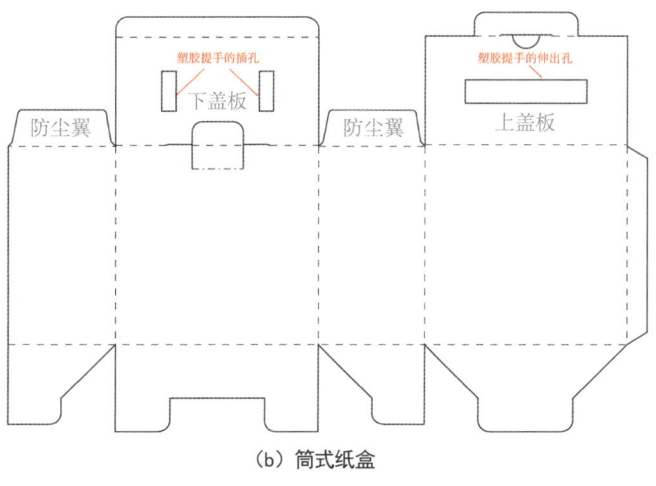

（b）筒式纸盒

图5-16 附加塑胶提手的两个纸盒平面展开图

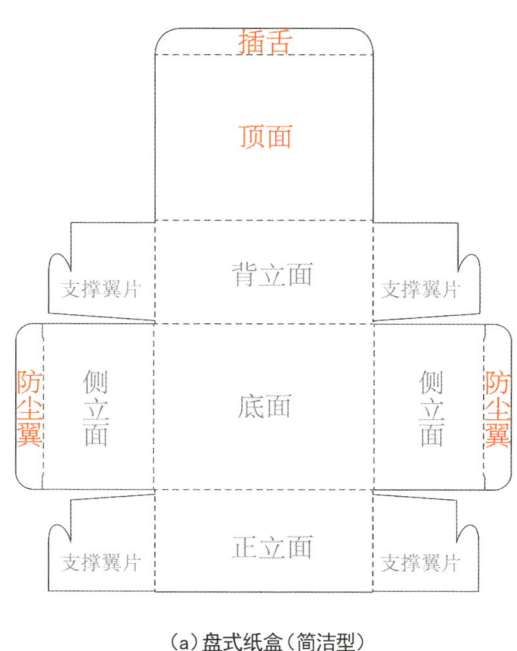

(a) 盘式纸盒（简洁型）

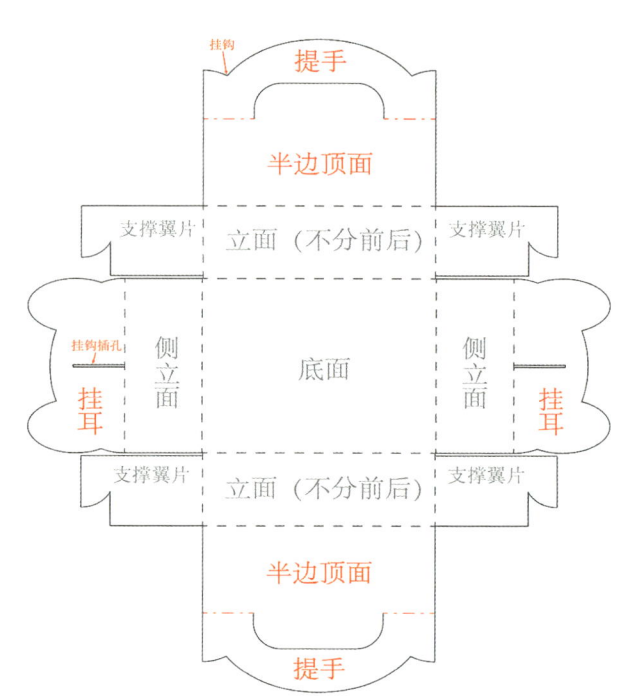

(b) 具有提手结构的盘式纸盒

图5-17 简洁型盘式纸盒（a）与具有提手结构的盘式纸盒（b）

具有提手结构的筒式纸盒（自动锁合底）

提手挂钩与挂耳插孔的结构关系

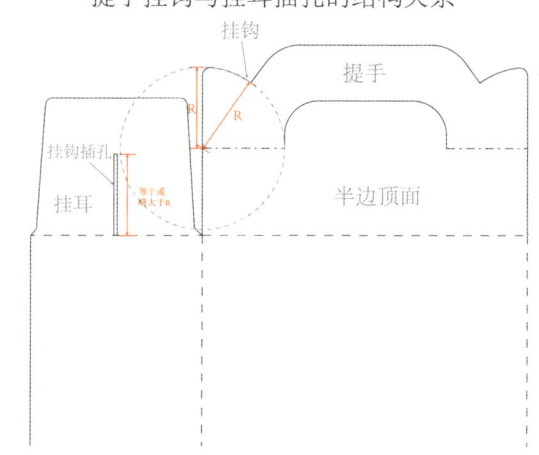

图5-18 具有提手结构的筒式纸盒

图5-19 提手挂钩与挂耳插孔的结构关系图

工序，能节约附件的采购成本和人工操作成本。当然，具有结构型提手的纸盒也有一些不足，即便是材料、尺寸相同时，结构提手式纸盒的承重能力也不如附加塑胶提手的纸盒，且结构提手的舒适度不如附加提手尤其是塑胶预制成品；另外组装完成的结构提手式纸盒因为有盒顶提手和挂耳造型，其体积和所占用空间也要大一些，不便于装箱运输时进行多层叠放。

具有结构型提携装置的提手纸盒可以由普通盘式结构改进而来，也可以由普通筒式结构改进而来，如图5-17和图5-18所示。图5-17中的简洁型盘式纸盒与具有提手结构的盘式纸盒在结构上有渊源和交集，（a）盘式纸盒的防尘翼部分演化成了（b）提手结构的挂耳。挂耳中央是挂钩插孔，其宽度为两倍纸厚度或略微大于这个尺寸一点以便两个提手合拢后的挂钩部分能够顺利插入和拔出，插孔高度与挂钩垂直部分长度基本相同。图5-19所示为提手挂钩与挂耳的尺寸关系示意，可以看出以提手和顶面间折线的左右端点为圆心，以提手左右两边垂直部分长度为半径向内作出一段弧度，挂钩

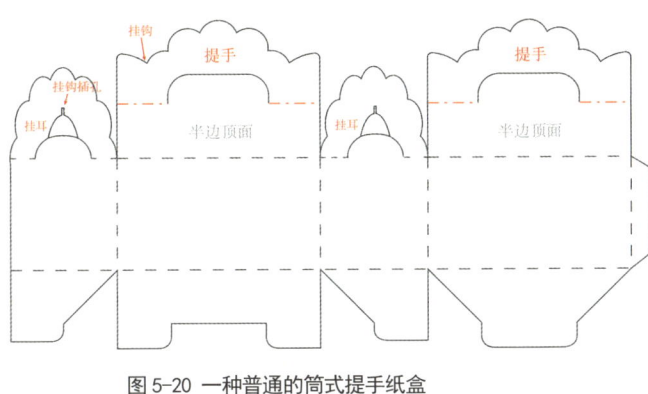

图 5-20 一种普通的筒式提手纸盒

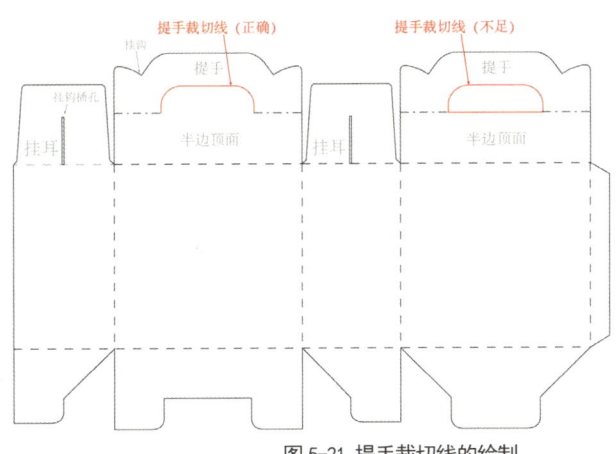

图 5-21 提手裁切线的绘制

即圆弧最低处,在这里能起到锁定挂耳并于提携时承担纸盒及内装物总重的作用。挂钩插孔的形状并非一定要用细长方形、挂耳的外形轮廓也可以自由设计,在保证插孔高度和顶部宽度(这是为了确保挂耳与提手可以恰到好处地开启闭合)的前提下,插孔的中下部分形状可以自由设计。很多点心蛋糕盒就在该位置作出了生动有趣的外观设计,如图 5-20 所示是一种筒式提手纸盒的顶部造型,图 5-17 中的提手式纸盒挂耳则被做成卡通小动物的耳朵形状。

提手式纸盒的顶盖则变为了两个半边顶面加各自所关联的提手,提手与半边顶面的折线是反折线,用红色点划线标出(图 5-17、图 5-18)。需要注意的是提手处是以实线(在印刷模切中代表裁切)标出上半部,但底部没有任何线条、表明底部不切不折,纸盒成型后提把上折立起,提把下的纸材将与纸盒顶面成为一体、同时可遮蔽两个半边顶面在顶部中央所形成的缝隙;很多初学者在绘图和制作纸盒实物模型时习惯于想当然地将提手处挖出一个大孔,这样会在一定程度上降低提手纸盒成品的顶面强度(图 5-21 红色标识所示,右边的提手裁切线表现有所不足),包装总重将被提把两端与顶面连接的纸材所独立承担,如果纸材厚度不足,纸盒被提起时也容易造成顶面有所变形且易破损,因此要尽量避免这一点。

提手式纸盒是一种非常重要和普及的变形纸盒,其提携装置有附加型和结构型两类,通常由基本折叠纸盒结构演变而来。笔者通过本小节的图例及分析,期望初学者能在了解提手式纸盒与其他常用纸盒结构的关系之基础上举一反三,能尽快熟悉和掌握更多特殊造型纸盒的结构。

5.5 花盖式纸盒的结构设计思路分析

在变形纸盒的世界里,有一种在促销活动、婚礼等喜庆场合经常可以看见的盒型是花盖式纸盒,"花盖式"是一种通俗叫法,在有的纸盒结构资料上也被称为蝶扣式纸盒、嵌压窝入式封口纸盒等,是指纸盒关闭后其侧立面所连接的翼片结构会在纸盒顶部形成一个花朵状(蝴蝶或其他形状)的造型。花盖式纸盒从顶部结构的闭合方式来区分大致有两种类型,一种是盒顶各翼片向盒体内嵌合,形成花苞状的顶部造型,如图 5-22 所示的小礼品盒为例;一种是盒顶各翼片在盒体外交互关联扣合、组成花朵状的立体造型,如图 5-23 所示的喜糖盒实例即这种类型纸盒的一种常见表现形式。

花盖纸盒

花盖式纸盒操作简便,适合用作体积较小、轻便的商品包装,因为这种纸盒装饰性较强,故通常应用于糖果糕点、花茶、保健品等礼品盒的内包装

图 5-22 花盖式纸盒的顶部各翼片向盒体内嵌合构成花苞状

图 5-23 盒顶各翼片在盒体外相互扣合生成一朵花的喜糖盒

中，生活中我们通常可以在婚礼、庆典、广告营销等场合看见用来装喜糖、巧克力等礼品的具有增添喜庆气氛的纸盒即花盖式纸盒类型，此外还有很多点心、茶叶、土特产品的包装也常采用花盖式结构的纸盒进行包装，以增加产品的整体视觉效果和感染力。在本小节中笔者拟对常见的花盖式纸盒结构进行简要解析，希望能引导纸盒设计的初学者们结合前面所学的经验，逐步认识外表多变的花盖式纸盒，以期能尝试独立设计具有良好视觉展示效果的变形纸盒。

5.5.1 盒顶各翼片向盒体内嵌合的花盖纸盒的结构造型特点解析

盒顶结构向盒体内嵌合形成花苞状的花盖式纸盒，如5.2节中笔者曾介绍了属于花盖式纸盒范畴的两种平面结构展开图，再如图5-24中三例所示，皆为横截面是正方形的花盖式纸盒，其顶部翼片都向盒体内嵌合，图5-24中（a）所示的花盖式纸盒的盒体横截面为正方形，而图5-24（b）所示的花盖式纸盒的顶面底面都为正方形、侧面为八个等腰三角形，造型表现效果要强于（a）图；这两种纸盒的底部结构都是锁合底，顶部结构如图所示也较为简单，只须满足顶部翼片高度大于纸盒侧立面二分之一宽度即可。但这样的顶部结构通常使顶部不能完全闭合、盒体的防尘效果不甚理想；虽然花盖纸盒主要应用于喜庆场合，装喜糖时一般不用太考虑防尘效果，但为了增强盒顶的封闭效果，笔者又绘制了图5-24(c)的平面结构图，与(a)、(b)

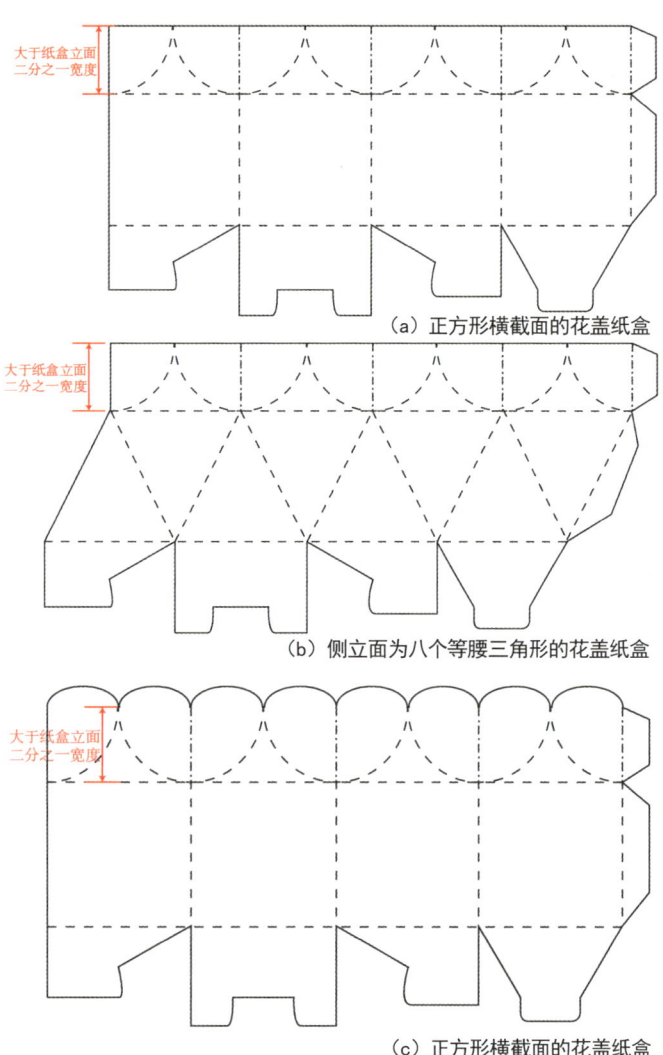

图5-24 横截面为正方形的三种花盖式纸盒结构图，其顶部翼片都向盒体内嵌合，（c）为（a）的改进型，（b）的横截面为正方形，但侧立面为八个等腰三角形

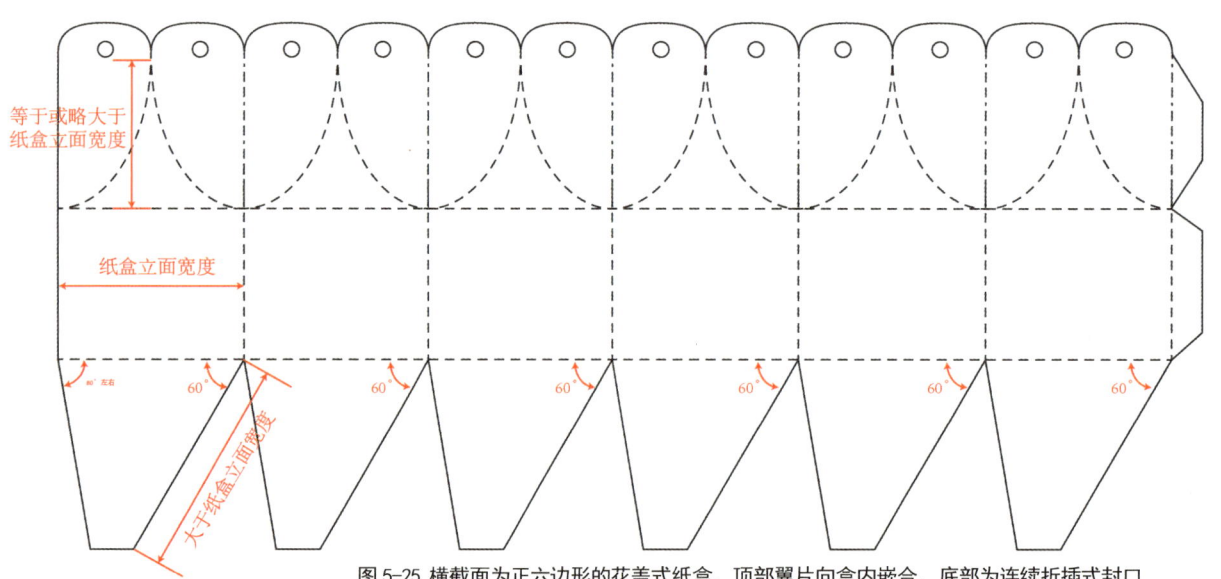

图5-25 横截面为正六边形的花盖式纸盒，顶部翼片向盒内嵌合，底部为连续折插式封口

图的顶部结构相比是增加了一些弧形突出部分以改善盒顶的封闭防尘效果，顶部翼片最低处高度也必须大于纸盒侧立面二分之一宽度。

图5-25所示的纸盒横截面是正六边形，组合成型后的顶部翼片既向盒内嵌合，外观如图5-22所示，同时因为顶部翼片上开有很多小圆孔，也可以用绳子穿过并锁定，效果如图5-26中的实物所示，纸盒底部为连续折插式封口。因为盒体横截面为正六边形，故其顶部翼片最低处的高度必须等于或略大于盒体每个侧立面的宽度。这种结构纸盒的底部结构为连续折插式封口，其技术要点在于底部有六个相同形状的倒梯形翼片，翼片一个斜边与水平基线的夹角必须为60°，该60°角的斜线长度也必须大于盒体每个侧立面的宽度，这样方可能将纸盒底部封闭，倒梯形翼片的另外一斜边与水平基线夹角角度须大于60°，一般取80°～85°，以便于盒底封闭时翼片插入和拔出的操作顺畅。

图5-27所示为正方形横截面纸盒的底部为连续折插式封口，其原理与六边形连续折插式封口类似，但因为横截面为正方形，故底部四相同形状的倒梯形翼片之一个斜边与水平基线的夹角必须为45°，该45°角的斜线长度应稍大于盒体每个侧立面的宽度的四分之三，这样方可能将纸盒底部封闭，倒梯形翼片的另外一斜边与水平基线夹角须大于45°，一般也取80°～85°，便于封闭纸盒底部时操作顺畅。连续折插式封口的结构并不复杂，但需要初学者多动手操作，并结合一些简单的平面几何知识，方可准确理解各个倒梯形翼片的斜线角度、长度与纸盒盒体的关系。制作内嵌式花盖纸盒的顶部结构，其关键是对花盖上弧线的弧度与顶部翼片长度的关系需要准确把握，否则产品将无法正常封合或者是形成较大缝隙、影响使用效果。

5.5.2 盒顶各翼片在盒体外交互关联、扣合的花盖纸盒的结构造型特点解析

接下来笔者对盒顶各翼片在盒体外交互关联扣合、组成花朵状顶部造型的花盖式纸盒做一个简要归纳和介绍。图5-28所示为一种十字花形顶部造型的纸盒，顶部翼片的形状为圆形，其中从左至右第一和第三各立面所连接的顶部翼片上方开有卡扣，在纸盒成型后封闭时居下，用来卡住第二和第四个顶部翼片；而第二第四翼片则在纸盒闭锁时居上方，其中部各自有开槽，所有的槽口和卡扣的宽度都必须稍大于2倍纸厚。图5-28的纸盒结构其成形后的展示效果与图5-23所示类似，但顶部翼片的形状稍有不同，事实上顶部翼片的形状可以由设计师根据经验在一定范围内自己设计，由此成就造型细节千姿百态的变形纸盒。

前面图5-23与图5-28所示的花盖纸盒其顶部所有翼片都参与了在盒体外交互关联扣合，组成花朵状造型，但也有的花盖纸盒的顶部交互扣合结构无须所有翼片参与。以方形横截面花盖纸盒为例，可以只有两个顶部翼片进行相互扣合，另两个翼片被置于扣合翼片的底下起到防尘翼的作用，如图5-29所示的喜糖盒其顶部有两边安置了挂扣，封闭后盒顶造型为蝴蝶，顶部造型可以由设计师根据创意需要和操作经验来自行设计，自由度高，可以设计成花卉、卡通形象、几何造型等。同时要注意，扣合造型以下的顶部翼片的高度应当在盒宽数值的一半至盒宽的三分之二之间，挂扣的位置距离两立面交界线的水平距离是纸盒长度的一半，如图5-29

图5-26 正六边形花盖式纸盒实物、顶部以绳索固定（制作：周洪飞）

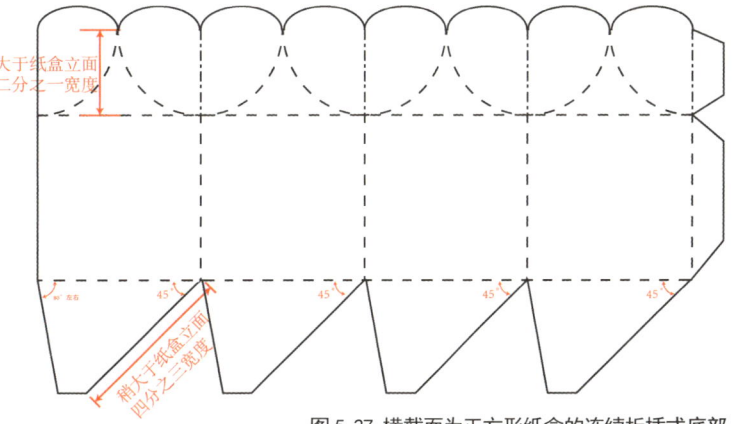

图5-27 横截面为正方形纸盒的连续折插式底部

中的红色线条所标示。防尘翼的高度数值可自定，设计师可以在一定数值范围内多做几次样本，以便达到最佳的开启、关闭的使用效果。

盒顶结构向盒体内嵌合形成花苞状的花盖式纸盒，即如图5-22、图5-24、图5-25等所示，通常只有筒式结构，这是因为盒顶结构向盒体内嵌合的效果需要纸盒盒体各立面具有稳固性方可实现，但盘式结构纸盒在成形后通常盒体各立面间的稳固程度相对较弱，因此向内嵌合锁定的花盖式纸盒通常只选择在筒式结构的盒体上进行设计。而顶部各部翼片在盒体外交互扣合组成花朵状的花盖纸盒，却有筒式和盘式的不同设计，正如同前文所描述的提手结构式纸盒分为筒式和盘式那样，图5-30所示即一种盘式结构的交互扣合花盖纸盒的平面图，其制作成型后的外形与图5-29基本一致。图5-31所示是顶部由四个翼片扣合的筒式花盖纸盒结构，其顶部结构的技术要点如图中红色所标示，需要指出的是，这种结构纸盒的横截面可以是长方形也可以是正方形，正方形边长相同而长方形长宽不同，如果纸盒横截面是长方形，则需要注意顶部翼片在卡扣以下部分的高度是应当略大于盒长的一半还是盒宽的一半、顶部各面卡扣的位置距离纸盒立面交界线的距离是半宽还是半长等。图5-32是顶部由四个翼片扣合的盘式花盖纸盒，结构要点如图所示，两两相对的两对翼片主体部分的高度、卡扣位置关系等细节与图5-31所示相似。

不论是筒式还是盘式结构的盒体，花盖式纸盒的顶部结构在满足了闭锁功能后，盒顶造型可以由设计师根据包装创意思路而在一定范围内自由发挥，同时配合以不同的纸材、色彩和表面装潢来表现，能衍生出很多有趣的纸盒设计成果。细心的读者还会发现，本小节所描述的花盖式纸盒结构的盒

图5-28 十字花形顶部造型的筒式花盖纸盒

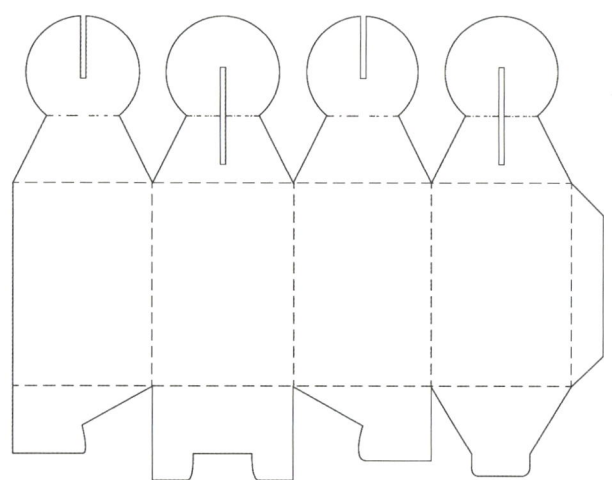

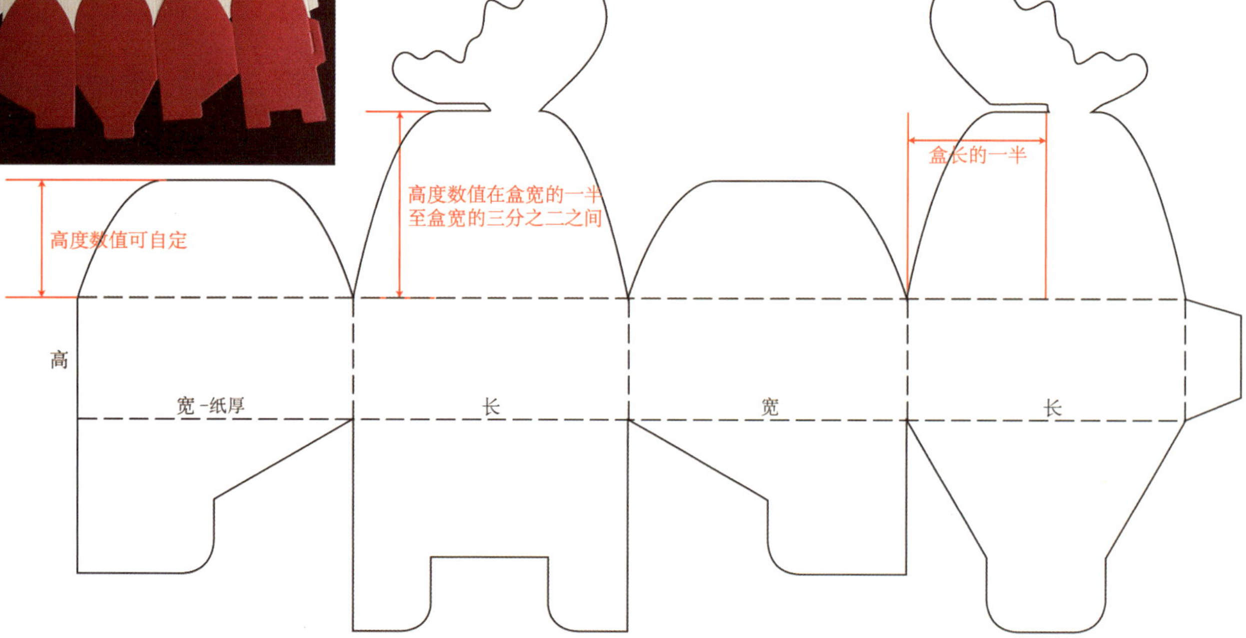

图5-29 两面顶部有挂扣，封闭后盒顶造型为蝴蝶的筒式喜糖盒平面图简析

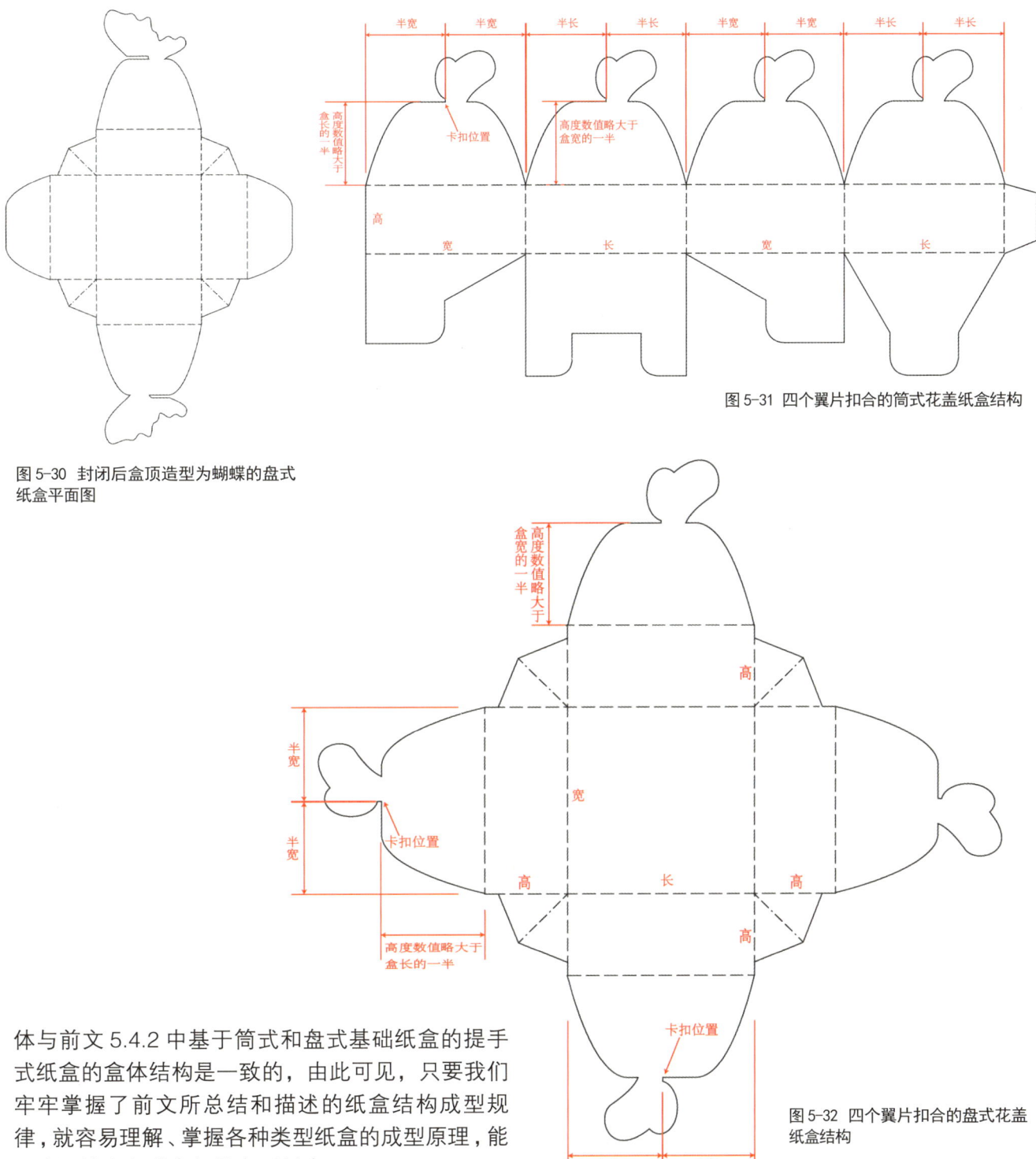

图 5-30 封闭后盒顶造型为蝴蝶的盘式纸盒平面图

图 5-31 四个翼片扣合的筒式花盖纸盒结构

图 5-32 四个翼片扣合的盘式花盖纸盒结构

体与前文 5.4.2 中基于筒式和盘式基础纸盒的提手式纸盒的盒体结构是一致的，由此可见，只要我们牢牢掌握了前文所总结和描述的纸盒结构成型规律，就容易理解、掌握各种类型纸盒的成型原理，能逐步设计出各种有趣的变形纸盒。

5.6 非长方体或正方体外观的变形纸盒的举例解析

普通纸盒的外形和一部分变形纸盒的结构主体在成型后都是长方体或正方体外观，即水平面和各立面都互呈垂直状态的六面体形。前文所叙述的筒式、盘式基础纸盒，还有开窗式纸盒等，一般都是长方体或正方体外观；提手式纸盒属于变形纸盒，其主体部分也一般为长方体或正方体外观。根据笔者的经验，盒体为长方体或正方体的纸盒，可能是基础纸盒也可能是结构相对较为简单的变形纸盒，但盒体呈非长方体或正方体外观的纸盒，一定属于变形纸盒。不少变形纸盒的外观并非长方体或正方体形状，或并非为标准的长方体正方体；它们中有横截面为梯形或菱形（平行四边形）的六面体形，也有枕形、三边形柱体、正五边形六边形八边形柱体等、三棱锥四棱锥等、三棱台四棱台形状，等等。在本小节中，笔者从长方体和非长方体外观的视角出发，就非长方体（正方体）形态的变形纸盒之结构成型原理和变化思维稍作分析，以期引导广大读者和学习纸盒结构的学生进一步深入了解变形纸盒的成型原理，能根据产品的营销创意策略和造型表现的需要来设计各种形状的纸盒包装。

5.6.1 筒式结构的多面型柱体纸盒举例解析

图5-33所示者是一个方形纸盒，横截面为正方形，上部为摩擦扣、下部为自动锁合底，非常普通。但在该纸盒平面图的上下结构不变的前提下，若将立面折叠线的位置和方向作出更改，由四个立面长方形改为三个平行四边形加两个三角形、变成图5-34所示结构，则成型后的纸盒就由图5-33中的正常长方体形纸盒变成了盒身具有扭曲效果的造型，如图5-35所示，虽然这样制作的结果是纸盒内部空间受到影响、不便于装物且纸盒外观也不一定美观，但我们对纸盒外观造型进行探索的思路却不妨继续下去。接下来，如果将先前图5-33所示纸盒上下结构的位置稍作错位，如图5-36所示，纸盒立面便成为四个平行四边形，该结构纸盒成型后的形态与图5-34所示仍然一致但纸盒四个立面形态更加完整，粘合线较为隐蔽。此外，图5-33所示的方形纸盒还可以增加四个侧立面的折线、对粘合襟片稍作修改，成为图5-37所示的平面结构，这种结构纸盒在成型后其侧立面可以呈现出多面形的造型效果，如图5-38所示；图5-39所示平面图是在图5-33的原型基础上将上下结构稍作错位，侧立面改为八个等腰三角形，成型后效果如图5-40所示。上面这几种纸盒可以笼统地称为筒式结构的多面柱形纸盒，从中我们可以看出，将普通筒式纸

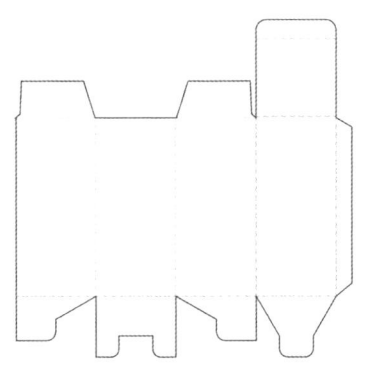

图5-33 上下结构分别为摩擦扣和锁合底的普通筒式纸盒

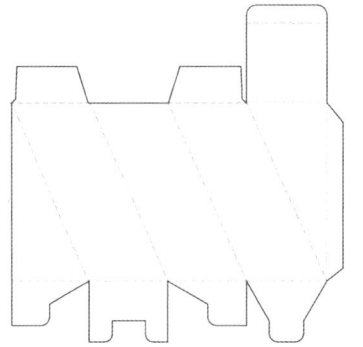

图5-34 改变普通筒式纸盒侧立面形状而生成的变形纸盒

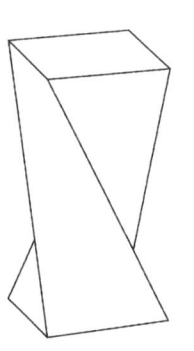

图5-35 侧立面呈扭曲状的变形纸盒（图5-34结构的成型效果）

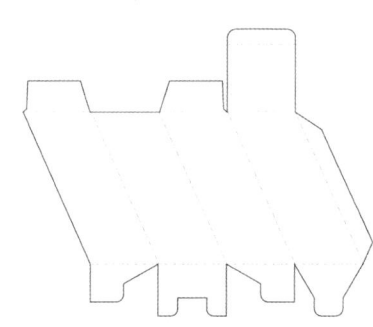

图5-36 在图5-34基础上将上下结构稍作错位的变形纸盒

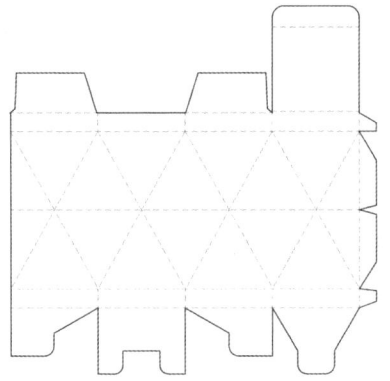

图5-37 将普通筒式纸盒侧立面增加折线后的变形纸盒

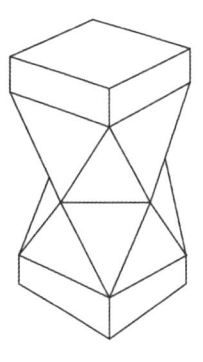

图5-38 侧立面呈多面形造型效果的变形纸盒（即图5-37成型后的效果）

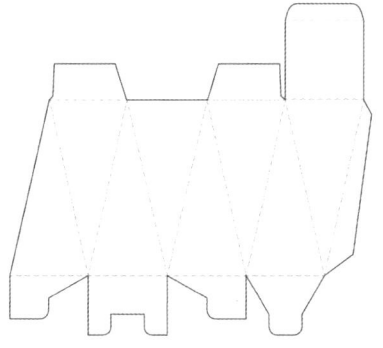

图5-39 侧立面为八个等腰三角形的变形纸盒

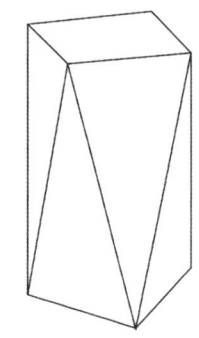

图5-40 侧立面为八个等腰三角形的纸盒效果展示

盒的侧立面的折线、上下结构的位置关系等作出少量改变，即可生成很多不同造型的纸盒，成为非长方体正方体形态的变形纸盒；如果将这些纸盒的上下结构改成前文所介绍的花盖型、提手型、折插式封口等，还可以生成更多不同形态的纸盒，或者是成型后主体部分基本相同但功能部件细节皆有区别的变形纸盒。

5.6.2 三角形柱体外观的纸盒举例及解析

上述几种由基本筒式纸盒结构稍作改变而生成的变形纸盒，其顶部、底部的横截面都是正方形（矩形），纸盒侧立面为四个或在四个立面基础上变成八个甚至更多、但都是数字四的整倍数，纸盒的顶部底部结构较最基本的筒式纸盒而言也无须作出改变。但若纸盒的侧立面为三、五、六等数量时，则纸盒顶、底部横截面的形状自然会改变，防尘翼、锁扣等结构功能部件也须作出相应改变。如图5-41所示为三角形柱体外观的纸盒，是盒盖为等边三角形的筒式纸盒，侧立面为三个，防尘翼减为一个，其两边斜线的角度减为45°左右以适应等边三角形盒体中两立面间60°之夹角；而插舌等结构部件的形态也相应地稍作了修改，插舌将与盒体接触的两边中，靠盒体一侧的线条与插舌盒盖交界线的夹角并非普通筒式纸盒那样的90°角，而是改为45°角左右，以适应新的结构形态。当然，三角形筒式纸盒的大体结构并非只有图5-41所示之一种，还有如图5-42所示的两种结构等等；这两种结构也较为简单，与图5-41所示相比，纸盒的盒盖减为一个，为方形，粘合襟片增加为两个，图5-42这两种结构有盒盖所连接的面是三角形和方形之区别，其中连接三角形的盒盖其插舌的左右两边为角度稍小于60°的斜线[图5-42（a）]、连接方形盒盖的防尘翼与普通纸盒基本相同，这些细节的改变在有一定纸盒结构制作基础的初学者看来都能弄懂。

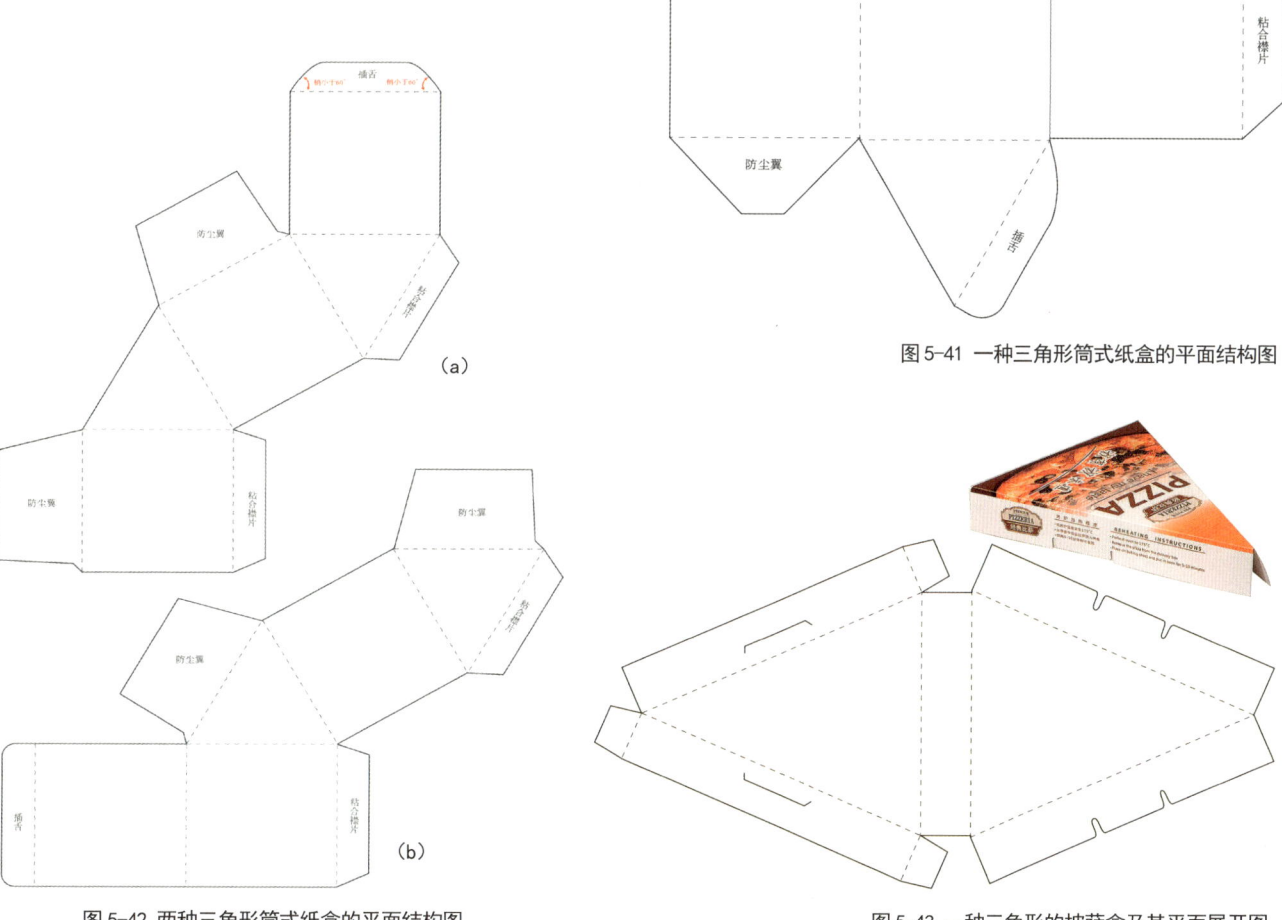

图5-41 一种三角形筒式纸盒的平面结构图

图5-42 两种三角形筒式纸盒的平面结构图

图5-43 一种三角形的披萨盒及其平面展开图

图5-41、图5-42所示的三角形纸盒，其三角形可以是正三角形也可以不是正三角形。为了美观、便于适应系列纸盒包装设计和表现的需要，三角形纸盒的三角形通常为正三角形或等腰直角三角形，但也有少数商品的三角形纸盒形状是等腰三角形、非正三角形或等腰直角三角形，如图5-43所示的披萨饼盒，其平面结构是由基础的盘式纸盒演变而来，等腰三角形的顶角为45°，该纸盒的设计表现意图是以八个相同的三角形纸盒围成一圈，每个纸盒中装八分之一片披萨饼，构成系列包装。笔者还见过顶角为30°的等腰三角形纸盒，其结构与前所述的几个三角形纸盒相似，很容易掌握。

5.6.3 梯形外观的纸盒举例及结构解析

图5-44所示的两种结构图是筒式纸盒侧立面造型变化的另一类表现形式，纸盒长宽上下错开，四个侧立面呈上下交互错位的等腰梯形，而上下面呈平行状态。这两种纸盒结构成形后的立体形状如本图中间所示。图5-45所示筒式纸盒平面结构的四个梯形侧立面上宽下窄、排列不呈直线，成型后是一种上大下小的梯形纸盒，常应用于巧克力、爆米花等小食品的包装中，是从最简单的筒式纸盒基础上所衍生出的变形纸盒，如果再将其上下结构改成前文所介绍的花盖型、提手型等，又可以设计出各种用途不同的纸盒来。图5-46、图5-47所示分别是两种盘式结构的梯形外观纸盒及其平面图，前者的四个侧立面都是斜面，而后者的四个侧立面中有两个垂面和两个斜面、两两相对，请初学者们注意寻找这两者在整体结构上的共同之处和主要差异，仔细对比并体会，方可在理解的基础上有所收获。

5.6.4 六边形柱体外观的纸盒举例及解析

前文所展示的图5-1是横截面为正六边形的筒式纸盒，其侧立面为六个，顶部底部防尘翼数量调整为四个以便于实现纸盒关闭时的密封防尘需要；此外还有正五边形、正八边形盒盖的筒式纸盒，其结构造型原理与图5-41、图5-42、图5-1所示者相通。而图5-48、图5-49所示的纸盒，是

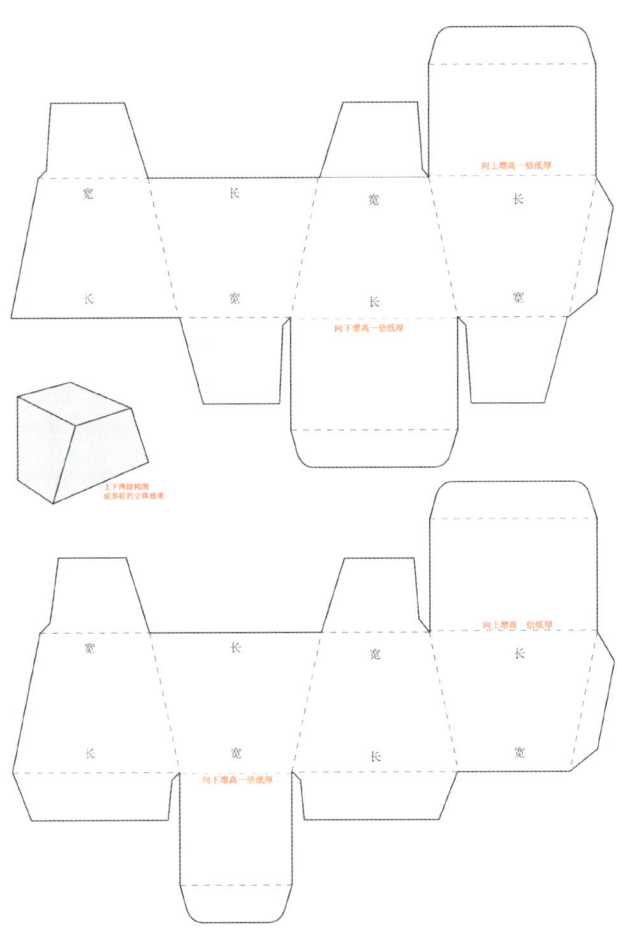

图5-44 两种侧立面为交错排列梯形的纸盒平面展开图及效果

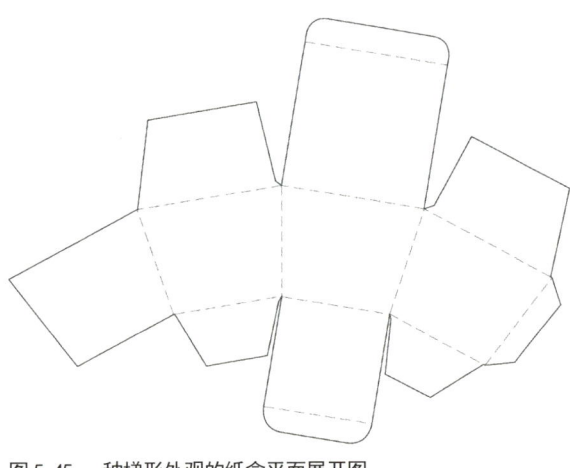

图5-45 一种梯形外观的纸盒平面展开图

图5-46 一种盘式结构的梯形外观纸盒及其平面图

图5-47 一种盘式结构的梯形外观纸盒及其平面图

左右对称但非正六边形的六边形纸盒（为了美观起见和便于多个纸盒排列摆放，即便多边形纸盒的形状不采用正多边形，也须采用左右或上下对称的几何形状），图5-48的平面结构是盘式、而图5-49的平面结构是筒式，这两种平面结构的顶盖都有四片防尘翼；筒式纸盒的上下结构基本相同，而盘式纸盒仅在顶部开口，为了防止盒体因锁扣不牢而自动散开，盘式六边形纸盒的顶盖与盒体还加装了插销式锁扣结构。

5.6.5 其他非长方体正方体外观的纸盒结构之举例浅析

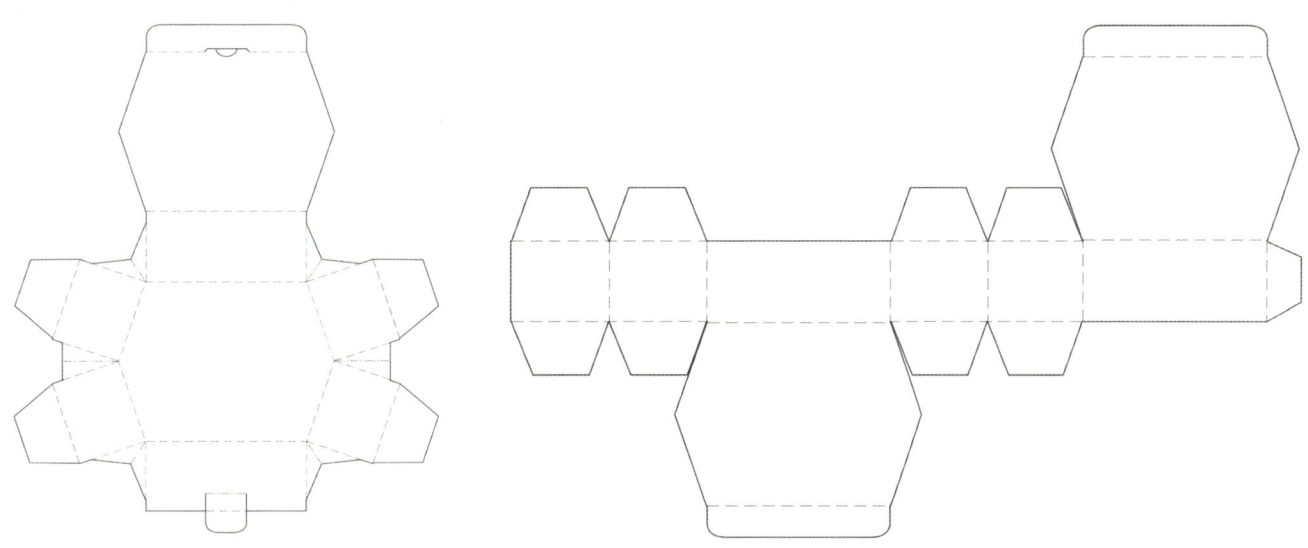

图5-48 一种盘式结构六边形纸盒的平面展开图

图5-49 一种筒式结构六边形纸盒的平面展开图

变形纸盒结构图集

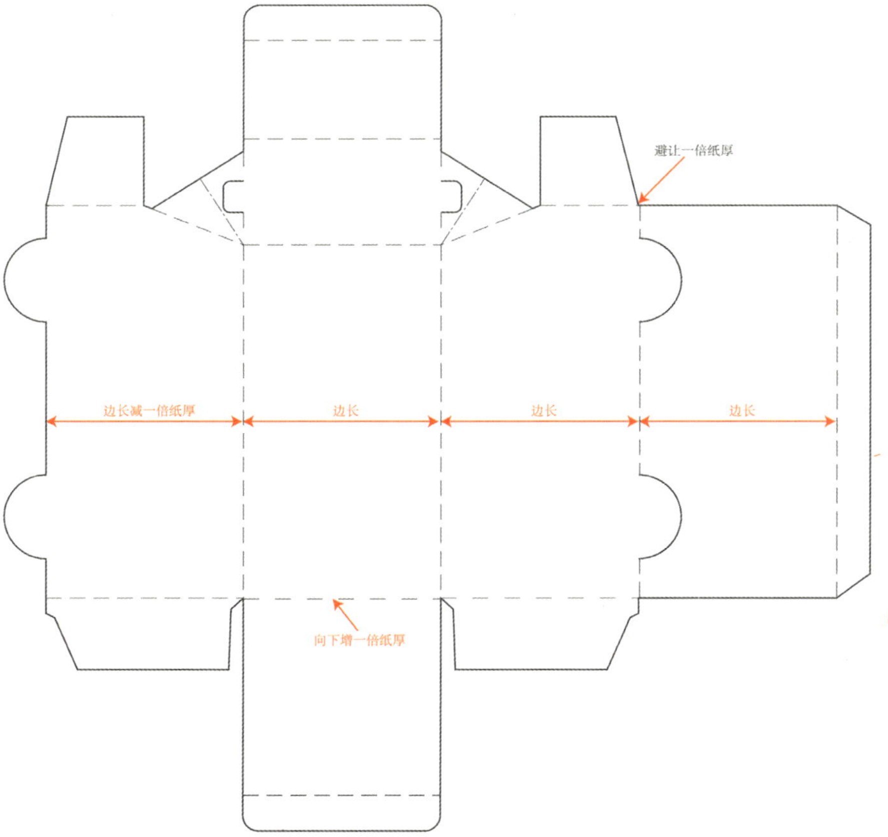

图5-50 一种小客车造型的纸盒平面展开图

图5-51 小客车造型纸盒的立体效果图

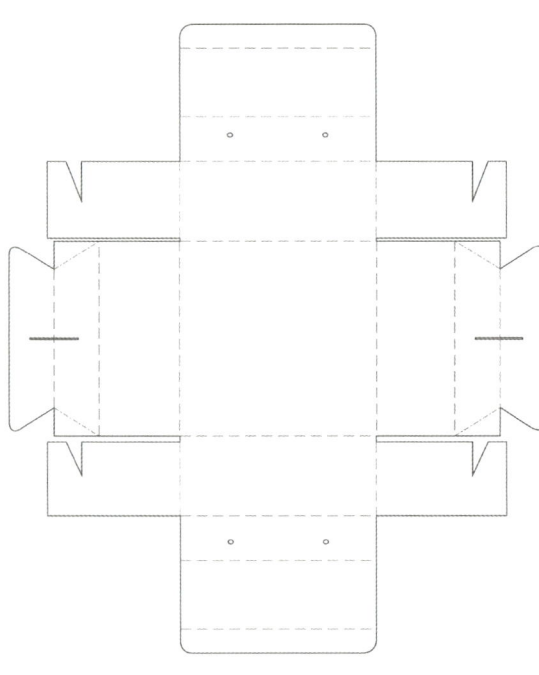

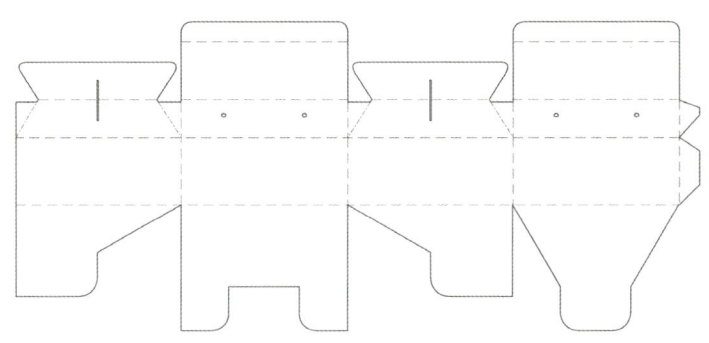

图 5-53 一种筒式结构的附加双绳提手装置纸盒的平面展开图

图 5-52 一种盘式结构的附加双绳提手装置纸盒的平面展开图

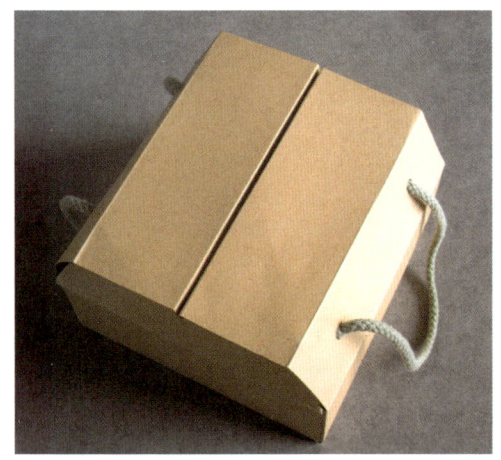

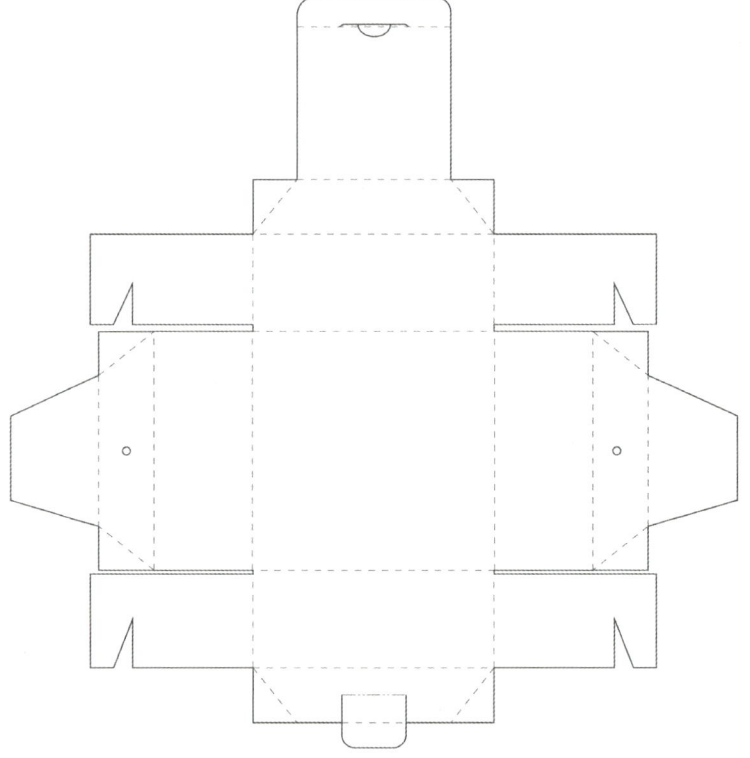

图 5-54 附加双绳索提手的纸盒样品（制作：吴妲）

图 5-55 一种盘式结构的附加单绳提手装置纸盒的平面展开图

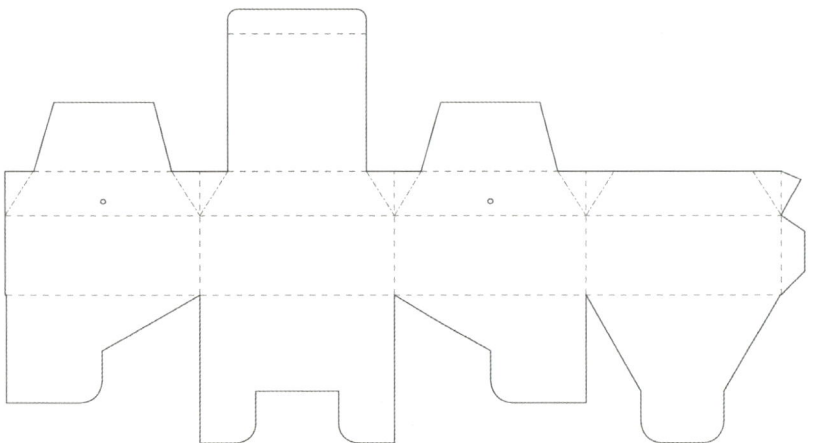

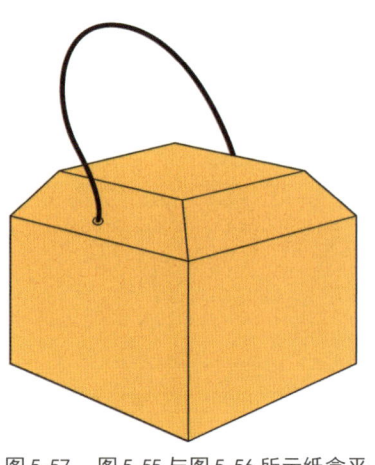

图 5-56 一种筒式结构的附加单绳提手装置纸盒的平面展开图

图 5-57 图 5-55 与图 5-56 所示纸盒平面结构的成型效果示意

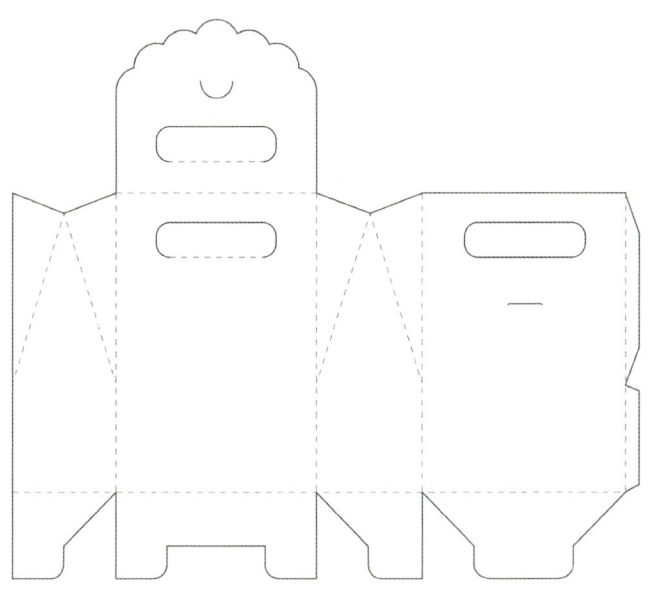

图 5-58 一种手提纸袋的平面展开图，锁扣在袋体正面居中

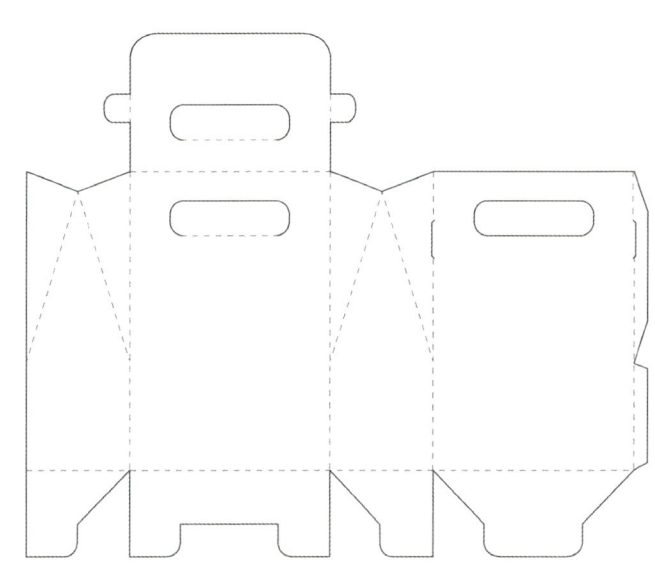

图 5-59 一种手提纸袋的平面展开图，锁扣在袋体正面两侧

现在我们回到横截面为矩形的纸盒结构上来，横截面为矩形的纸盒是纸盒结构体系中使用最广泛、数量种类最多的；在变形纸盒的世界里，以基本的长方体、正方体形态筒式和盘式纸盒为基础来进行变化，设计变形纸盒结构时的思维切入点很多，也很容易获得成功。图 5-50 是由基本的筒式纸盒（笔直插入式）结构在改进顶部形状和侧立面增加了四个弧形后所形成的小客车形纸盒，图 5-51 是其成型的效果示意图，这种纸盒在表面配以适当的图案和色彩装潢后，能成为非常具有广告宣传效果的小食品包装盒（面包、蛋糕等）。

图 5-52 至图 5-59 所示的六种平面结构都是具有提手装置的纸盒（袋），前四种是需要附加提手装置（绳索）的纸盒、盒体有开孔，后两图也可以归入纸袋范畴，是自带提手结构的纸盒，与前文 5.4 节所描述的提手式纸盒的结构稍有区别。作为变形纸盒，这六种平面结构成型后的形态都具有长方体或正方体形的主要盒体部分，但在上部有斜面收缩，形成屋脊状的盒体顶部形状。图 5-52、图 5-53 分别是盘式和筒式的盒体结构，虽结构不同但成型后的形态相近，如图 5-54 所示；图 5-55、图 5-56 也分别是盘式盒体和筒式盒体结构，其成型形态如图 5-57 所示，为防止成型后顶部翼片自行散开，图 5-55 的盘式纸盒结构盒顶采用了插销式锁扣。图 5-58、图 5-59 是两种自带提手的纸盒（袋）平面图，结构大体相近但锁扣位置有所区别，盒盖的外形在一定条件的制约下可以由设计者自行设计。

图 5-60 所示的提包式纸盒（袋）与图 5-58、图 5-59 所示纸盒成型后的外观相似但没有提手装置，这种纸盒通常内部容积较小，实用价值有限，往往是作为系列纸盒中的一部分而存在的。图 5-61 所示为枕头形纸盒的平面结构和成型后效果展示，枕头形纸盒特点是只有两个立面、成型后的立面是曲面而非平面，因此顶部底部的翼片须做成纺锤形，这种纸盒通常应用于系列纸盒（套盒）的设计中，作为单件小食品（软糖、巧克力）等商品的包装使用。

非长方体和正方体形态的变形纸盒的数量、种类繁多，在专业的纸盒结构图典中还有更多收藏，限于本章节的简短篇幅无法一一提及和解析，本小

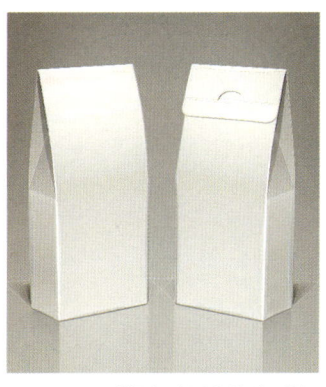

图 5-60 两种提包式纸盒的造型效果图

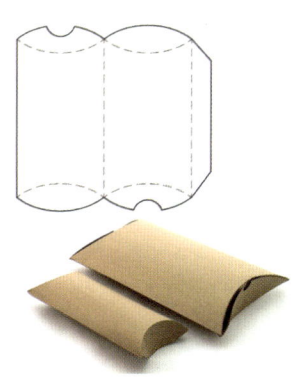

图 5-61 枕头形纸盒的平面展开图及其成型效果

节谨总结分析了少数典型变形纸盒的形态结构特点，以图抛砖引玉，引导启发广大初学者和包装设计工作者深入思考、辨析，创作出更多新颖、实用的纸盒结构造型和成功应用于实践中的量产作品，以服务于产品包装和营销推广活动。总的说来变形纸盒种类繁多但普及率远低于基础纸盒，实用价值也有限，但却是令纸盒世界充满趣味的点睛之笔，值得包装设计师们去认真钻研。

5.6.6 部分变形纸盒作业展示

本章最后列举一些由笔者所指导的包装艺术设计专业学生和平面设计专业学生的部分纸盒结构设计习作、关于变形纸盒的单体作品和包括基本纸盒与变形纸盒的系列包装设计作品（图5-62至图5-84），这些纸盒作品的平面结构图大多源自本章中已经展示、讲解过的变形纸盒平面结构图或在其基础上稍有改进，以供广大同仁和学习纸包装结构设计的学生们参考。虽然这些纸盒作业并非具体的商品包装，但学生们在作业时都被要求围绕食品（糕点、糖、巧克力等）、小商品（文具、充电器、化妆品等）包装的主题进行，参考现实中商品的大小自行设定合理的长宽高尺寸并参考和观摩一些包装实物，这种作业形式可以为后继课程如产品包装设计、系列包装设计等的顺利进行打下一定基础。

图5-62、图5-63、图5-64是各自不同单体的变形纸盒，作业时以小蛋糕、小月饼等食物为包装物并以此合理设定了尺寸，作业完成后还进行了效果检验；图5-65、图5-66是变形纸盒套盒，以附加绳索的提手式礼盒内装花盖纸盒为表现形式。

图5-67至图5-69是带有提手结构的纸盒，几个盒体的主体结构相同但挂耳和提把的造型设计各异，富有趣味性。尺寸较小的这种提手式纸盒通常用来盛放点心、文具类小商品，故挂耳和提手的造型设计可以与商品内容、品牌装潢图案等元素关联起来；课堂实训中并未规定具体的包装主题，但不妨让学生们发掘天马行空般的联想能力，培养创造性思维、打好包装造型创作基础，为后续包装设计课程或实践中涉及具体商品的包装时提供整体创作思路。

图5-70至图5-76是以糖果糕点为主题的礼盒设计作业，都以不同厚度和肌理的纸材搭配，并配以贴面纸和手绘图文装潢等来营造整体效果。

图5-77所示的多个纸盒的造型、结构都有很大区别，但因为都饰有相同的手绘卡通图案，因此可以将其归为一个系列的纸盒设计。

图5-78所示是抽匣式纸盒，其中空壁板托盘中采用附加的十字型隔断（也是缓冲件）来分开放置四个梯形外观的变形纸盒；图5-79是内部有分隔的抽匣纸盒，其自带分隔结构的托盘平面展开如图5-80所示。

图5-62 蝴蝶状锁扣的变形纸盒（制作：谢孟娴）

图5-63 侧立面为八个三角形的筒式纸盒（制作：张瑶）

5 变形纸盒的结构设计思路

图 5-64 顶部翼片向内嵌合的四边形花盖纸盒（制作：吴娅）

图 5-65 提手式礼盒内装花盖纸盒（制作：吴娅）

图 5-66 两种花盖纸盒与提手式纸盒（制作：谢孟娴）

图 5-67 挂耳部分被装饰成卡通小熊的提手式纸盒（制作：周妍池）

图 5-68 挂耳部分被装饰成卡通蜗牛的提手式纸盒（制作：文雪琴）

图 5-69 挂耳部分被装饰成风火之翼的提手式纸盒（制作：谢聪颖）

图 5-70 六边形天地盖纸盒中装不同形状的异形纸盒（制作：董玉晨）

图 5-71 天地盖纸盒内装两个花盖纸盒和六个三角形纸盒（制作：焦根）

图 5-72 六边形天地盖纸盒内装六个筒式结构的三角形纸盒（制作：白振园 刘帅）

图 5-81 所示为以化妆品包装设计为主题的系列套盒设计，盒型选用托盘天地盖纸盒式样，底盒为带中空四壁的托盘，缓冲件为纸质，数个内盒为筒式纸盒。本作业选用了不用色彩的特种纸材搭配，纸材表面遍布金色的不规则装饰肌理，令作业的整体展示效果较好。

图 5-82 所示是以糖果包装为主题的纸包装结构设计作业，外盒选用正八边形托盘式天地盖纸

5 变形纸盒的结构设计思路

图 5-73 天地盖纸盒中内装五个枕形纸盒（制作：粮董林 杨宏）

图 5-74 六边形天地盖纸盒内装六个盘式结构三角形纸盒（制作：王圆）

图 5-75 圆形固定纸盒、内置四个六边形花盖式纸盒（制作：沈思彤 李巧）

图 5-76 内置五个不同花盖纸盒的礼盒及其手提袋（制作：葛安建 李芳）

图 5-77 饰有卡通主题装潢的系列变形纸盒作业（制作：胡促欣）

图 5-78 抽匣纸盒中所装的梯形外观变形纸盒（制作：谢孟娴）

图 5-79 内部有分隔的抽匣纸盒（制作：周妍池）

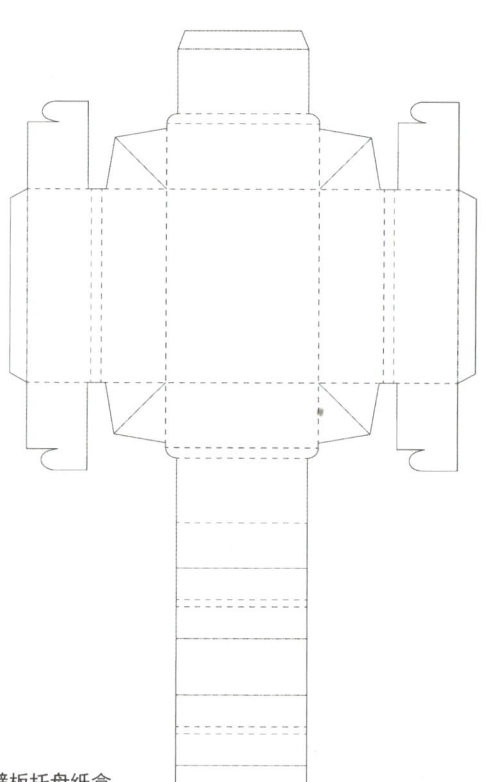

图 5-80 带分隔的中空壁板托盘纸盒的平面结构

图 5-81 托盘天地盖式样的化妆品系列套盒，内装筒式纸盒（制作：钟慧仙）

5 变形纸盒的结构设计思路　83

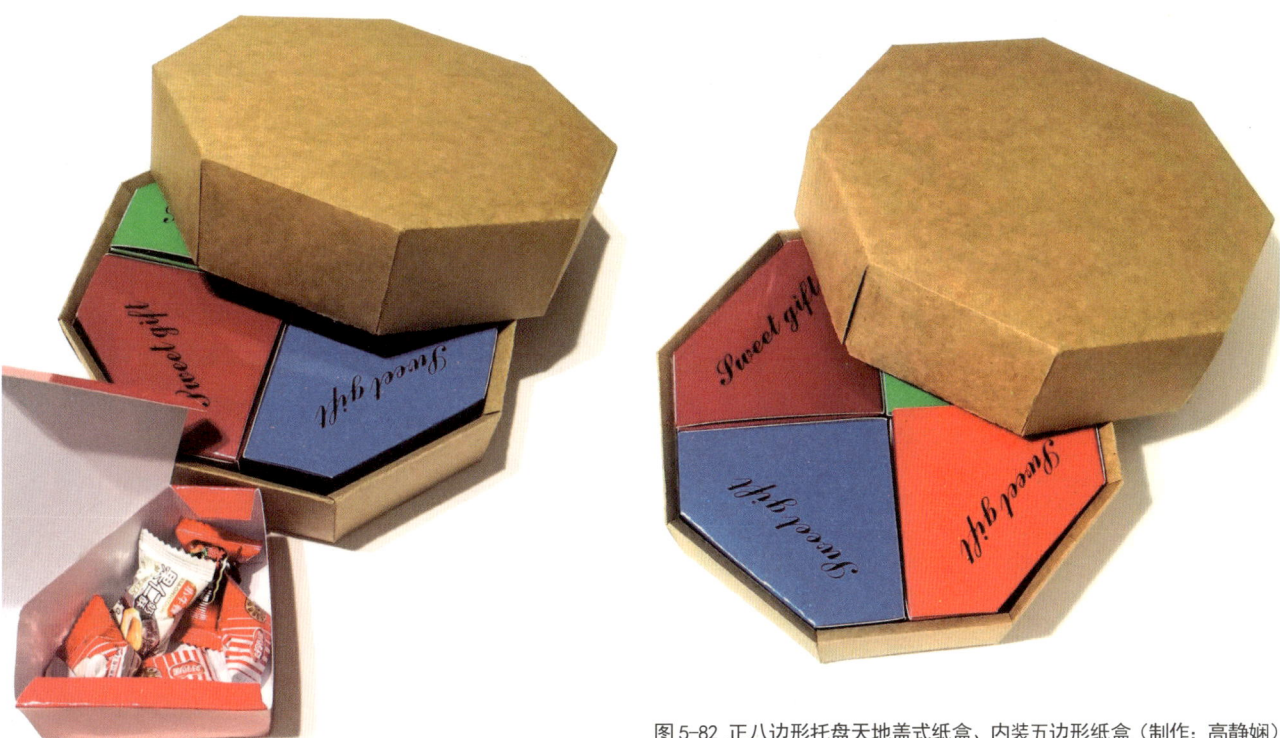

图 5-82　正八边形托盘天地盖式纸盒、内装五边形纸盒（制作：高静娴）

图 5-83　正六边形托盘天地盖式纸盒、内装等边三角形盘式纸盒（制作：王姝晴）

图 5-84 大型托盘式天地盖纸盒内装四个小型托盘式天地盖纸盒（制作：余嘉明）

盒，四个内盒为五边形筒式纸盒，其单个内盒外形相当于将一个正方形截去一角，结构很好理解。该作业通过将数个相同形状纸盒选用不同颜色卡纸制作并搭配牛皮纸外盒，取得了较好装饰效果。

图 5-83 为正六边形托盘天地盖纸盒、内装六个等边三角形外形的小盘式纸盒。作业主题为糖果包装，纸材选用多种色彩卡纸和具有图案纹理的特种纸进行搭配，并在外盒面上粘贴手工制作的花结，具有很好的装饰效果。

图 5-84 所示作业为大型托盘式天地盖纸盒内装四个小型托盘式天地盖纸盒，所有托盘盒子的侧立面上都做了造型修饰，且配以纸材上图案精致的水果装饰，色彩清新，具有较好的整体展示效果。

4. 了解本章所示的部分典型的非长方体正方体形态的变形纸盒，并能根据实际需要自行设计、制作纸盒样品。

5. 在纸面绘制筒式、盘式提手纸盒的结构，绘制内折花苞形、外露蝶扣形等花盖式纸盒的平面结构图，以及三棱柱、六棱柱等多面体外形纸盒的结构图，并制作实物，尺寸自定。

思考与练习：

1. 变形纸盒的外观造型大致可以分为哪几类？
2. 变形纸盒设计的基本创作思路有逐步递进的哪三个层次？
3. 掌握开窗展示型、提手式、花盖式等最常见的变形纸盒结构并能通过手工绘图、电脑软件绘图的形式来制作纸盒实物样品。

6 运用软件绘制纸盒平面结构和装潢效果的技法

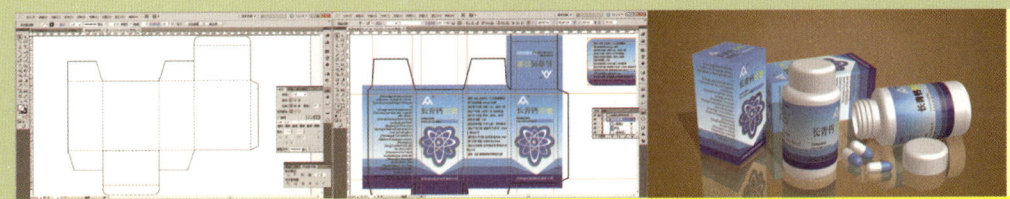

课程目标

掌握使用不同软件绘制纸盒平面展开图的技法，懂得用最合适的软件进行纸盒平面装潢设计和效果图表现的技法，培养综合运用软件进行包装设计和造型效果表现的能力。

基本知识

几种常用设计软件的基本操作技法，运用 AI、CAD 软件绘制纸盒结构平面图的技法。

参考学时

14 学时

熟练运用计算机（电脑）辅助设计技术进行各种专业设计是当今设计行业从业人员的基本职业能力和素质，电脑及相关软件作为进行包装结构绘图和外观装潢设计的得力工具，近年来在我国逐步得到了普及应用。电脑设计精度高、效能强，设计稿可以一步到位，不需要另外绘制制作草图和墨稿，且完成后的设计稿可直接用于印刷制版。设计中的包装纸盒均以1：1原大制作。如果稿件尺寸大，想要加快运作速度，可采用低分辨率的办法，等到设计定稿后，再用实际需要的高分辨率来制作；也可先制作按比例缩小的稿件，待反复修改、设计定稿后再制作原大的电子稿。

本书前面篇章对包装印刷工艺做了整体的介绍，印刷在包装设计中的重要性不言自明，包装设计师应当具备应对印刷工艺要求来设计电子稿的基本能力。电脑设计稿用于印刷制版，则设计师首先必须要掌握好文件输出的分辨率与印刷工艺要求的关系；设计包装确定设计稿图像的面积大小，图像的尺寸在软件上是不能随意放大的，根据印刷工艺要求的网线确定输出的分辨率、通常印刷网线与图像输出的分辨率以1：2较为理想，即印刷150线时分辨率应为300dpi（每英寸有300个像素点）。电脑设计稿直接用于印刷制版，同样要考虑到印刷工艺的要求，设计稿必须超过纸盒实际大小边界，两侧也要绘制十字线。裁切线（模切）不能直接绘制在装潢设计稿上，可另建一个新层绘制或单做一个文件，等等。本章内容将借助实例来对运用相关软件绘制纸盒包装的平面结构和装潢效果的技法做出详细解析，同时，笔者认为要实现精确表现包装设计稿和展示效果图的目的，设计者在熟练驾驭相关软件的同时还应当具备相应的软件运用思维，即目标明确、具体问题具体分析，合理有效运用各软件之功能来达成设计目的。

6.1 在绘制纸盒结构和包装装潢设计时常用的软件

在进行包装设计的过程中，设计人员将会使用到多种软件，有通用软件也有专用软件。通用软件即艺术设计界常用的工作软件，包括 Photoshop、Illustrator、CorelDRAW、AutoCAD 等，每种软件都有自身的特点和优势，在设计中需根据所面对对

图 6-1 Adobe Photoshop 软件的启动图像

图 6-2 Adobe Illustrator 软件的启动图像

象的不同需求，合理运用。专用软件主要是指在包装印刷、模切制版行业等中所使用的专用于绘制纸盒结构图形的软件，如BOX-Vellum等，专用软件的绘图和设计功能没有通用软件丰富，但因为绘制纸盒结构的专用软件是特别针对包装行业的纸盒设计要求、技术水准而设计的，因此软件中内置有很多自动化功能和便捷程序，无须操作者在绘图过程中自行完成计算各部分的尺寸和修正值等工作，且有软件中还有很多现成的纸盒结构模板可以调用、编辑，故在工作实践中使用较为方便。因为在平面设计行业中使用通用软件的情况相对较多，因此本小结中首先对几种在包装设计中所常用的通用基本软件的使用情况作出简要介绍。

6.1.1 Adobe Photoshop

诞生于20世纪80年代末的Adobe Photoshop软件是由美国Adobe公司所研发的一款图像处理软件（图6-1），经过多年的不断升级改进后已成为印刷出版、艺术设计界的基本工作软件，熟练的Photoshop软件应用能力也是艺术设计从业人士所必备的基础技能；也因此，当今艺术设计院校和专业都将Photoshop软件作为专业课程体系中的必修内容。在包装设计专业和行业中也不例外，具体说来，以位图图像效果为特长的Photoshop软件不太适合绘制工整严谨的包装纸盒平面结构图，但其强大的造型表现能力和图像修饰能力却是包装效果图制作中的重要工具。

6.1.2 Adobe Illustrator

Illustrator软件是由美国Adobe公司所研发的一款矢量图形软件，最初是作为绘制自由插画的软件而存在，经过多年升级改进、在保留原有的并不断开发出新功能后，早已成为印刷出版、艺术绘画、平面设计界的重要工作软件（图6-2）。Illustrator软件具有强大而便利的绘图功能，使表现矢量图形变得简单易行，故在包装结构设计绘图中具有重要的应用价值。关于Adobe Photoshop和Illustrator软件在包装结构和装潢设计中的应用，笔者在后文中还将有详细介绍。

6.1.3 CorelDRAW

CorelDRAW软件是加拿大Corel公司推出的矢量绘图软件，经过近三十年的发展其功能不断提升，集图形与图像、绘图与插画、编排与设计、平面与立体于一体，因而风靡全球，在工业设计、平面广告招贴设计、产品宣传册编排设计、包装设计、网页制作、标志与企业形象设计等领域中有着广泛的应用价值（图6-3）。CorelDRAW软件功能强大、适用面广、上手容易等优势，使之多年来被列为印刷、包装行业中的工作软件。不过在包装设计中，因为CorelDRAW软件经常要和Illustrator软件结合使用，故CorelDRAW软件的文件格式应导出、转换成AI格式。

在包装设计等专业中所需学习的Photoshop、Illustrator，还有InDesign、Flash等软件都是美国Adobe公司产品，各自特色鲜明：Photoshop主要处理位图图像、Illustrator主攻矢量插图、InDesign侧重于多页面大型出版物编排、Flash的优势是网页互动功能之建立；而CorelDRAW软件具备上述四软件之部分、大部分功能的优势或许同时也是劣势，除了包装设计、广告编排印刷、绘制图形外，其

图6-3 CorelDRAW软件的启动图像

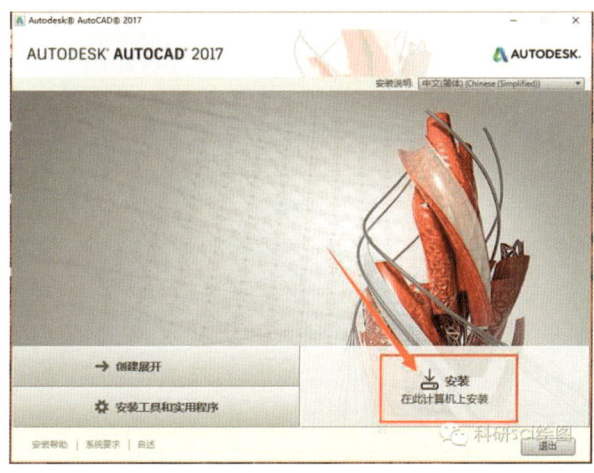

图6-4 AutoCAD软件的启动图像

处理位图、绘制自由插画、编排大型出版物、制作互动界面的能力都分别不如前述几个软件；而CorelDRAW软件的操作技法、工具和快捷键又与Adobe公司的系列软件有较大差异，故在专业课程的学习中容易被学生边缘化。但是，CorelDRAW软件在设计界的实践中没有被边缘化，在教学中也不应被主观或客观地边缘化。作为艺术设计界普及时间较早和普及率较高的应用软件，CorelDRAW在设计行业中的地位虽然受到后起软件的一定冲击，但至少目前和今后一段时间内尚无法被取代。根据笔者自身的设计实践经历、从行业调研和同行交流中所获得的信息来看，在当今中国艺术设计行业较为集中的珠三角地区仍有很多设计公司和设计师偏爱使用CorelDRAW软件，同为设计行业较集中的长三角地区则是运用Illustrator软件做设计的人较多，而且资深设计师们普遍认为，熟练应用CorelDRAW和Illustrator中的任何一个，对进行各种平面设计都可基本胜任，但另一个软件也必须会操作，以便于与更多客户和同行交流，改进设计方案等。笔者深以为然。

6.1.4 AutoCAD

AutoCAD（Auto Computer Aided Design）是美国Autodesk公司自1982年开发的自动计算机辅助设计软件，用于绘制各类产品的二维平面图，亦可进行三维设计，是工程技术界和艺术设计界所广泛使用的重要绘图软件（图6-4）。AutoCAD软件对各种产品的尺寸进行精确掌控的能力，使之成为机械电子类产品设计、建筑装饰绘图、产品外观设计等专业方向的设计实践中所必不可少的辅助性工具。在视觉传达设计专业中，因为视觉传达设计的工作内容通常不涉及精确的产品实物制作，故使用AutoCAD软件的机会较少；但对属于视觉传达设计旗下的包装艺术设计专业方向而言，因为包装纸盒属于批量化工业生产的产品，其加工制作涉及模具的设计和制作，故AutoCAD软件是包装艺术设计专业中的重要工具软件之一。用AutoCAD软件创建各种几何造型的操作手段非常简洁，初学者很容易入门，但入门后想精通该软件并不容易。作为矢量绘图软件，AutoCAD与同为矢量绘图软件且同样容易上手的Illustrator、CorelDRAW软件的算法程序内核是不同的，AutoCAD建立在精确造型的基础上，而后两软件中所绘图形通常无需精确

性方面的高超要求，属于仅需表现一般视觉效果的非高精准图形，故Illustrator、CorelDRAW软件常应用于视觉形象设计范畴，而在此范畴之外并不多见，而AutoCAD软件则是对图纸精度要求非常高的建筑装饰、机械电子设计、产品外观设计等行业进行设计和绘图表现并进行制作输出的不二选择。换言之，如果用Illustrator或CorelDRAW软件来绘制上述行业的设计图纸，或可在外观上高度近似，但绘图精度不如AutoCAD，无法表现精密的结构图。而即便是使用AutoCAD软件来绘制对精确度要求较高的设计图纸，也必须具有一定的相关专业知识作为基础，方可有效驾驭软件设计表现上述工程技术类图纸。技术类图纸不是美术，虽然在包装容器造型、室内装饰立面图等少数领域中具有艺术表现的成分，但也必须建立在相关专业知识的牢固基础上。因此，使用AutoCAD软件必须紧扣相关专业知识和技能，方可绘制出符合本专业需求的图纸。早年笔者学习AutoCAD软件时，指导老师是一名具有多年软件绘图经验的资深建筑师，但他坦言只能画建筑类图纸，因为不懂其他专业技术知识，故其他技术图纸如机械零件图等，纵能模仿却无法精确表现细节，绘之毫无意义。诚哉斯言！在包装设计中学习AutoCAD软件的使用时，也须时刻把握包装专业知识的内容和原则尺度，只有在懂得包装纸盒的结构原理后，方可用AutoCAD软件来精确绘图表现。

本书前面篇章已详细介绍了手绘表现纸盒结构制图，从中学会了包装纸盒的结构原理、懂得包装各部分在结构上的关联及其修正值关系，才可学习用AutoCAD软件绘制包装纸盒结构平面展开图。AutoCAD软件博大精深，但却只需掌握最基本的几何工具和编辑命令即可绘制符合包装专业需求的图纸——前提是对包装纸盒结构原理有透彻了解，而AutoCAD软件中用于机械、建筑、电子等专业方面的诸多复杂命令和运算，则无需学习，更何况教师本人未必具有这些专业方面的知识背景。同时，因为专业差别，AutoCAD软件的精确度最高可以精确到小数点后17位的能力在包装设计中的意义不大，软件精确度设置通常只需精确到小数点后3位数即可满足包装设计的要求；较Illustrator等软件的绘图精度略高，这也是为何Illustrator等软件同样可以应用于包装纸盒、容器

绘图中的原因之一。此外，运用 AutoCAD 软件一定要熟练掌握视图大小缩放、平移，重要工具和命令的快捷键。熟练的操作水平与设计能力同样重要。

上述几门软件其内在原理和操作技法有很大区别，常令刚学习第一门软件或开始涉足第二门软件的同学感到畏惧。因此在学习中应首先了解该软件的特色，通过一些简单的练习来掌握软件的基本操作，发现该软件学习的规律并提倡举一反三，之后进行有针对性的学习和实例制作，从而尽快掌握软件的应用规律。很多软件尽管彼此功能和用途各异，但基本编辑、文件处理的命令都是相同或相通的，学完了第一个软件，第二第三个软件的入门也相对容易。同时，学生们在进行实例操作练习时一定要弄清操作步骤前后间的逻辑关系、与作图的目的之间的关系，搞懂了关系，自然懂得步骤，顺手可为之而不必机械地记住步骤，这是学习软件的一种重要思维。另外，学习和使用软件还需要养成良好的习惯以提高工作学习效率，如操作软件时左手必须放在键盘上准备随时进行快捷键等辅助操作，不能像休闲上网时右手握鼠标而左手无所事事。作业过程中要注意每隔一段时间即保存数据以防断电、电脑死机而丢失劳动成果，还需养成随时将作业文档归类整理、有序摆放的习惯，以便于需要时可以快速查找调用文件，等等。熟练操作和运用软件的能力，是进一步提升专业设计水平的基础，也能增强学习包装设计的信心。

6.2 以 Adobe Illustrator 软件绘制纸盒结构平面展开图的实例

美国 Adobe 公司所研发的 Illustrator 软件，是一款风靡全球的矢量图形软件，功能强大，经过多年发展和不断升级改进后，成为艺术绘画、品牌策划传播、包装印刷等行业设计人员的重要工具软件。Illustrator 最早作为绘画软件而存在，笔者十几年前从事广告和包装设计时，业内使用 Illustrator 软件者尚不多，平面设计师大多使用 CorelDRAW 软件进行包装设计和平面广告、宣传册设计等。但随着软件技术的不断发展，Illustrator 的功能不断增加，早已不再局限于自由插画行业的使用，成为平面设计软件界的后起之秀。目前，Illustrator 和 CorelDRAW 软件基本平分了平面设计之天下，而在包装设计的运用中，Illustrator 软件新版本的一些重要新功能在进行效果表现时更简单实用，因而在包装设计行业中获得了较为广泛的运用前景。

笔者多年前在设计公司从事包装设计时，Illustrator 软件的功能还主要局限于绘画、图案、标志、动漫形象设计等方面。CorelDRAW 与 Illustrator 同属矢量绘图软件，或因先入为主的原因，笔者和大多平面设计师一样采用 CorelDRAW 作为主要工作软件，进行平面广告、多页面宣传册编排等任务，在包装设计任务中亦能熟练绘制包装结构展开图、装潢效果等。后来 Adobe Illustrator 软件推出 CS 系列版本后，笔者惊讶地发现 Illustrator 中一些新功能如 3D 效果等非常适合进行包装设计及效果表现，因此逐渐采用 Illustrator 进行包装设计工作；后来笔者成为艺术设计院校教师并主要教授包装设计等课程时，也积极运用 Illustrator 软件来指导学生进行设计和创作表现。

6.2.1 Illustrator 软件在包装设计及课程教学中运用的必要性

包装设计有三大任务，分别为包装结构设计、容器造型设计、包装装潢设计；包装结构设计需要绘制包装结构（以纸盒为主）平面展开图，容器造型设计需绘制容器三视图和立体效果展示图，包装装潢设计则为包装表面图文色彩的平面搭配。相对而言，前两者的专业性较强，只能使用较为精确的矢量绘图软件如 CorelDRAW、Illustrator 或 AutoCAD 等来完成，包装装潢设计则可以使用包括 Photoshop 在内的任何平面设计软件进行。制作样品是包装设计中的一项重要内容，包装纸盒样品可以使用绘制完成的电子稿打印在纸面上制作完成；包装项目中不一定包含容器造型设计任务，而容器（多指玻璃、塑料、金属等材质）样品通常无法在设计工作室制作、需交付专业工厂完成。故在包装设计项目中设计师的任务有绘制纸盒结构和装潢效果的电子稿、容器制图电子稿（若包含此任务），绘制纸盒包装和容器的展示效果图，并将具有图文装潢的纸盒平面展开图打印制作成样品。

Illustrator 软件的图层功能具有很重要的实用价值，因此该软件作为包装设计的基本软件很有必要。在处理装潢效果时可用 Photoshop 协助处理位图、将处理好的位图导入 Illustrator 软件进行编排合成。在绘制纸盒结构和装潢时，设计师需要在电

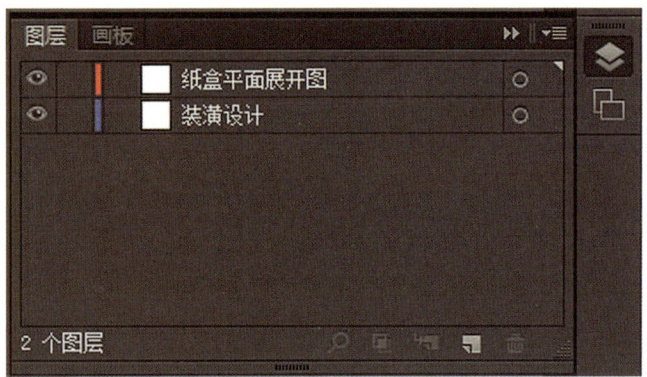

图6-5 Illustrator软件的图层面板

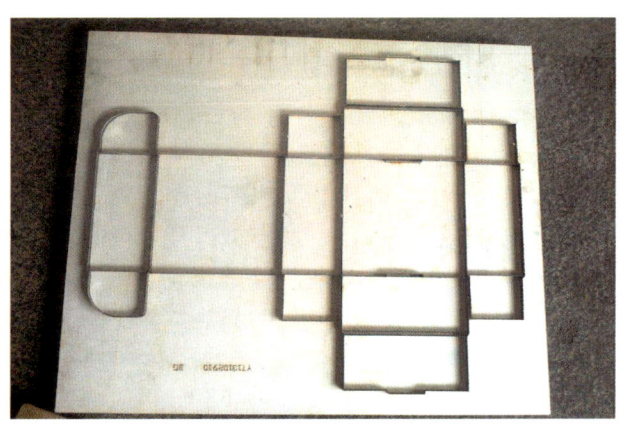

图6-6 生产纸盒时所用的模切板

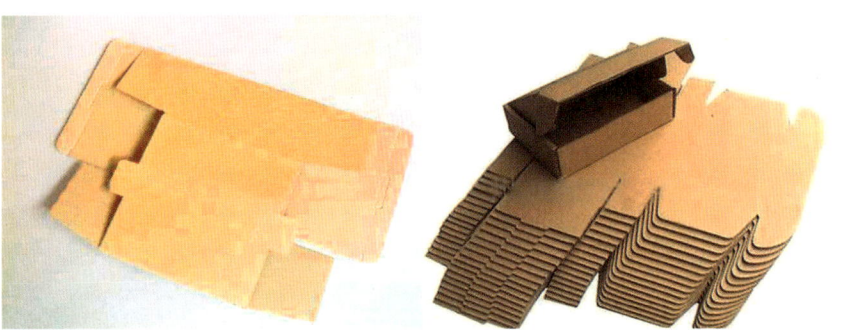

图6-7 被模切后的纸板即成为纸盒

图6-8 纸盒与容器的立体效果图表现

子文档中设置上下两个图层，分别为包装结构：居上层，装潢：居下层，在这一个文档中完成包装设计中的结构设计和装潢设计两大任务（图6-5）。该电子稿完成后，可将上下两图层重叠打印在纸面上、再剪裁制作成样品；若定稿交付印刷时，则由专业机构将上图层（包装结构）制作成模切板（图6-6），将印刷了下图层内容（装潢）的纸板切割成型（图6-7），通过机械化工序大批量加工成纸盒。Illustrator软件还具有3D功能，所生成的立体造型表面能贴图，此功能可以用来进行纸盒立体效果图和容器展示效果图表现（图6-8），非常简单和实用。装潢和包装专业通常没有开设3D软件课程，学生们无须另花大量时间学习复杂的3D软件就可以运用本专业的必备软件Illustrator来快速绘制出包装设计中所需展现的立体效果图。上述两项重要功能足以体现Illustrator软件在包装设计及课程教学中运用的必要性。

6.2.2 Illustrator软件与包装设计课程能综合培养学生的工作态度和习惯

Illustrator软件在装潢、包装等专业的课程体系中其授课时间通常只有短暂的三至四周，学生们难以熟练掌握，但在教师的正确指引下能逐步培养出认真细致的工作态度和习惯，而且所幸紧随其后的包装系列课程中能继续使用Illustrator、结合包装实训项目来练习和巩固Illustrator操作技法。（纸盒）包装结构设计内容涉及材料、结构和功能设置，需要认真细致谋划并精确表现，容器造型的三视图制图也要求造型完整、层次分明、标注准确，而Illustrator软件在操作使用中恰恰能体现上述要求，通过认真细致的表现还能精致体现出包装效果图之精美。Illustrator软件相对较为复杂，对操作习惯和工作态度要求较高，能培养学生认真细致的工作态度和习惯，而专业性较强的包装设计课程及实践项目正是能体现这些工作态度和习惯的良好平台。故Illustrator软件在包装设计课程教学中的运用，是综合掌握软件工具与设计技能的有效方法。

6.2.3 运用Illustrator软件绘制纸盒结构

运用Illustrator软件绘制纸盒包装结构展开图时的常用操作命令有：

"文件"菜单下的新建、打开、存储、存储为等命令（图6-9），是所有应用软件中都具有的基本命令，操作方法和快捷键基本相通，在新建命令中要确定好适当的文件尺寸大小、横竖方向等。

"视图"菜单下的标尺、网格、参考线、智能参考线等辅助工具和命令，可保证精确绘图（图6-10）；标尺可以在绘制结构图的过程中精确地放置和度量对象，保证纸盒的标准尺寸比例；网格用于帮助对齐对象，参考线可以帮助设计者在绘制时对齐图形对象，绘制出纸盒大概的比例尺寸。

纸盒包装设计分为两大部分，即纸盒平面展开结构图的设计、绘制，纸盒表面装潢设计。纸盒平面展开结构图是运用矢量软件绘制出纸盒各个部分的展开形状，绘制定型后此结构图的矢量图形将被输出制作为模切板，而纸盒表面装潢设计则是在纸盒平面展开结构图的指引下，安排各个部分的色彩底纹、图文编排秩序等。在绘制纸盒平面展开结构图时，设计者首先应具有并根据本书前面篇章所介绍过的纸盒包装结构知识，根据设计调研结果选择适合盒型、纸张，了解纸张厚度数据等，将该型纸盒的平面展开图先在纸面上用草图表现一下，厘清各部分尺寸与纸盒长、宽、高之间的关系并适当添加或减去基于纸张厚度的倍数的修正值，标明、理顺纸盒各部分所需表现准确数据，在此基础上方可用软件动手绘制纸盒结构图。

运用Illustrator软件绘制纸盒包装结构展开图时应新建合适大小的文档，视图菜单下的标尺、参考线等辅助工具可保证绘制结构图各部分准确清晰。在Illustrator软件"视图"菜单下的"智能参考线"命令是一个非常有用的辅助工具，绘制纸盒结构图时应当保持"智能参考线"命令处于开启状态（图6-10），则运用几何工具绘制纸盒结构各部分并移动时，系统能自动捕捉各部分的边界并使之彼此间对齐，以保证结构各部分造型的准确。在纸盒结构图绘制中，仅需运用基本绘图工具如矩形工具、多边形工具、直线工具、钢笔工具等（图6-11）进行表现，再通过直接选择工具对线条局部进行编辑，便可基本完成纸盒平面展开图的外观形态（图6-12）。所绘制成型的各部分无须填色，但必须使用线条较细的黑色轮廓，如图6-13中的设置。之后需要运用标尺和参考线，放置在纸盒展开图各面

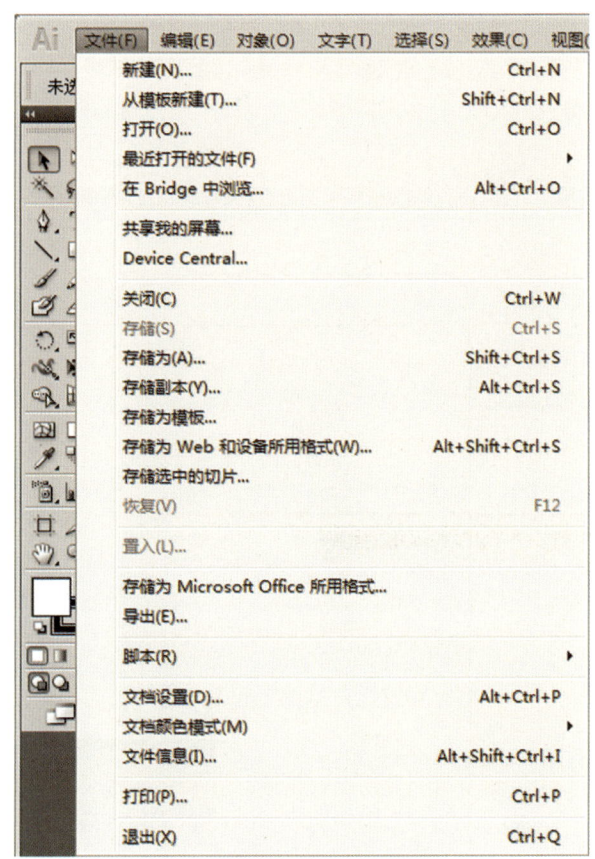

图6-9 Illustrator CS5软件中的"文件"菜单

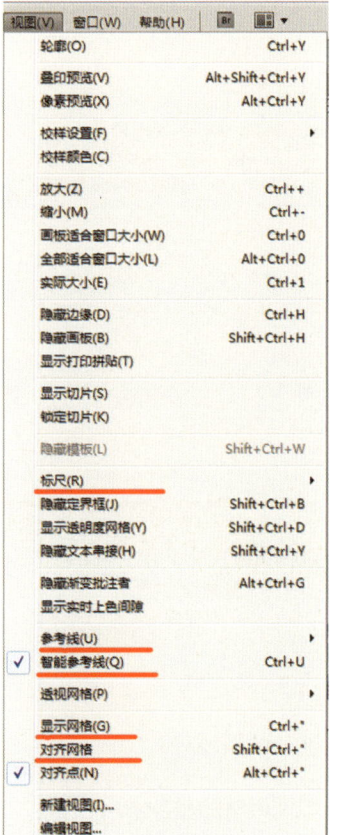

图6-10 "视图"菜单下的绘图辅助命令（红线标识）

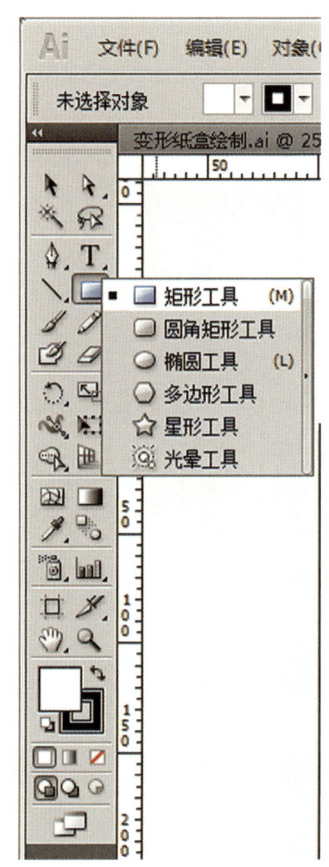

图6-11 Illustrator CS5软件的工具面板

与面的交界线上（图6-14），隐藏参考线以便于观察，合并各个部分成一个整体，这个整体的边框线即纸盒模切中的裁切线（图6-15）；而后显示参考线，用虚线表现各个面的交界线，这些虚线即模切中的折叠线（图6-16）。大多数盒型的折叠线都为内折线，有少量盒型中将使用到外折线，可用点划线表现。最后隐藏参考线，将纸盒结构的裁切线（实线）和折叠线（虚线）全部选定并群组，即完成了纸盒平面展开结构图的绘制表现（图6-17）。

在运用Illustrator软件设计纸盒表面装潢时，我们需要合理运用软件中的图层面板。Illustrator中的图层面板与Photoshop中略有不同，每个图层上可以放置无数个彼此互不干扰的元素，不像Photoshop中每个图层中的元素是一同被选定、移动的；Illustrator图层也具有被隐藏和锁定之功能。在绘制纸盒装潢时，我们需要将事先绘制好的纸盒结构图的图层锁定，置于图层面板顶端，在结构图图层下新建图层、用来设计和编排纸盒表面的装潢，纸盒结构图即作为表面装潢设计的参考和限制。在图6-18中，纸盒结构与装潢设计被放置在两个图层

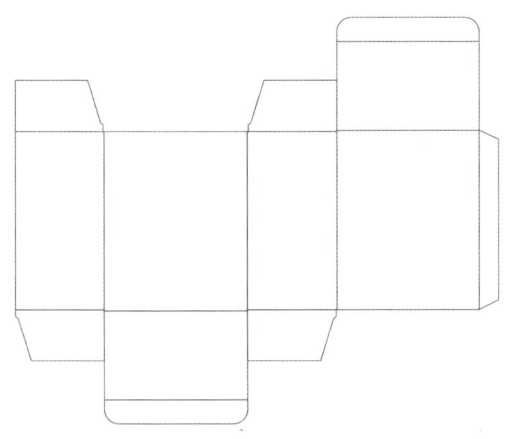

图6-12 反插式纸盒的平面展开图

图6-13 绘制纸盒图形时使用黑色线条

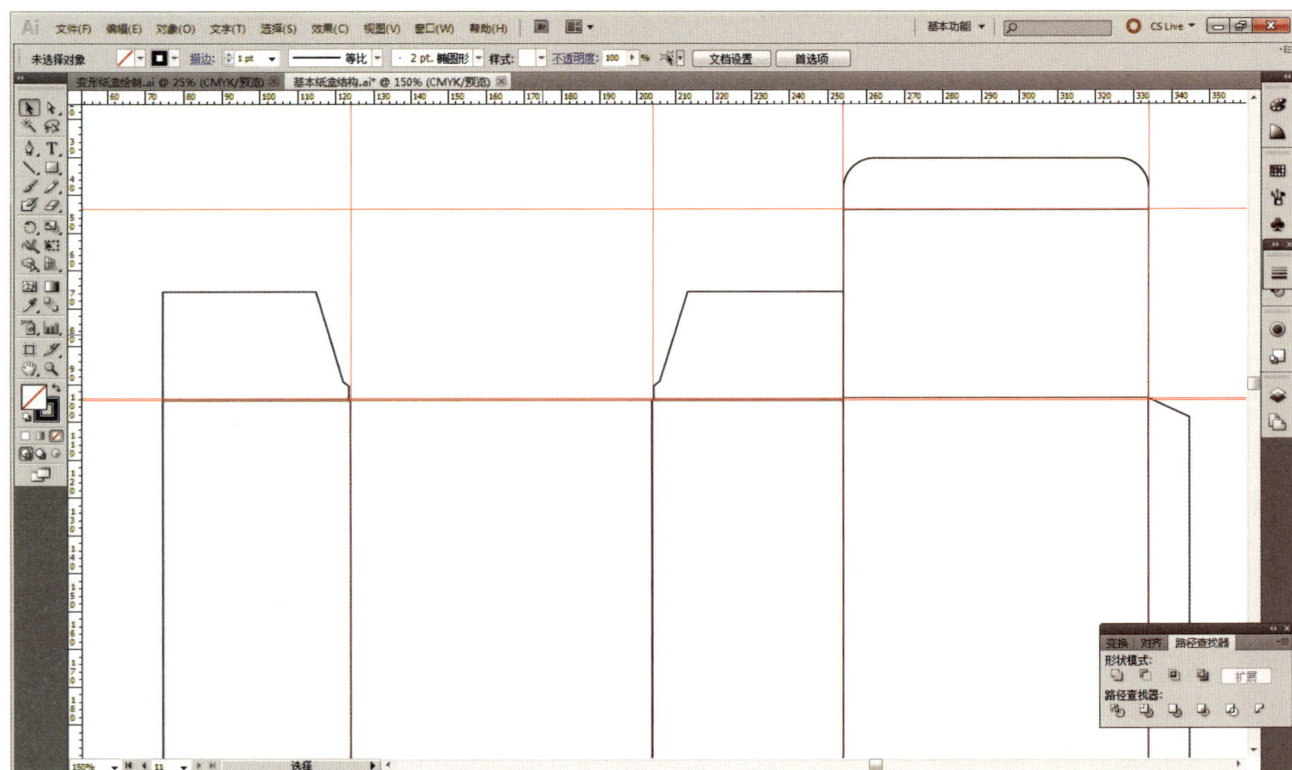

图6-14 用参考线功能标记各面之间的边界

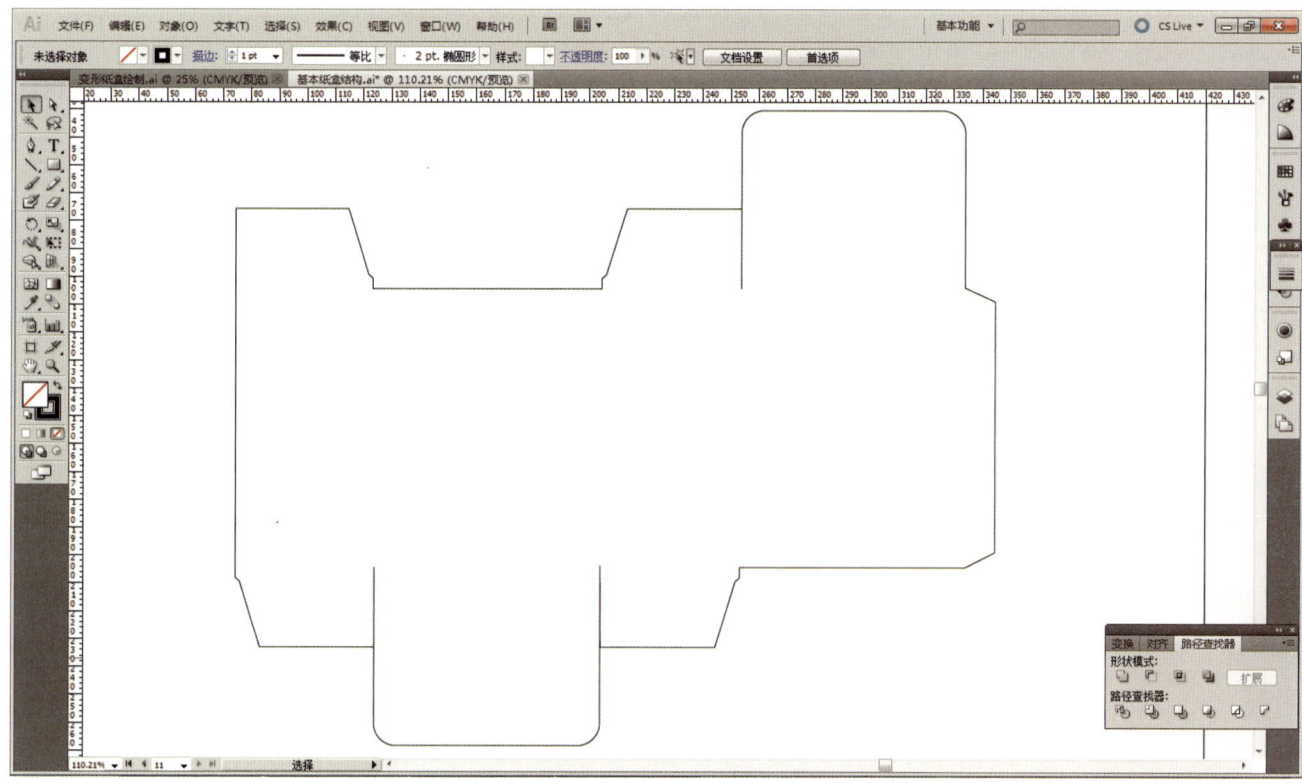

图 6-15 合并各个部分后的纸盒平面形状

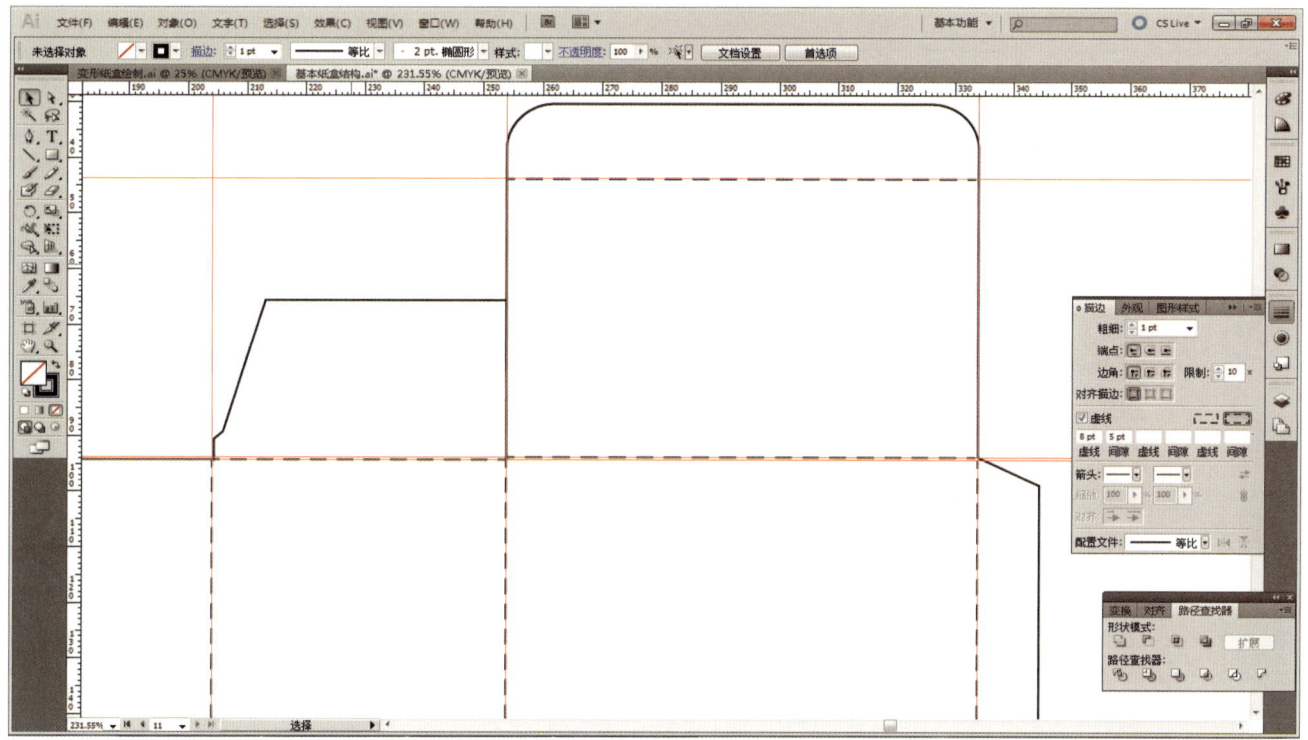

图 6-16 显示参考线后沿参考线绘制纸盒折叠线

上，结构图层在上、已锁定，因为纸盒结构图形没有填充颜色而仅以轮廓黑色显示，故不会遮挡下方的装潢设计效果；装潢设计图层上进行各种操作时也不会影响和干扰已绘制完成的纸盒结构图层，而纸盒的边缘线和盒体各面间的交界线（折线）同时也是下方装潢图层上进行设计编排时的参考和限

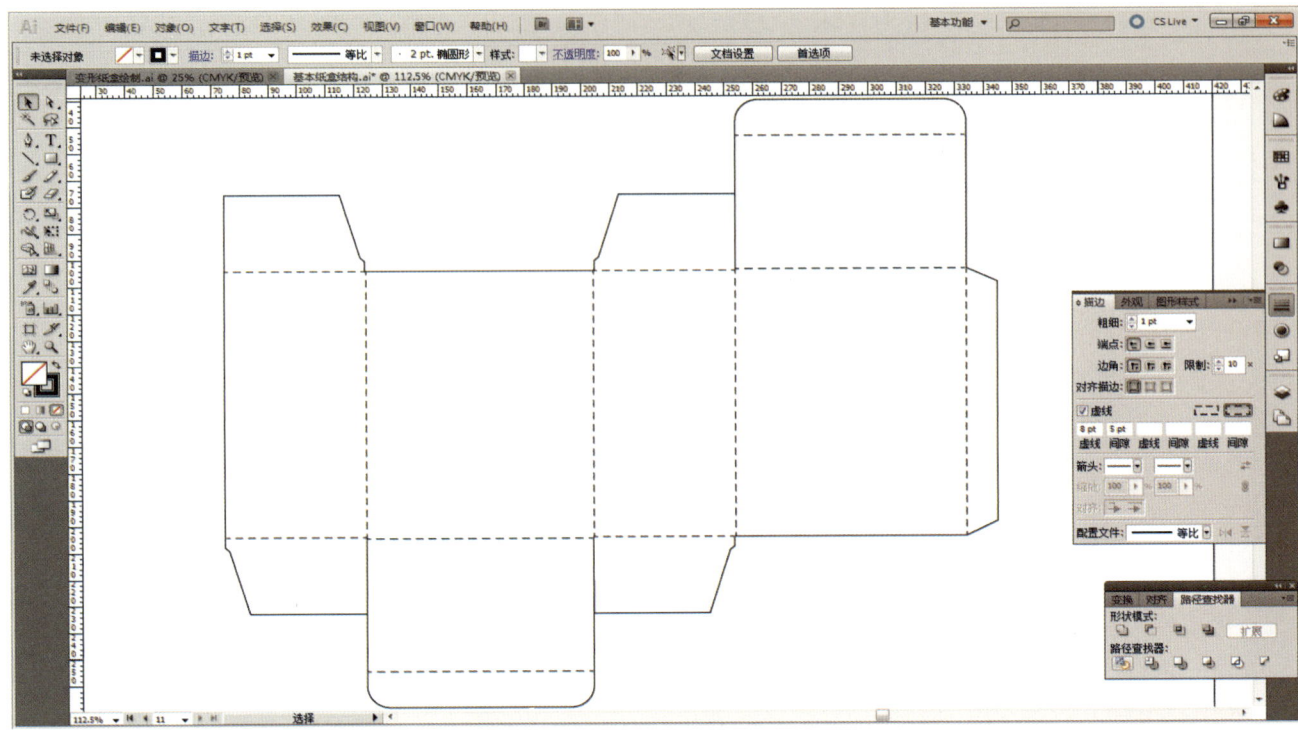

图 6-17 纸盒平面结构图基本完成

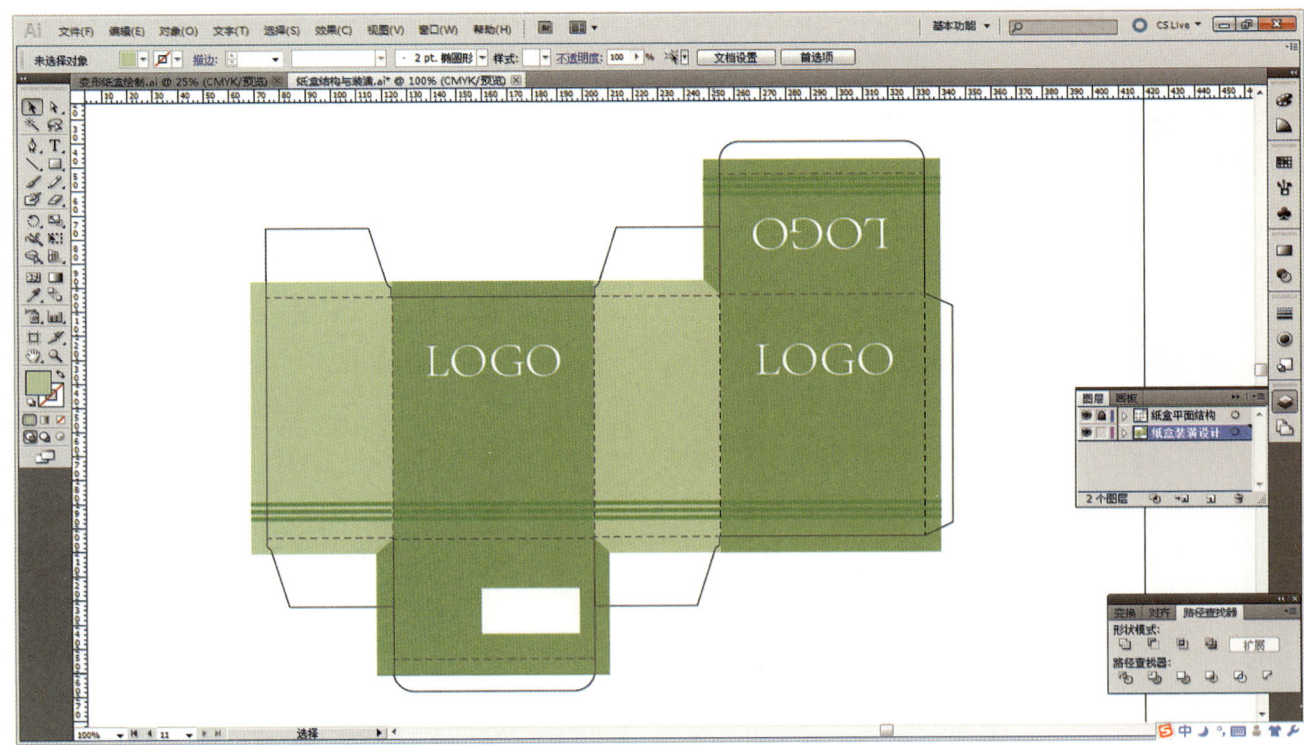

图 6-18 纸盒的结构部分与装潢部分应放置在两个图层上

制。

在装潢设计时，设计师将根据包装主题的营销策略和视觉表现需要，结合其他参考资料、分析调研结论等来进行合理统筹安排，将图像、文本、字体、装饰图案等应用于纸盒表面装潢。但需要注意的是，底色和图案、装饰线条等，如果有接触纸盒边缘者则一定要向纸盒外侧延展伸出3～5毫米、即"出血"，这是为了防止印刷、印后模切等加工工

图6-19 纸盒包装的设计稿中显示了结构和装潢两个图层

插销式锁扣、自动底纸盒绘图1（简介）

插销式锁扣、自动底纸盒绘图2（插销锁扣）

插销式锁扣、自动底纸盒绘图3（自动底）

插销式锁扣、自动底纸盒绘图4（标折线）

绘制反插式纸盒1（盒体）

绘制反插式纸盒2（锁扣）

绘制反插式纸盒3（折线）

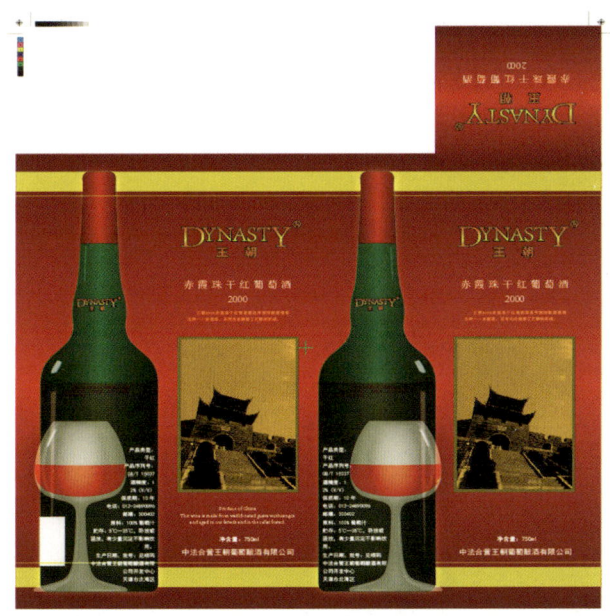

图6-20 交付印刷时则仅将装潢设计图像印于纸面

序中有少量误差而采取的应对措施。同时，编排图文时须分清包装的主要展示面和次要展示面，侧面顶面的关系也要搞清楚，通常纸盒顶面图文与正背面的图文是呈180°旋转的关系，需要注意（图6-18）。此外，各个面的主要图文离各自边界需要留有一定距离，平面编排中所讲究的"版心"原理在包装装潢设计的各个面上仍然是很重要的一个参考原则，搞清楚了这些问题，纸盒的表面装潢设计就比较顺利了。在图6-19所示的酒盒的装潢设计中，纸盒结构与纸盒装潢照例要分层，但在设计定稿后交付印刷制版流程时，则需关闭纸盒结构图层，仅将装潢图层上的内容印刷在纸面上（图6-20），再通过由纸盒结构图和其他工艺所制作的模切版将印刷有图文的纸板裁切、压痕成形，最后通过手工或机械化的折叠粘贴等工序，纸盒包装即告成形。

6.3 以 AutoCAD 软件绘制纸盒结构展开图的技法

AutoCAD 软件优秀的平面绘图功能特别适合绘制各种纸盒包装展开图，同时 AutoCAD 的绘图成果又能与数码雕刻机、纸盒（箱）打样机等设备适配和输出。因为具有易用性、精确性、通用性的优势，AutoCAD 软件是绘制包装纸盒展开图的重要工作软件之一；虽然绘制纸盒包装结构图并非只有 AutoCAD 软件一途，但作为包装设计行业与工程技术界的一个小小交集，在博大精深的 AutoCAD 软件中仅需少量的工具和命令操作，设计师便可将纸盒包装结构图顺畅地精确绘制出来，其思路和技法仍然是值得包装专业学生去学习和探索的。

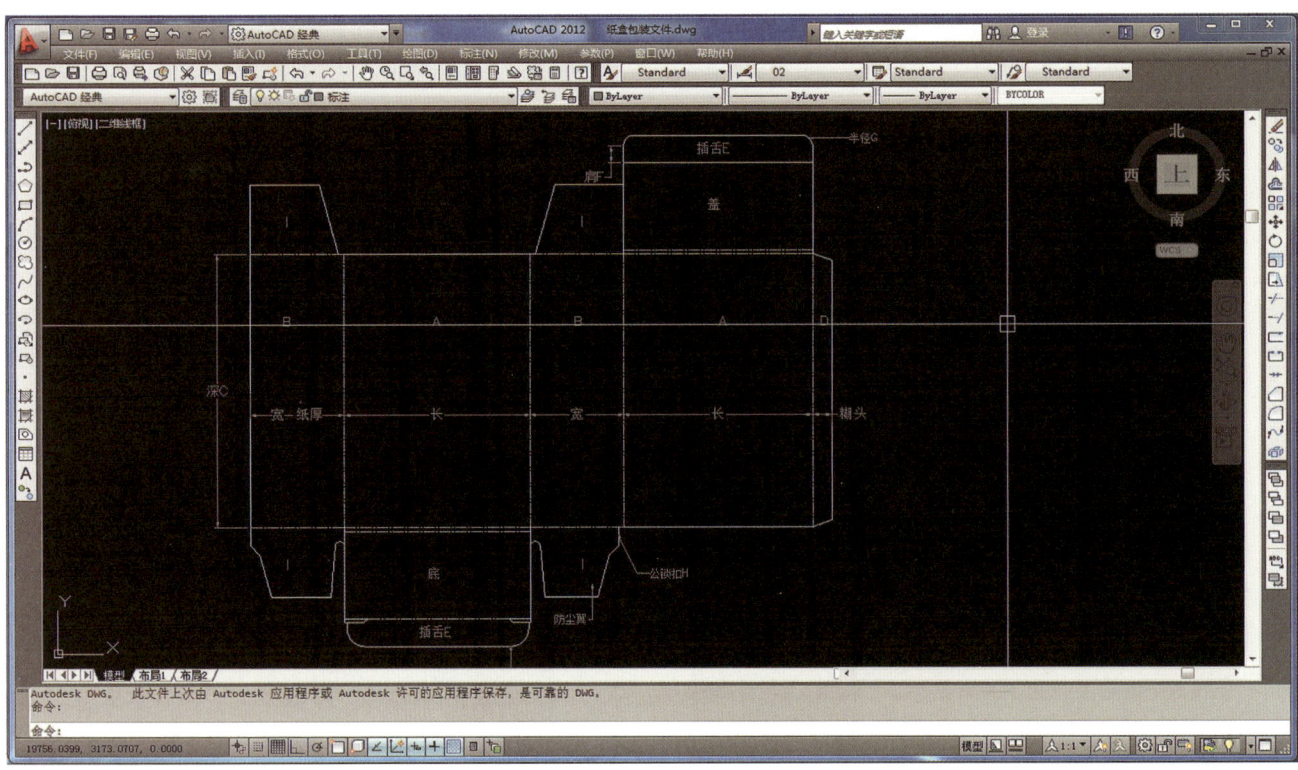

图 6-21 AutoCAD 软件绘制纸盒的操作界面

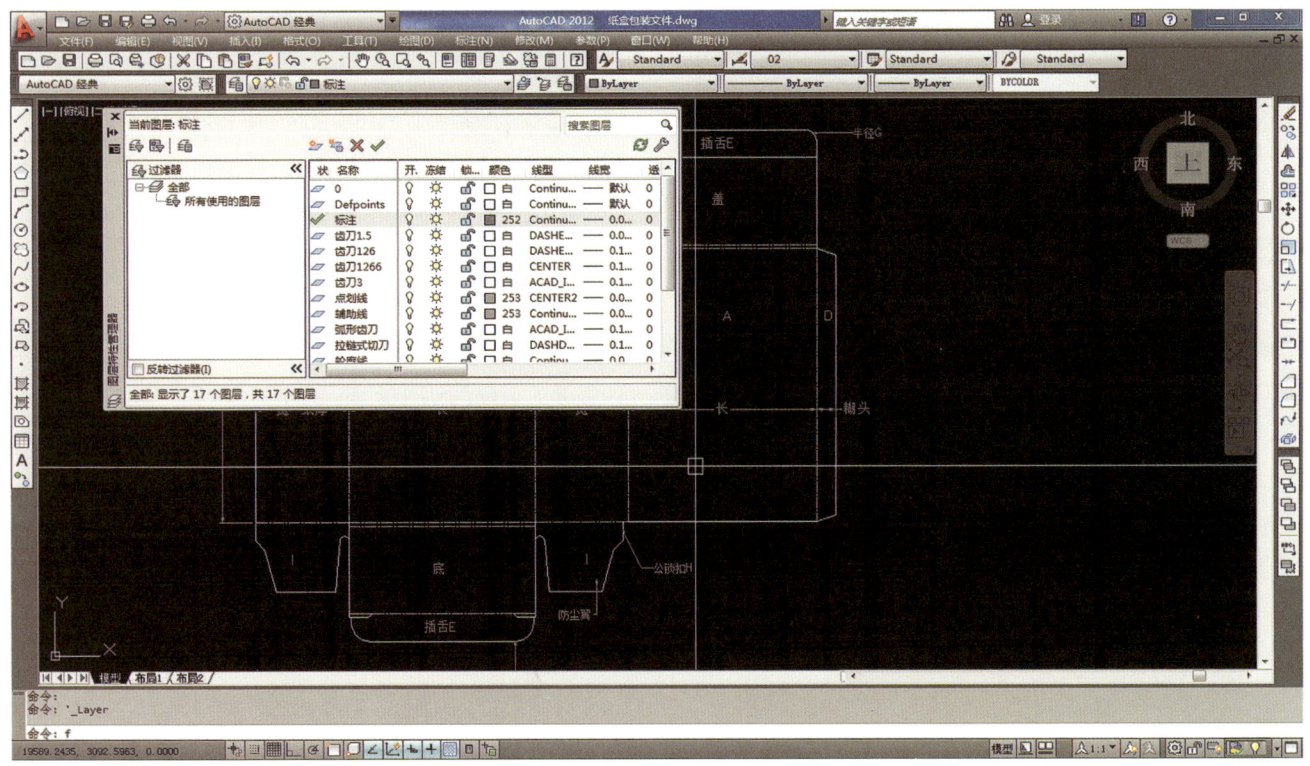

图 6-22 借助 CAD 软件中的"图层特性管理器"设置虚线

6.3.1 运用 AutoCAD 软件绘制纸盒结构图的基本思路

AutoCAD 软件博大精深，是一个很容易也很难学习的软件，说很容易是因为该软件的基本功能比较容易掌握，熟悉了直线、曲线、折线、圆圈、圆弧等基本几何形工具后——以笔者指导学生的经验通常只需要经过两个课时左右的基本练习，学生们就可以运用 AutoCAD 绘制出有模有样的各种几何造型，且可以做到尺寸、细节精确；但这个软件也很难学习，精通本软件必须有相关专业背景知识，懂得各自专业的设计和造型原理知识，方可绘制出具有实用价值、实际意义的设计图纸；而且设计师一般不能跨专业绘制图纸，如资深的建筑设计师不能用 AutoCAD 绘制机械设备图纸，并非其不懂绘图操作，而是因为缺乏相关专业知识所支撑的图形难以精确，自然也没有意义。因此，就包装设计专业课程而言，学生们必须在熟练掌握了纸盒包装的结构原理、纸材料及其厚度与结构各部分的关系原理之后，方可运用 AutoCAD 软件来绘制纸盒包装结构图（图 6-21）。

相对其他工科专业而言，纸盒包装结构图的设计无须应用复杂的公式和运算，绘图中需计算之处较少，且算法较简单，因此即便是普遍缺乏工科知识储备的艺术设计专业学生，也能较为轻松地厘清纸盒结构各部分间的关系，并且用软件精确表现出来。在绘制纸盒包装结构的平面展开图时，操作者需用"直线"工具加"圆弧"工具即可将各部分结构基本表现出来，再以编辑工具来添加圆角、删除多余线条等，并根据纸盒包装结构的实际制作需要——制作模切板的要求，将各部分结构线条用不同线条加以区分：裁切线使用默认的实线、折叠线用虚线，虚线的使用需要借助"图层特性管理器"命令进行设置（图 6-22），这些是使用 AutoCAD 软件纸盒结构图的基本技法和思路，经过一段时间的训练即可运用自如。

6.3.2 运用 AutoCAD 软件绘图绘制纸盒结构图的基本技法示例

AutoCAD 软件功能强大、命令众多，其界面

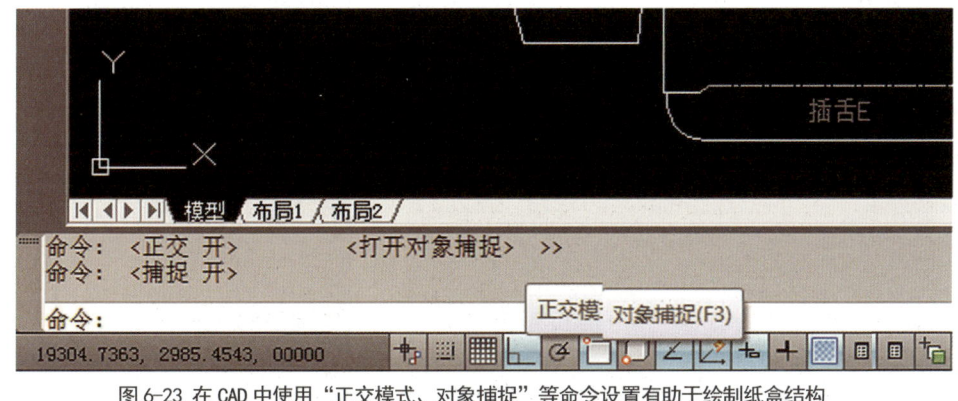

图 6-23 在 CAD 中使用"正交模式、对象捕捉"等命令设置有助于绘制纸盒结构

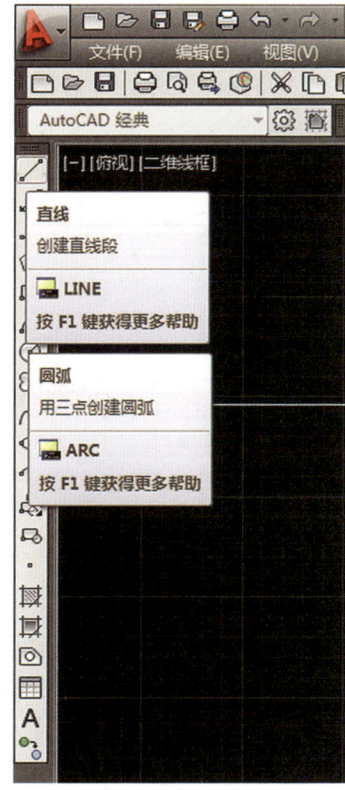

图 6-24 用 CAD 软件绘制纸盒时常用的命令

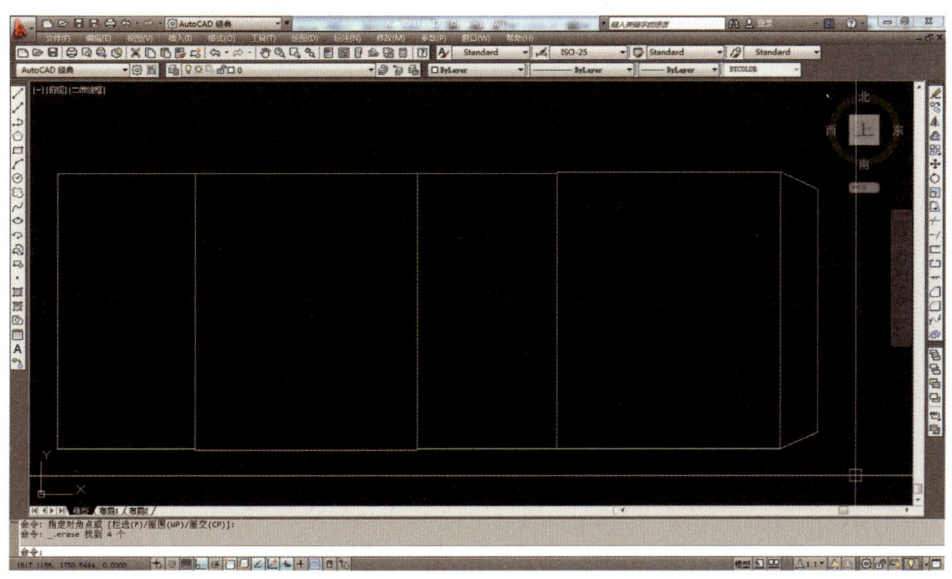

图 6-25 用 CAD 软件绘制纸盒主体立面

比较复杂，常令初学者眼花缭乱，故在使用之初，教师需要指导学生记住并设定一些操作方式：如在软件界面下方将绘图模式选择为"正交模式"，并打开"对象捕捉"命令，这样可以在绘图时找准节点，保证各个部分之间有效衔接（图6-23）。快捷键是软件学习中必须熟悉的一种技能，能有效提高工作效率，但在绘制纸盒包装结构图的AutoCAD软件操作中，笔者不建议学生使用太多快捷键，因为AutoCAD软件相对而言在包装艺术设计的领域中使用相对较少且所需命令不多，而AutoCAD作为一个完整体系其快捷键非常多，与包装专业学生常用的Illustrator、Photoshop等软件的快捷键而言又有较大差异，既不易牢记也容易引起混乱。笔者认为装潢、包装等专业学生用AutoCAD绘制纸盒结构图时不必记太多快捷键，仅需熟练使用鼠标和鼠标飞轮进行放大缩小、平移画面即可，少数常用的绘图工具可记住其只需单个字母操作的快捷键，例如在绘制纸盒结构时使用最多的直线工具，可记住快捷键"L"，圆弧工具命令的快捷键"A"也可记住（图6-24）。而AutoCAD中各种编辑命令由于其快捷键字母达到两三个，不易熟记，故不必死记硬背这些平时很少使用的快捷键。同时，在学习用软件绘制图形，还需加强逻辑思维训练，学会理解图形、将复杂图形分解为简单几何形体间的组合关系并进行合理表现；另外，绘图中应尽量采用简化操作，在反复练习的过程中逐步学会简化绘图步骤等，这些都是绘制时的基本技法。

包括AutoCAD在内的所有软件说到底只是一

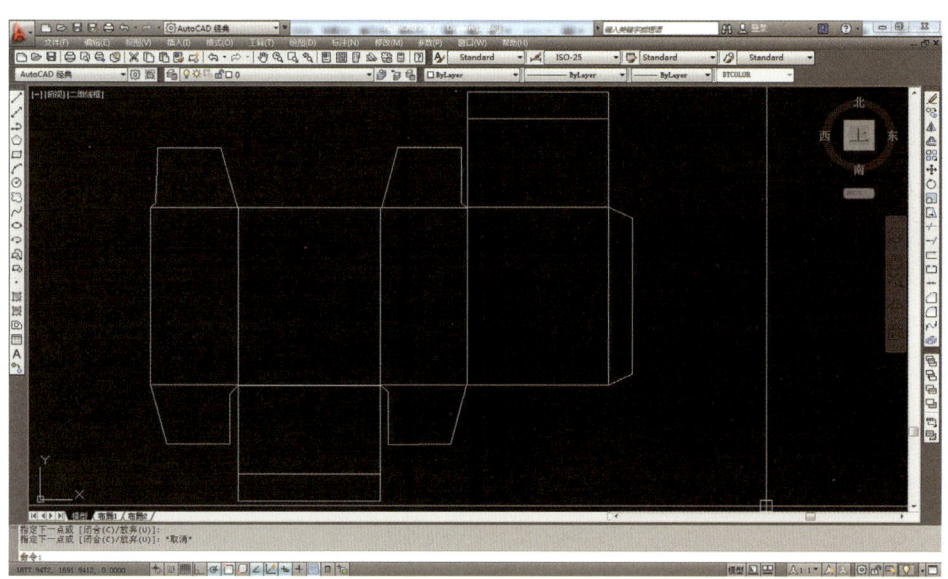

图6-26 绘制出纸盒各个部分

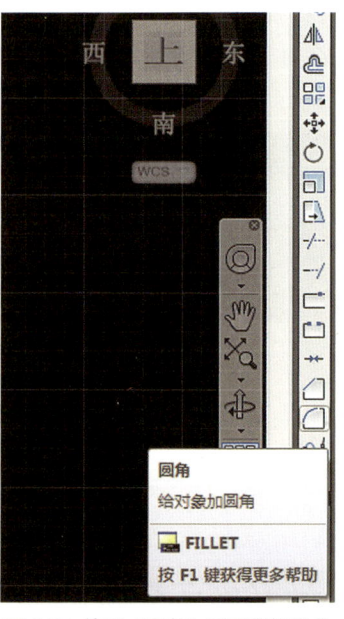

图6-27 使用"圆角"工具编辑纸盒结构图中的圆角部分

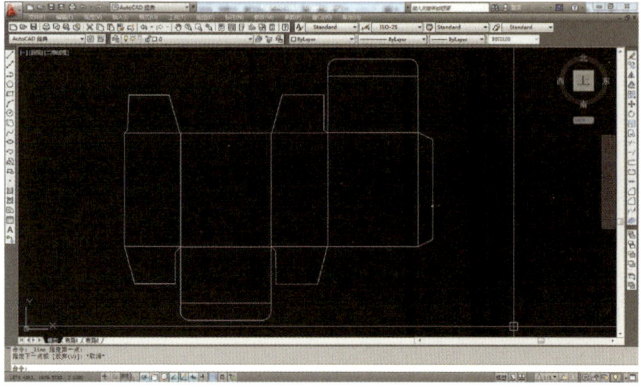

图6-28 完成纸盒结构图的圆角编辑

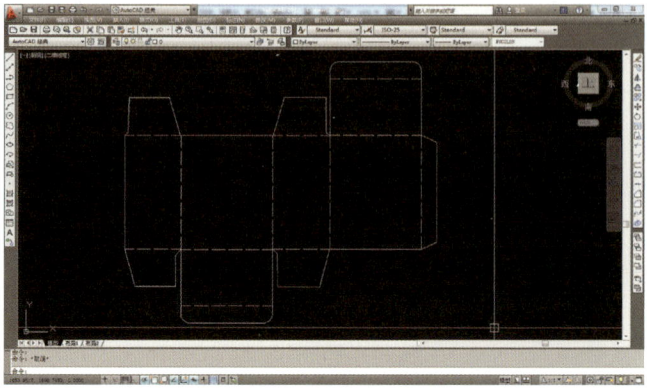

图6-29 将纸盒结构中的折叠线定义为虚线显示

个工具，不能代替人脑进行思考，这就意味着绘制纸盒结构时，绘图者必须事先知晓纸盒结构知识方可下手。前文讲述过的基础纸盒结构知识仍然是运用 AutoCAD 软件绘图的唯一依据。以绘制国际标准反向插入式纸盒为例，纸盒的长宽高分别为 80 毫米、50 毫米、100 毫米，纸厚 0.5 毫米，根据本书前文第 3.1.1 节的描述和图 3-5 所示的纸盒平面结构，绘图者可以用直线工具从左到右绘制紧密连接的纸盒四个立面和粘合襟片，但要注意最左边的面宽度减少一倍纸厚，第二个面高度向下加长一倍纸厚，上端与第一个面对齐，第三个面与第一、二个面上端对齐，第四个面高度向上加长一倍纸厚，下端与第三个面对齐，并绘制粘合襟片部分，如图 6-25 所示。接下来继续使用直线工具绘制出顶盖、底盖、插舌、防尘翼等部分（图 6-26），随后用界面右侧编辑工具组中的"圆角工具"（图 6-27）来将插舌等处边角修改成圆角，整个反插式纸盒的平面结构即成型（图 6-28）。随后在图层特性管理器中设置虚线，将纸盒的所有折叠线定义为虚线段，纸盒的平面结构图即绘制完成（图 6-29）。

虽然 AutoCAD 软件界面复杂，命令众多，但在纸盒包装结构图的绘制中所需运用的命令和工具并不很多，上手相对较为容易。不过这些仍然需要设计者具有相应的专业知识，并在软件操作中懂得合理运用，反复实践，方可取得较好的应用效果。

6.4 纸盒包装平面展开图的装潢设计及展示效果图表现——运用 Adobe Illustrator、Adobe Photoshop 软件

在包装设计的效果表现中，成败取决于设计构思与形式表现两个方面。设计构思决定了设计的方向和深度，形式表现则是设计构思的具体体现。在包装装潢设计中，形式具有相对的独立性。例如同样的产品可以用纸盒包装也可以用铁盒包装；展示产品形象可以用绘画表现，也可以用摄影表现，甚至可以通过透明的材料和纸盒表面的开窗表现等。正因为如此，包装装潢设计才得以千变万化，多姿多态。

平面设计表现形式中的基本原理和基本方法，是包装装潢设计必须掌握的基础知识。但在具体应用中还必须考虑商品包装的特殊形式和内容要求，力求形式与内容的完美统一。

6.4.1 运用 Adobe Illustrator、Adobe Photoshop 软件进行装潢表现

在包装艺术设计工作中，Adobe Illustrator 和 Adobe Photoshop 这两款软件（简称 AI、PS）的组合是设计、绘制包装装潢效果的重要形式和手段，是平面设计师的重要技能，在各艺术设计院校和专业的教学中，AI、PS 两软件的学习和组合运用也是装潢艺术设计、包装艺术设计专业课程中的重要教学和实训内容。相对而言，Photoshop 软件的历史和知名度要大于 Illustrator，其强大的图像处理能力甚至使之成为电脑图像处理的代名词，在全世界所拥有的用户也远大于后者，但 Illustrator 软件作为绘画和图形处理的后起之秀，也以其独到的功能和良好的操作界面及兼容性占据了设计界的大量市场，在包装设计行业中也有较为广泛的应用。总的说来，进行包装设计尤其是包装结构绘制和包装表面装潢设计时，AI 软件的应用更便利、更专业。

虽为同一公司产品，具有大体相似的界面、相同的基本工具和快捷键、相通的操作技法和表现思维，但 Adobe Illustrator 和 Adobe Photoshop 的性质却截然不同，前者是矢量软件，主要能力体现在绘制精确的图形和各种插图造型、效果，后者是位图软件，修饰处理照片等像素图，调整色彩和艺术效果、分离背景、美化造型甚至制作各种移花接木的特效，正是 PS 的拿手好戏。两种能力和气质大相径庭的软件来联手完成包装装潢设计，必然需要使出各自的优势能力和看家本领，套用一句流行话的格式说来就是"用专业的软件、专业的功能去做专业的事"。AI 长于绘制插图和编排，因此用其在包装装潢设计中绘制各展示面的整体图文造型和编排效果，尤其是要利用软件的造型功能，对包装的文字标题进行字体设计，令其醒目突出，让人过目不忘，这是商业包装中的常见手段；PS 精于图像处理，则包装设计中有使用照片或其他位图图像时，就运用 Photoshop 调整色彩、图像效果和细节，将主要形象与背景分离，将处理后的图像调入 AI 软件进行包装设计和编排时，也将有助于进行包装装潢设计效果的表现。

在包装装潢设计中运用 Illustrator 软件

时，应新建合适大小的文档并导入包装结构的展开图形，这个图形通常于事先用Illustrator、AutoCAD、CorelDRAW等软件画好，将其置于一个单独的图层上并锁定，在其下方的另一个图层上设计装潢内容。Illustrator中的图层面板与Photoshop中略有不同，每个图层上可以放置无数个彼此互不干扰的元素，不像Photoshop中每个图层中的元素是一同被选定、移动的；Illustrator图层也具有被隐藏和锁定之功能。在绘制纸盒装潢时，我们需要将事先绘制好的纸盒结构图的图层锁定，置于图层面板顶端，在结构图图层下新建图层，用来设计纸盒表面的装潢，纸盒结构图即作为表面装潢设计的参考和限制（可参看前文图6-18所示）。

AI软件视图菜单下的标尺、参考线等辅助工具是保证装潢底色与结构图的各部分准确对齐的关键。Illustrator软件"视图"菜单下的"智能参考线"命令是一个非常有用的辅助工具，绘制装潢效果时应当保持"智能参考线"命令处于开启状态，则运用几何工具绘制装潢底色并移动时，系统能自动捕捉纸盒结构各部分的边界并使结构和装潢彼此间对齐。设计师根据主题的表现需要，结合其他参考资料、分析调研结论等来进行合理统筹安排，将图像、文本、字体、装饰图案等应用于纸盒表面装潢。运用文字工具输入各种字符，用几何造型和钢笔路径工具绘制各种图案造型，再通过编辑工具对线条局部进行编辑，填充适当的颜色或渐变色，便可基本完成装潢效果。在设计绘图表现过程中需要注意，装潢中使用的各种图形、文字、装饰底纹等元素可能非常多，很容易造成混乱或者混淆，因此操作过程中需要及时将同一类型的元素或局部造型效果编组，以便于后续工作进行或观察、调整细节效果。图6-30所示为笔者运用AI软件所编排的某药盒及其瓶贴的装潢设计稿，纸盒结构与装潢设计分层放置，底色图案已按照印刷要求进行了"出血"设置。

作为包装设计行业的生产实践和艺术设计专业、包装课程中所学习的重要软件，Adobe Illustrator和Adobe Photoshop具有相似界面和基本操作技法，在包装装潢效果的设计、绘制中具有很重要的应用价值，学习中也容易上手并取得成果。但设计者当合理运用两软件的优势，用专业的软件、专业的功能去做专业的事情，方可少走弯路，取得更大的成果。

6.4.2 运用Adobe Illustrator、Adobe Photoshop软件进行立体效果图表现

包装展示效果图的绘制和表现是平面设计、包装艺术设计等专业的课程教学中的重要实训内容。Illustrator和Photoshop（简称AI、PS）这两

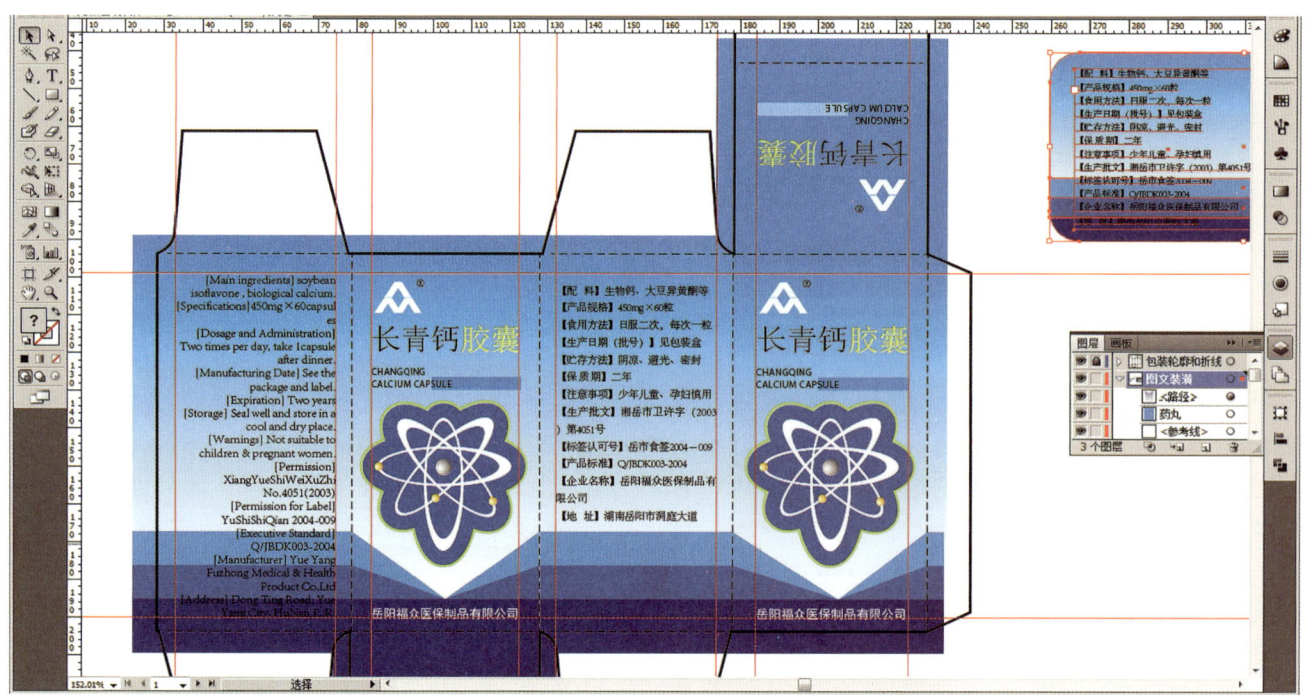

图6-30 某药盒及瓶贴的装潢设计稿

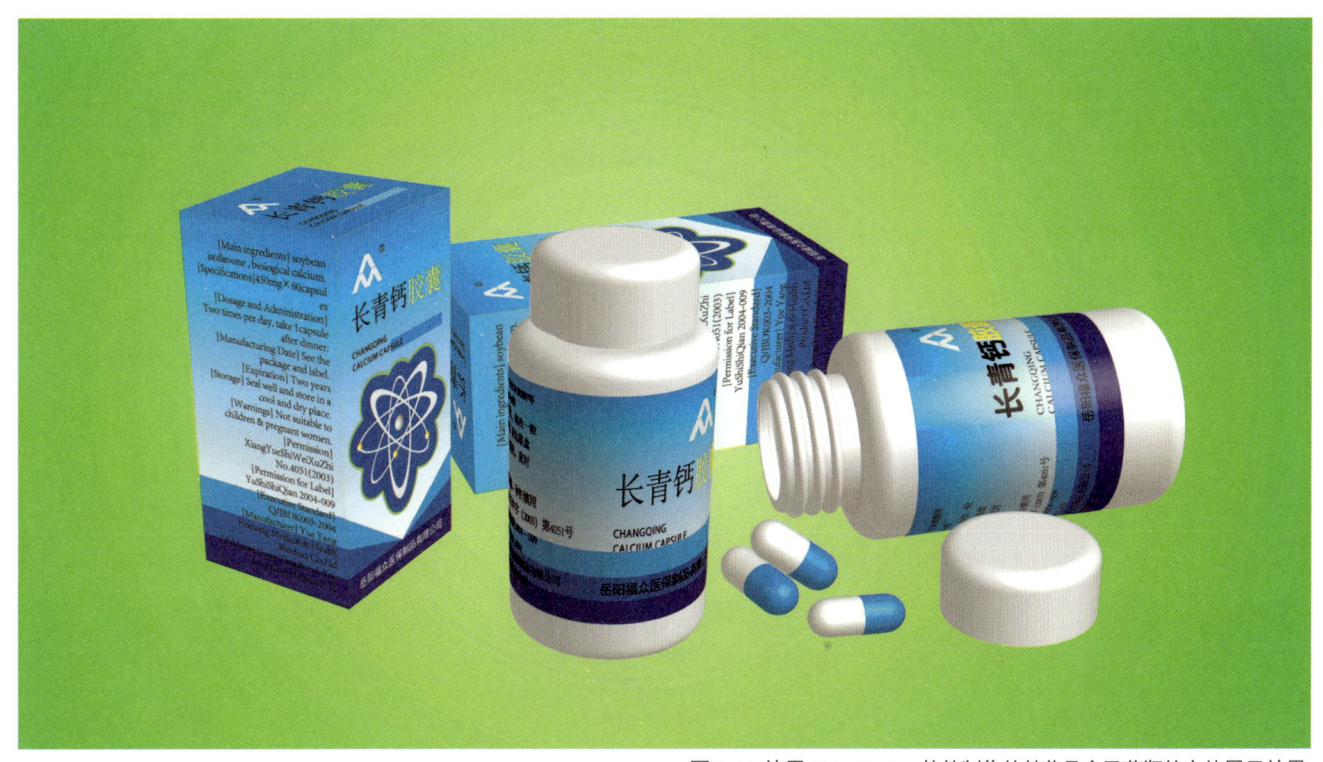

图6-31 使用Illustrator软件制作的某药品盒及药瓶的立体展示效果

门软件功能强大且都有自己的特点和独到优势，在进行包装结构、表面装潢、总体造型效果展示等不同阶段的设计中，设计师当充分了解软件特点，用专业的软件、专业的功能去做专业的事情。在包装展示效果图的绘制表现中，AI软件的3D造型功能将起到很大作用，能生成包装盒、容器的立体形态并完成贴图设置，而PS软件的图像修饰功能则能将效果图的整体造型、细节和色彩处理成合理和完善的效果，以便于展示。

在包装结构展开图的绘制中，可以运用包括AI在内的矢量软件，而PS则不能参与，因为包装结构展开图是对造型要求非常精确的矢量图形，可通过雕刻机等输出、制作成模切板，而PS软件的优势在于处理图像，制作各种图像造型效果，难以进行矢量图形制作输出。在包装装潢设计中，PS、AI两软件都需要参与，AI参与的力度要大些，其优势在于图形绘制、编排、字体造型、装饰效果表现等，PS此时居于次要地位，处理装潢中可能用到的产品照片等位图图像，将位图调整色彩、清晰度、进行背景分离等操作。而在包装展示效果图的制作中，PS软件则居于重要地位，对效果图后期细节调整和整体展示效果的实现具有十分重要的作用。

AI是矢量软件，处理图形和矢量造型修饰的能力强，具有简单的3D功能、可生成包装盒和容器的立体效果，在平面设计专业不开设操作较为复杂的3D软件课程的情况下，AI软件便是制作包装展示效果时的简单立体造型之不二选择；PS是位图软件，以修饰像素图为专长，可以将AI中生成的包装立体造型效果进行细节处理，这正是PS制作各种图像造型效果的拿手好戏，正所谓用专业的软件、专业的功能去做专业的事。AI虽然具备3D造型功能，但毕竟功能较少、与立体建模的专业软件如3DS MAX等相差较大，在包装展示效果的前期造型时无法完成很多细节的表现效果；例如在进行塑料瓶、玻璃瓶造型时虽可以生成流畅的瓶身线条，却无法在瓶身瓶盖上表现防滑齿等细节造型，这时PS的作用就体现出来了，运用该软件中的多种绘图和滤镜功能的综合作用，便可在后期修饰中轻松弥补上述不足。

包装展示效果图的绘制可分为用AI软件进行3D建模并贴图的前期和用PS软件进行细节调整和整体观感修饰的后期。在前期操作中，设计者应当按照真实的商品包装尺寸事先绘制好包装平面展开图和表面装潢，包装盒成形后的外观一般为长方体，因此当按照包装盒的实际长、宽、高在软件中建立出三维模型，将实际大小的表面装潢图片在三

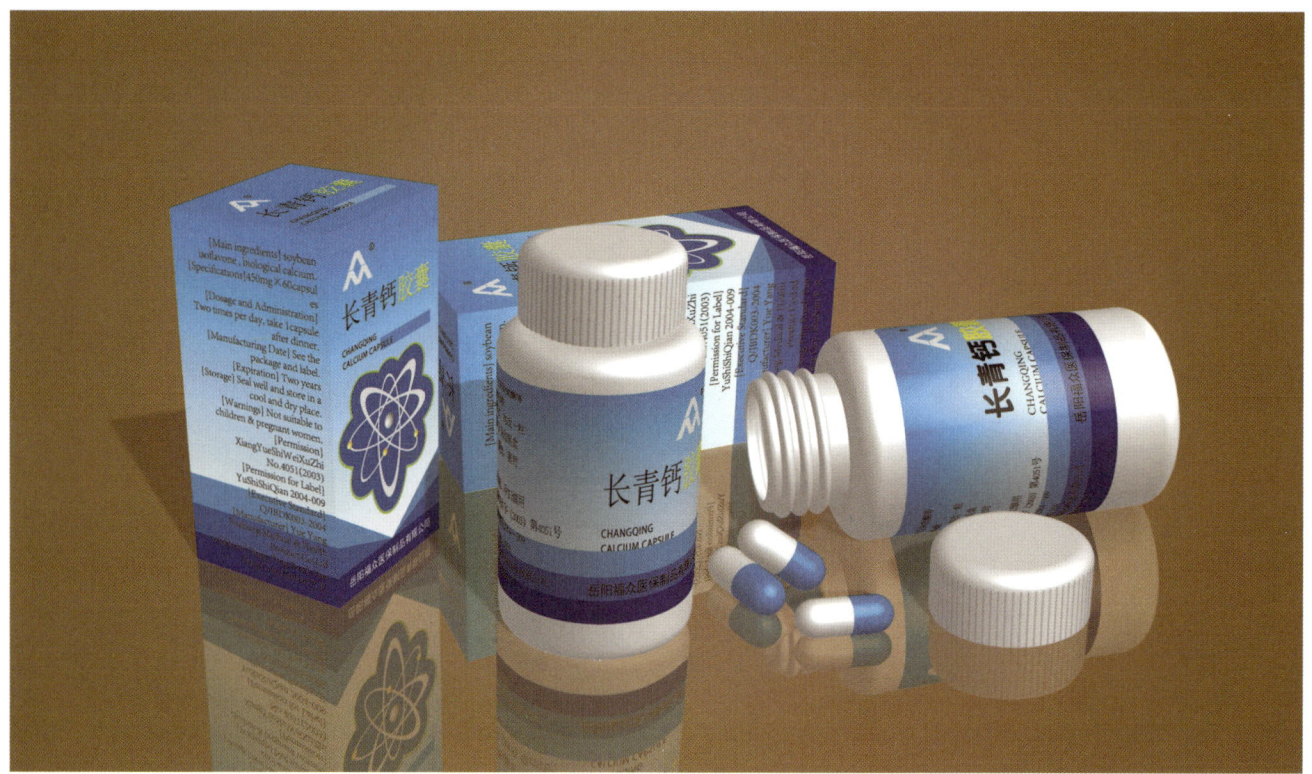

图 6-32 使用 Photoshop 软件进行后期处理过的药品展示效果图

维模型上贴图、调整好基本的光影效果，如果需要表现塑料或玻璃容器时，则需精心绘制好容器立面造型的一半再用 3D 命令旋转成型并贴图。图 6-31 即为笔者用 AI 的 3D 功能所绘制表现的药品包装盒及药瓶的立体展示效果图。

在后期效果制作中，PS 软件的重要作用就是可以使用各种修图和造型工具将在立体造型时所无法表现的容器表面细节，如药盒棱角的圆滑和略微的凸起、药瓶瓶盖上的防滑纹理等，可用 PS 软件绘制表现；还有多个药盒与药瓶的整体受光及阴影倒影效果的表现，都可由 PS 软件来绘制出逼真效果。这些都是作为平面设计的 AI 软件以其有限的立体功能所无法体现出的；要制作好后期效果，则须熟练地综合运用 PS 中的自由变换、图层蒙版、模糊滤镜等功能。这些都具有较深的技术性要求，需要较长时间的练习方可应用到位。图 6-32 所示为笔者将 AI 软件中生成的效果再运用 PS 软件所精心制作的后期效果图。

作为在包装设计行业的生产实践和在艺术设计专业、包装课程中所学习的重要软件，Adobe Photoshop 和 Adobe Illustrator 具有相似界面和基本操作技法，在包装装潢效果的设计、绘制中具有很重要的应用价值，学习中也容易上手并取得成果。但设计者当合理运用两软件的优势，用专业的软件、专业的功能去做专业的事情，方可少走弯路、取得更大的成果。笔者为初学者总结出一点经验，相信学习包装和平面设计的学生在经过一段时间的认真操作后，一定可以在本专业领域中提升水平，取得更好成绩。

思考与练习：

1. 分别使用 Adobe Illustrator（或 Adobe InDesign）、CorelDRAW、AutoCAD 等软件绘制国际标准反向插入式纸盒、锁合底纸盒、标准自动底纸盒、盘式纸盒等，并在课堂实训中反复练习，提高绘图精度和效率。

2. 熟悉使用 Illustrator 软件表现纸盒包装效果图的方法，并能用 Photoshop 软件进行效果图后期处理。

7 系列化纸包装的设计思路

课程目标

了解纸盒设计的程序和基本思路，了解系列化包装设计的思路，对纸盒装潢设计中所涉及的各种元素有所了解和认识，并在实践中理解纸盒装潢设计三原则。

基本知识

纸盒设计的程序，纸盒装潢设计三原则。

参考学时

4 学时

纸盒包装的设计制作作为平面设计实践中的常见业务形式，有一套完整的基本程序，虽然每个项目在进行过程中所经历的程序不必完全一致，但大体先后顺序是相通的，基本程序虽可以简略但不可逾越。

在纸盒包装的设计过程中，设计师首先应当确定所需设计的内容。设计内容包括包装纸盒、产品标签、贴纸、纸质缓冲件、手提袋、纸箱等，如果需要设计非纸质的容器、缓冲件或其他附件时则通常超出了包装装潢设计师的业务范畴，需要其他专业机构和人士介入。

7.1 纸盒设计的基本程序

作为装潢艺术行业设计师的重要工作内容——纸盒包装在设计项目进行过程中，需要遵循一定的程序来规范有序地完成。

(1) 核实产品。在设计工作开展时应首先了解、核实被包装产品的形体尺寸、形态、空间局限、流通范围，以及由此所必须的包装方式，从而确定设计的总体方案，为后续工作的深入打下基础。更重要的是，核实产品还需要核对并确认产品的外观形态是否适合在设计师所进行的包装设计项目中进行安放，是否需要配用其他保护设施等。根据产品的物理、化学或外观性质，设计师可以合理确定在本包装设计项目中，是否需要使用不同材质的缓冲件、不同材质的内外层包装材料等。

(2) 确定纸盒内部尺寸。确定纸盒尺寸前首先须掌握被包装物的尺寸，被包装物尺寸可由厂商提供或自行量取，同时需要了解和分析被包装物特性，考虑是否需要内衬缓冲件等附件，在此基础上的尺寸添加一定的修正值，即可获得纸盒内部空间的尺寸。如果需要自行量取被包装物尺寸，则需因地制宜、合理利用各种工具进行，同时需要合理确定不规则外观物品的包装尺寸的量取方法。有时，某些物品是被放置在塑胶、泡沫等材质的缓冲件上的，缓冲件的部分或全部尺寸即整个纸盒中被包装物的长宽或全部尺寸。

(3) 进行纸盒创意构思、制图。按照纸盒包装设计的原则，运用一定方法在纸面绘制纸盒总体形象草图，将绘制的草图剪下来试作折叠和粘贴，制作出一个缩小的纸模型确定纸盒的开启方式，基本敲定纸盒总体结构，草图绘制可以不必十分精确，并可借助普通纸张剪贴折叠，以确定总体结构的大致平面展开造型；之后运用电脑等工具制图，精确绘制纸盒平面展开图、内外立体效果图等。

(4) 制作纸盒模型。制作纸盒模型（手工样品）的目的是用于检验自己的设计以便于调整和修正完善，同时可以满足客户在大量生产前预先看到真实、正确样品的要求。

(5) 改进设计。通过绘图并制作纸盒模型，可以发现设计中存在的问题，通过改进这些问题并再次甚至数次打样制作样品，可以令设计成果逐步完善。

(6) 纸盒定型，制作模切板。在纸盒设计定稿后，依据纸盒的平面结构图制作模切板，为批量生产纸盒印刷成品做好准备。

(7) 表面装潢设计。这个工作的构思可以与前面内容同步进行，但只有在纸盒平面展开结构定型后才可以进行准确的编排和最终效果调整。装潢设计电子稿一定要以纸盒平面展开图为准，并确定包装盒各个面的位置和大小、图文展示方向，作图时要按照印刷工艺要求，文档中的位图必须保证是CMYK模式或灰度模式，并且注意将每个面的底色和图案作好出血的设置。

7.2 纸盒包装的设计思路——以智能手机包装为例

设计纸盒包装是一项对设计师的综合设计能力具有很高要求的应用表现过程。包装完整的商品给人的第一印象是图文编排精美、色彩明朗的外观装潢，其次人们才会注意到纸盒大小和包装结构。以智能手机的纸盒包装为例，人们收到产品时会关注纸盒表面装饰精美的图片和文字，并开盒把玩、调试手机，但人们不会关心手机的具体尺寸，仅需感觉用手把持时是否顺手，至于手机包装盒的尺寸结构，人们更不会也不必去关心，只要包装盒能恰到好处地放置产品即可。这些都是普通人正常的习惯和心理，人们从包装外观装潢所传递的信息中获得了关于本产品的很大一部分信息，纸盒结构部分就常常被大多数用户所忽视，但在纸盒包装的设计过程中，纸盒尺寸、结构的最终确立，却需要设计师花费很多时间和精力去调研分析、反复对比，方可为后继的外观装潢设计、手工样品制作等工作打好坚实基础。既然基础性的工作不可逾越，故笔者以某智能手机的包装为例，在此浅要分析纸盒包装设计的过程，体会调研分析的思维在包装设计中的重要作用。

7.2.1 智能手机纸盒包装的外观尺寸分析

在接受了智能手机的纸盒包装设计任务，工作开展之初，设计师应首先核实产品，了解、核实包装盒内所应装载的物品。智能手机纸盒中除了手机本身外还有充电器、数据线、耳机等附件，被一道摆放在通常由PVC等材质制作的托架（缓冲件）内，被托架全方位保护，故托架尺寸即被包装物的总体尺寸（图7-1）。托架的设计制作通常由其他相关专业机构完成，如果已经有了现成托架，则设计师可从厂商处获得其精确尺寸，在此尺寸上添加一定的修正值，即可获得纸盒内部空间的尺寸数据，由此开始纸包装结构设计和装潢设计。

但是，如果没有已经确定的产品托架，则需由包装设计师通过分析并确立在纸、海绵、PVC等材质制作的托架（缓冲件）中的产品摆放方式及摆放后之总体尺寸。智能手机是扁平的长方体、厚度较薄，充电器的长宽高数据差别不大且通常都小于手机长宽、但又都大于手机厚度数倍，数据线和耳机的尺寸则较为灵活。这几样物体可以在纸盒空间中呈并排、上下相叠等几种不同的摆放方式，故托架的外观尺寸也必然有所不同，图7-2所示为笔者基于某型号手机及充电器的真实尺寸所推演的三种装盒摆放方式之比较，这三种装盒方式将产生不同的盒体内空间尺寸。产品摆放只能选择一种最佳方式，什么样的方式最佳呢？根据人机工学原理，成年人以手抓握宽度在40～120毫米的物体时感觉较为省力，智能手机的长度通常在150毫米左右，因此当手机及其附件装盒时，其盒子长度必然不适合成人单手抓握；而如果纸盒的宽度和高度都是适合成人单手抓握的数据，则纸盒尺寸就比较符合人机工学，适用性较好、使用较为顺手，因此图7-2中首先可以排除方式A。根据这个原理，B、C摆放方式都适合，设计师可以综合其他各种因素来选择一种摆放方式，由此就能设定整个托架（即手机盒中的被包装物之整体）尺寸，再接下来根据包装纸质材料的厚度等因素来确定纸盒的总体尺寸。

7.2.2 智能手机纸盒的盒型结构选择

智能手机的纸盒结构可选择固定纸盒和折叠纸盒，固定纸盒成本相对较高，通常应用于高端品牌的手机包装上；市面上常见的中低档品牌手机的包装盒大多采用三种折叠纸盒，分别是天地盖盒、盘式纸盒、国际标准反插式纸盒。相对而言，反插式纸盒的生产成本最低但相对档次要低一些，故在手机包装领域中使用较少。很多手机包装选择了天地

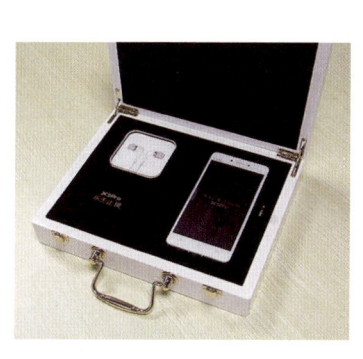

图7-1 智能手机及其附件被摆放在高档包装盒的缓冲件内

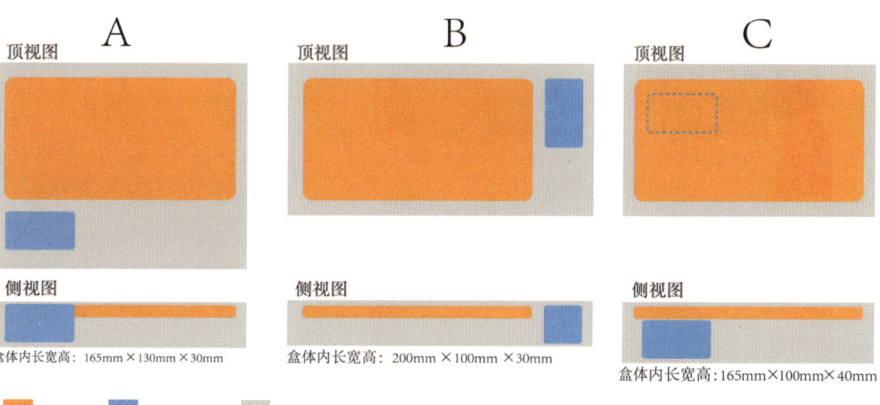

图7-2 智能手机及附件装盒摆放方式的推演

图 7-3 天地盖式手机包装盒

图 7-4 盘式手机包装盒

纸盒设计思路

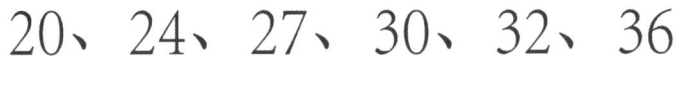

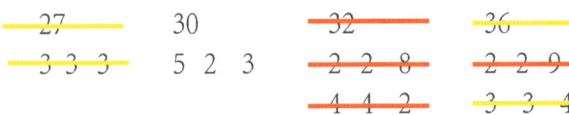

图 7-5 罗列装箱总数的可能性数字并拆解约数分析

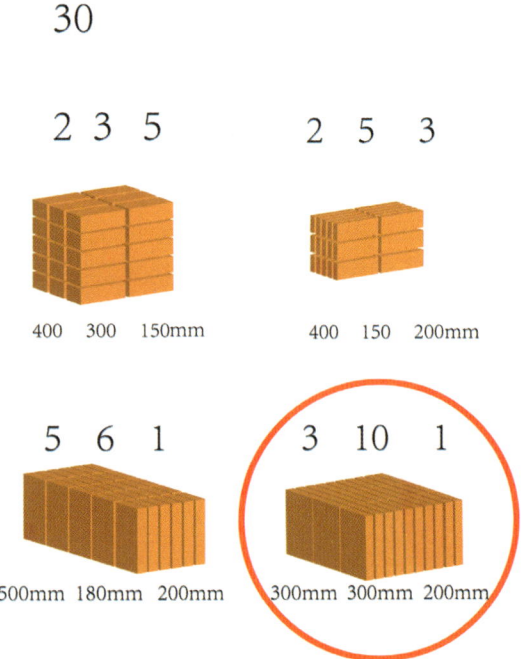

单个盒子长宽高：200、100、30mm

图 7-6 用草图推演 30 个手机盒装箱叠放的方式

盖纸盒结构或盘式纸盒结构，天地盖纸盒开启容易、查看内装物一目了然（图 7-3），是很多手机品牌的选择；盘式纸盒的开启、使用相对较慢和拘谨一些，但也容易给人留有遐想和回味空间，故适合作送礼用的手机包装（图 7-4）。选择纸盒结构时，包装设计师需要根据手机产品的品牌营销策略来分析目标群体的使用习惯并顾及装潢表现需要，并依据包装设计总体规划来最终确定产品销售包装的纸盒结构。

7.2.3 智能手机运输包装的装盒数量及尺寸分析

在单个智能手机包装盒的设计思路、盒型结构选择完成后，还需要为产品设计能盛装多个相同包装的瓦楞纸箱，即运输包装。运输包装结构较为简单，但设计师需要通过分析确定其内装产品包装盒的数量，再由摆放方式推算、确定箱体尺寸。假如单个手机包装盒及其产品共重 300 克，则装箱的多个产品带盒的总重量应适合成人长距离搬运，同时便于对产品总数进行快速记数；根据人机工学原理，成人感觉较为轻松的搬运重量应当在 15 千克以下，这样算来每箱的手机盒数量应该以低于 40 个为宜，而根据乘除法的约数原理，少于 40 的数字中，有 20、24、27、30、32、36 等能够被分割成三个整数相乘而来，这个原理可以用来模拟多个手机盒在纸箱内叠放的方式。图7-5所示为将上述几个数字罗列出来并各自拆解为3个约数进行分析对比的草图。

基于手机盒的大体尺寸，本着便于对产品快速计数（心算）的考虑，一般情况下选择每箱装运30盒手机的数量为宜。而30盒手机在箱内的摆放，又可以按照2、3、5和3、5、2及5、6、1，还有3、10、1等数据摆放成长、宽、高方向上的不同个数，选择哪组数据比较合适呢？这需根据各种摆放方式乘以单个纸盒的长宽高，以30个盒子摆放叠加后的总长、宽、高之间的比例最接近1.5∶1∶1者，即运输包装箱内的最佳摆放方式，图7-6所示为30个手机盒装箱摆放方式的推演草图，由此基本可以确定符合人机工学的手机运输包装箱之大致尺寸和箱内的手机盒摆放方式。在此基础上添加一定的修正值，即可确定运输包装箱的内部尺寸，进而设计并绘制包装箱的结构图。

7.3 纸盒包装的系列化设计表现思路

包装和包装设计是服务于社会商业活动、服务于商品生产和销售的一个重要环节，现代社会琳琅满目的商品展销和商业氛围也促成了包装和包装设计向多样化、系列化的方向发展。每年都有不少新产品被开发推广上市，商品更新速度越来越快，新产品开发的时间短、收益高，这些现象的存在必然促使为商品生产、储运、销售提供直接服务的包装工业也必须致力于向生产商和消费者提供更方便快捷的多样化、系列化的包装设计服务。以食品包装为例，随着时代发展，生活节奏的日益快捷，人们对食品尤其是零食的消费需求日趋多样化、特色化、轻量化和系列化，因此与之配套的商品销售包装，势必走系列化、个性化之路（图7-7）。商品的多样化、个性化生产促使包装的系列化设计将不断受到重视和发展。

系列化包装是包装工业和包装设计活动中的一项重要内容，因多件产品搭配销售的需要而产生成套成系列的包装，是将不同种类商品或相似种类的商品进行按照一定的共同主题（产品或品牌）和元素的成套包装的形式，如图7-8所示为纸质包装的系列化设计成果展示，包括纸盒、纸袋、宣传册、卡片等，纸盒等各种载体介质的外观造型不同但整体设计风格一致。百货商场、超市中成套的化妆品、糕点、糖果、文具、玩具、洗涤用品的系列包装常给人以精致、完整的高档感，也适合用作节日促销或赠送礼品之用，给人以良好的心理感受。成套包装能满足消费者越来越高、越来越细的需求，商品销售活动中的同一品牌下同类功能的不同品种、不同规格净重、不同体积大小的产品进行组合搭配销售的趋势，决定了包装设计必须成套化、系列化。纸盒包装是包装设计中的重要组成部分，在系列化包装设计活动中较多使用纸质包装，不仅较为节约和环保，还能借助纸盒结构丰富多彩的变化性设计特点来完善和充实系列化包装的内涵。

7.3.1 纸盒包装设计的系列化类型

具体说来，纸盒包装设计中的系列化类型体现在三大方面：一种是由于同类产品数量、规格的不同，而引起各自包装的立体造型、结构比例上有所

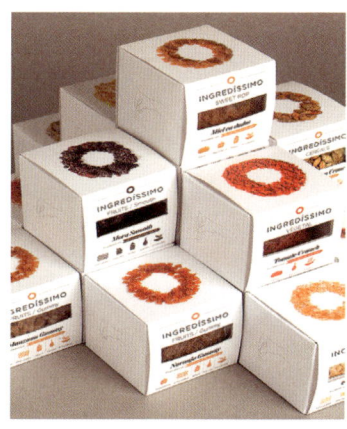

图7-7 走系列化、个性化风格的食品包装

图7-8 纸质包装的系列化设计展示

图7-9 同一化妆品的不同容量容器所构成的系列包装

差别，但所有形态应一致或近似。如同一酒类、饮料或糖果糕点等，根据所消费对象的人数或所需使用量的差异，其包装设计可分作容量较大的包装和容量中等、较小的包装等，使用相同材料和造型，构成系列。例如图7-9所示为由同一化妆品的不同类型及容量的容器所构成的系列包装；另一种是产品的形状、体积（容积）相同但产品内容有所不同，此类系列包装通常外形大小一致（图7-10）；同一品牌下的不同产品具有外观颜色、食物口感等方面的差异，其系列产品包装通常是纸盒或其他容器的大小、材料、结构造型相同，装潢风格和品牌标志一致，但具体图形和颜色底纹有异，这种在外观装潢设计中适当体现差异的系列包装，其整体感、秩序感依然十分强烈（图7-11、图7-12）；第三种则是产品种类不同，但因用途相同或类似而形成的系列产品，因为产品外形不同其包装造型必然有所差异，但所有系列盒型通过品牌形象等共同元素进行统一，例如某品牌下的餐具茶具包装，其中各种用品的外观差异很大但用途类似，故各自的包装设计中必须使用不同造型和尺寸的纸盒、但外表装潢中又必须使用统一标志和装饰风格，如此方可构成系列化的包装设计；图7-13中的文具产品系列包装即体现了这种类型的设计思维。

纸盒包装的系列化要体现出共性和个性共存，缺一不可。在共性中强调个性、个性不能破坏共性。系列化造型的最大特点是格调统一的群体包装，在设计中应遵循多样统一的原则，统一中求变化、变化中求统一。设计时每件纸盒包装上的某些结构和造型设计，或装潢中的元素都以相同形式出现，以此作为统一的共性。同时，作为群体中的单件包装应该有区别的个性处理，如体积大小、形态等，这些才能使包装的内容物能被直接辨认。

7.3.2 纸盒包装的系列化设计表现手法

纸盒包装的系列化设计，首先需要统一包装的造型特征，即强调包装结构造型的一致性。其中包括外观组成要素点、线、面、体等的表现力之统一，装饰特征的统一，可采用重复和近似的手法。例如某高档礼品茶饮包装中的产品包括茶叶、茶具、茶道用品等，各自外形差异很大、包装盒尺寸肯定各不

图7-10 茶饮系列包装（一）

图7-11 茶饮系列包装（二）

图7-12 茶饮系列包装（三）

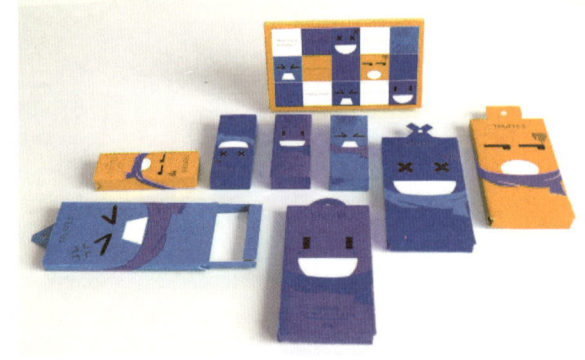

图7-13 文具产品的系列包装

图 7-14 高档礼品茶饮的系列化包装设计

图 7-15 具有相同纸盒结构和相似装潢图形的系列包装

图 7-16 化肥产品的系列包装袋

图 7-17 粮食产品的系列化包装设计

相同，但在造型上，这些系列纸盒应都采用立方体造型、以直线条为主，方可形成视觉上整体统一的基础，随后通过外观装潢特征的统一，强化这种系列感，如图7-14所示。其次系列化的纸盒包装需要统一包装材料，同一类型的单项产品其质量、价格接近时，采用质量同等、外观美感一致的包装材料，统一的材料也更便于系列纸盒中功能性结构的实现（图7-15）。

纸盒包装的系列化是为了适应当今商业活动中产品销售的系列化、个性化趋势，其包装设计本身依然要遵循包装设计行业、产业的运作流程和设计生产规则，但系列化纸盒包装的设计更应密切掌控有代表性的、统一性的元素在不同个体间的运用，共同构成系列化的整体形象（图7-16）。系列化纸盒包装的设计思路，需要在实践中不断发掘。

7.3.3 纸盒装潢的系列化表现思路

包装装潢设计从单体设计走向系列化设计，是产品发展的需要，也是消费与市场竞争的需要。系列化设计的主要对象是同一品牌下的系列产品、成套产品和内容互相有关联的组合产品。它的基本特征是采用一种统一而又变化的规范化包装设计形式，从而使不同品种的产品形成一个具有统一形式特征的群体，达到提高商品形象的视觉冲击力和记忆力，强化视觉识别效果。不同品牌、不同档次、不同类别的产品是不能随意进行系列化设计的，因为产品内容缺乏内在统一的联系。

统一的形象特征是形成系列化设计的基本条件，但是形象特征过于统一则往往无法区分不同商品之间的差别。因此，系列化设计在统一形象特征的基础上，通过局部形象的变化来达到区分不同商品的目的。在系列化设计中，统一的形象特征过多，容易造成整体形象的呆板；变化的形象特征过多，则容易造成整体形象的散乱。常用的处理方法有两种：一种是产品包装的材料、造型、体量变化不一，在这种情况下，图形、色彩、文字、编排等形式要侧重形象特征的共性设计，强调形式的统一；如图7-17中的粮食产品系列包装中，手提袋和主盒上的标签因为比例、大小有较大差异，故该品牌的图形、色彩、文字及编排都有所调整和变通，但品牌形象和图形图案的系列化仍一脉相承。另一种是产品包装的材料、造型、体量完全相同，在这种情况下，图形、色彩、文字、编排等形式就必须在形象特征上进行个性变化设计，强调形式上的差异；如图7-15、图7-16所示，在品牌形象不变（也不能变化）和编排风格稳定的情况下，通过不同装饰底色和次要的产品标题信息来区别同系列名下的不同产品，图7-15的不同包装还在主要的装潢图案上做出了区别设计，但整体感和系列感很到位。

系列化设计中形象特征的统一与变化的关系，是通过共性与个性的转换来调整的。整体统一是最基本的要求。不管共性与个性如何转换，其中品牌始终是作为统一的共性特征来进行重点表现的，这在系列化设计中至关重要。

7.4 纸质礼品套盒的设计表现思路

出于礼尚往来的传统习俗和现实社会的需求，以烟酒、茶叶、各式糕点、工艺品、营养品等商品作为礼物赠送的行为是人们表达情感、交流沟通的重要方式；礼品包装是构架于赠受双方心灵与礼品本身之间的一座桥梁，是人与人之间保持默契的重要关联载体，在包装设计中占有十分重要的地位。现代人都懂得借助包装来增强商品中"礼"的分量，在乐融融的祥和气氛中延伸、扩展着礼品本身的价值和附加值。在礼品包装设计中，通过增加外表造型和装潢在感观上给人的价值印象，把一件或一组商品以尽可能吸引人的方式呈现出来，提高身价，充实送礼人的心意，并使受赠者获得意料之外的精神享受和满足，是受赠双方和设计者都希望达成的目的和默契；同时，当礼品盒中的物品使用完后，精美耐用的礼品包装还可保留下来继续使用，甚至可以当作工艺品进行装饰陈设，如图7-18所示的粽子礼品盒，运用竹木等多种材料制作，既可以烘托传统端午佳节的氛围、提升传统食品的身价，而包装本身也是一件精美的工艺陈设。

礼品之所以为礼品，除了自身的使用价值、工艺价值等有过人之处外，其包装也是非常重要的组成部分，甚至可以说，质量合格的普通商品若使用高档礼盒来包装，其身价也必然倍增。包装早已变成礼物的重要组成部分，礼品包装需要更加讲究档次和设计上的形式美感，且应当不断更新。在礼品包装设计中，各种纸板、卡纸、特种花纹纸等纸材是最常用的材料，因为纸材本身及印刷加工成本相对低廉，在包装设计和制作中可以降低成本、避免因过度包装而带来的环保压力（图7-19）；且出

图7-18 制作精美的礼品粽子盒

图7-19 印刷精致的礼品盒

图7-20 固定纸盒形式的礼盒

图7-21 表面附加了锦缎等材料的礼盒

图7-22 具有仿古元素表现的礼盒

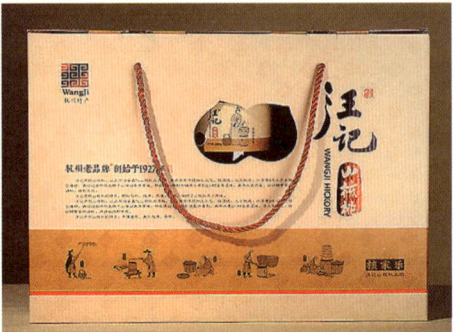
图7-23 手提开窗式礼盒

图7-24 使用了木质底座的礼盒

图7-25 运用了不同材质的礼品套盒

图7-26 缓冲件将礼盒内部空间进行了分割

图7-27 从对角线处开启的正方形礼盒

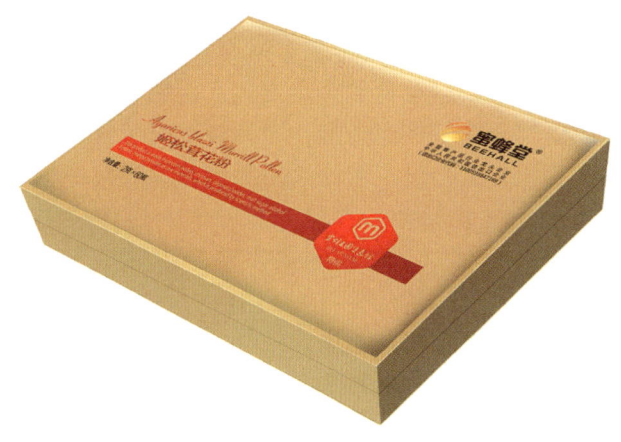
图7-28 采用多种材料和印刷工艺、制作精致的礼盒

于凸显品牌形象和促使被包装物的整体有序，纸质礼品包装多采用外观装潢风格统一的系列化纸盒，并常以大盒套小盒的套盒形式。为了使纸质礼品套盒的风格整体统一，各部分应相互搭配协调。

7.4.1 纸质礼品套盒的总体造型要求

纸质礼品套盒通常为多件组合，外盒尺寸常相较于一般纸盒要大一些，常用固定纸盒的形式（图7-20）。挺度较高的刚性非耐折纸板使纸盒表面挺拔而平整，具有精致造型的基础。纸盒表面通过裱贴各种精美肌理的贴面材料如花纹纸、绫、锦、缎、绒等材料，或是使用了特殊印刷工艺效果的精致贴面纸，使外表吸引人、雍容优雅，体现品质高贵感（图7-21）。在外盒形态方面，除了正方体、长方体等外形外，很多礼品套盒会使用异形体，如正多棱形、意象形体以及拟态造型体等，还可以从产品属性、品牌形象和传统文化的典型视觉元素来创造外部形态（图7-22）。不过相对而言，书本式（长方体形、砖块形）的造型要普遍一些，盒盖的打开方式以摇盖式居多，有单摇盖、双摇盖和多摇盖，而天地盖、对口盖的扣盖盒型也是常用的。此外，抽屉型、手提型、开窗式也很普遍，还有一些更新颖的结构形式（图7-23）。总之，外观造型要美观新颖，且能满足消费者开启使用的生理体验需求。另外，利用附件如金属铰链、磁铁、金属边框、玻璃或玻璃纸、丝带花结等，既满足礼盒功能上的要求，更是美化礼盒外观的重要手段（图7-24）。

7.4.2 纸质礼品套盒的设计表现思路

在内部结构方面，礼盒的外盒中通常放置数个小盒，小盒中容装商品，或者更小的盒子（这种情况不多见），则外盒的内部结构需要解决固定保护和衬托美化商品的问题，讲究巧妙的组合效果。这可以通过两种方式来实现，一种是利用商品本身或多个内盒并置充满在外盒中，形成紧凑、利落的造型；或用隔板来制造存放商品的若干个排列整齐的矩形格式，主要通过商品或内盒的合并造型形成协调完整的形态整体，或以重复的节奏韵律形成优美效果，把系列化造型的不同小包装搭配在一起放入外盒中，这种方式特别注重各小包装的组合编排展示效果，讲究疏密有致、主次分明、对比协调（图7-25）。另一种是通过各种材质的缓冲件，来将外盒内部空间分成各单元，用以衬托各个小盒及商品（图7-26）。在礼盒的内空间中，所盛装的小盒数量需在设计时仔细规划，根据内装商品的大小重量以及大盒尺寸、礼品的形式和性质等综合因素来决定，同时内盒不宜变化过多、造型不宜怪异，内盒通常为折叠纸盒，结构应当合理方便。不同造型的多件内盒组合，应讲究主次分明，让人一目了然。

纸质礼品套盒的开启使用方式也需精心设计，在确定开启方向和形状后，可以配合装饰附件如绳索、磁铁等，礼品套盒从精美别致的外观形态，到通过新颖独特的开启方式开启后看到精心布局的内部小盒及商品造型，再到拿出内装物进行观察和使用，整个过程能让人感受到新颖丰富的包装层次感和优雅精致的整体效果，是一种情感的体验，受礼者可以从中得到更多精神上的享受（图7-27）。

礼品包装造型从材质、结构、装饰、制作工艺上都比其他普通包装更加考究，以实现商品的高附加值（图7-28）。但礼品包装也并非一味求高求贵，尤其是在市场和设计界追求绿色环保的简约设计风尚大行其道之时，纸质包装、纸质礼品套盒必然会在其中找准自己的定位和价值。

7.5 纸盒包装的装潢设计表现元素及设计原则

在结构设计确定后，纸盒包装的装潢设计就成为了包装设计项目中另一个重要内容。纸盒结构的设计、绘图是为装潢设计提供了一个平台和场地，装潢设计的过程就是合理利用这个结构平台，根据包装项目的性质、形式、材质等因素来合理调配图文色彩等因素，并遵照包装设计及品牌设计的总体策划需求来进行。纸盒包装的装潢设计表现元素如下。

（1）材质和工艺元素。材质美、工艺美是包装装潢设计形式美中不可忽略的一个组成部分。材料与工艺是包装的物质基础，是实现包装各种功能的先决条件。随着科学、经济、文化的发展，其重要性越来越突出。材料与工艺往往是不可分割的，材料需要有相应的工艺来加工。而工艺还有其相对的独立性，同一材料采用不同的工艺可以获得不同的效果。作为表现形式，材料与工艺传递的肌理、光泽、质感、透明、色彩、精度等品质特征是与商品形象的构成紧密联系在一起的，尤其在塑造商品的整体感、档次感中起着明显的作用，如图7-29为具有不同质感和肌理的复合包装材料。

材质与工艺在应用中常有几种表现手段：利用材料的原始特性、肌理仿制、工艺加工。

（2）图形元素。图形在视觉传达过程中具有迅速、直观、易懂、表现力丰富、感染力强等显著优点，所以在包装装潢设计中被广泛采用。它的主要作用是增加商品形象的感染力，使消费者发生兴趣，加深对商品的认识理解，产生好感。在包装装潢设计中，图形要为设计主题服务，为塑造商品形象服务，要注意准确传达商品信息和消费者的审美情趣，如图7-30所示，包装中的插图能对产品起到直接说明和美化的作用。常用图形有作为主体形象以表现设计的主题图形，也有作为辅助形象来

图7-29 具有不同质感和肌理的复合包装材料

图7-30 包装中的插图能对产品起到直接说明和美化的作用

图 7-31 红色的喜糖盒能给人以强烈的印象

图 7-32 字体在包装装潢中的作用非常重要，能传递明确而又独特的信息

装饰、渲染设计主题，以增加艺术气氛的辅助图形，具体形式表现可分具象图形、抽象图形、装饰图形三种基本类型，在设计表现中这三种图形可以结合应用。电脑设计的图形表现，较多的把这三种图形融洽地结合在一起，创造出一种新的视觉传达语言。此外，后期生产加工中还可以借助生产工艺中的烫金印金、凹凸压印、上光模切等手段来丰富图形的表现。

(3) 色彩元素。色彩是表现商品整体形象中最鲜明、最敏感的视觉要素，具有象征性和感情特征，它在包装装潢设计中负有两重任务：一是传达商品的特性，二是引起消费者感情的共鸣。色彩具有象征性能使人产生联想，具体事物的联想和抽象概念的联想。例如红色可以联想到太阳、苹果等具体事物，也可以联想到热烈、喜庆等抽象概念。色彩还具有感情特征，能使人引起感情上的共鸣，如图 7-31 所示的红色喜糖盒，能给人以强烈的印象。

包装装潢设计通过色彩的象征性和感情特征来表现商品的各类特性，例如轻重、软硬、味觉、嗅觉、冷暖、华丽、高雅等。色彩的表现关键在于色调的确定，它是由色相、明度、纯度三个基本要素构成的，具体应用中结合包装装潢设计的实际功能，应充分考虑消费群体、消费地区、产品形象、产品特性、产品的销售使用、产品系列化等因素，来合理选择和搭配色彩。

(4) 字体元素。商品包装可以没有图形，但不能没有文字。商品的许多信息内容，唯有通过文字才能准确传达，例如商品名称、容量、批号、使用方法、生产日期等。文字在商品包装中同时起着两个作用，一是文字对商品内容的说明作用，二是文字字体对商品形象的表现作用，如图 7-32 所示，字体在包装装潢中的作用非常重要、能传递明确而又独特的信息。包装装潢设计在通过字体的形象来表现设计内容时，它的任务也有两个：一是选择或设计适合表现设计内容的各种文字字体，二是处理好它们互相间的主次关系与秩序。

文字在包装装潢设计中可以分为主体文字和说明文字两个部分。主体文字一般为品牌名称和商品名称，字数较少，在视觉传达处于重要位置。主体文字要围绕商品的属性和商品的整体形象来进行选择或设计。说明文字的内容和字数较多，一般采用规范的印刷标准字体，所用字体的种类不宜过多，重点是字体的大小、位置、方向、疏密上的设计处理，协调与主体图形、主体文字和其他形象要素之间的主次与秩序，达到整体统一的效果。说明文字通常安排在包装的背面和侧面，而且还要强化与主体文字的大小对比，较多采用密集性的组合编排形式，减少视觉干扰，以避免喧宾夺主，杂乱无章。

在包装装潢设计中，文字字体以视觉传达迅速、清晰、准确为基本原则，以采用标准的、可读性和可认性很强的字体为主，不要进行过多装饰变化。如果把文字当作设计的主体形象来运用时，这时对文字字体可以进行适度的变体处理，注意强调形象的表现作用，力求醒目、生动，并突出个性特征，使其成为塑造商品形象的主要形象之一。如果把文字当作辅助图形来运用，在设计中仅起装饰作用时，这时文字的作用已转换为图形符号，其可读性和可认性均可忽略，而只注重于艺术装饰效果，这是应该另当别论的。

(5) 编排元素。编排是一种艺术形式，它服务于其他形象要素，但并非完全被动。同样的图形，文字、色彩等形象，经过不同的编排设计，可以产生

 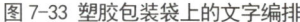  

图7-33 塑胶包装袋上的文字编排　　图7-34 包装盒正面上的主体形象图案采用了跨面设计　　图7-35 纸盒开启时，装潢图案和整个盒子展现出一个人张开嘴的造型

 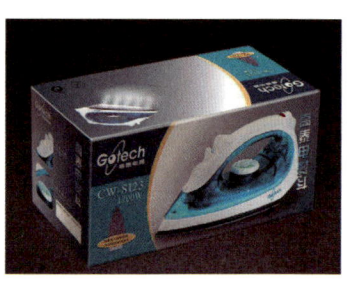 

图7-36 纸盒被拉动开启时，装潢图形和整个纸盒能产生表情变化的效果　　图7-37 纸盒包装的主要装潢面在纸盒正面或顶面　　图7-38 白酒类产品的包装盒多为直立展示

完全不同的风格特点。编排在塑造商品形象中是不可忽视的形式之一，它依据设计主题的要求，借助其他形象要素，共同作用于整体形象，图7-33所示为塑胶包装袋上的文字编排。包装装潢设计的编排形式同一般的平面设计的差别，在于商品包装是由多个面组成的立体形态，因而除了掌握一般的平面设计的编排原则和形式特点外，关键在于处理好各个面之间的关系。

商品包装从陈列方式来分，有立式包装与卧式包装两种。编排的基本任务是处理各个面和各个形象要素之间的主次关系和秩序。编排的结构与形式感是在此基础上建立的。主次的表现，除了突出表现主体形象外，还必须考虑到主次各个面中每个形象要素之间的对比，例如所有在次面上重复出现的与主面相同的图形和文字形象，均不可大于主面上的形象，否则，整个包装会造成视觉混乱，破坏整体的统一。秩序的表现，是把各个面和各个形象要素统一有序地联系起来，除了把握好各形象要素之间的大小关系，还要确定它们各自所占的位置并使互相产生有机联系。处理各形象要素之间的有机联系，一个比较有效的方法，是以主面的主体形象

和主体文字为基础向四面延伸辅助轴线到各个次面上，次面上各形象要素的位置安排在这些延伸的轴线上，然后通过次面所确定的形象要素上再延伸辅助轴线到各个次面上，从而确定各个形象要素的位置。通过这种方法来安排各个面的每个形象要素，它们之间便产生了一种互联，加上主次关系处理恰当，便可产生统一有序的秩序感和形式感。

包装装潢设计中，还有一种特殊的图形编排形式，称作跨面设计，如图7-34所示，跨面设计是把主体形象扩大到两个面或多个面上的一种编排形式。这种编排多用于体积较小的立式包装，目的在于商品陈列展示中起到扩大展示宣传效果，增加视觉冲击力、感染力的作用。跨面设计既要考虑到把多个面组合为一个大的展示面，还要考虑到每个小面的相对独立性和相互之间的主次关系，做到无论是单个包装陈列还是组合起来陈列，都能达到完整统一的视觉效果。

(6) 交互式图形元素的运用。交互式图形元素是指将装潢图案摆放与纸盒的不同表面上，当人手控制纸盒开启关闭时，部分装潢元素将被显示或隐藏，或者各个面上的装潢图案彼此间的关系发生了

变化，由此产生了趣味化的整体造型效果，如图7-35所示的纸盒开启时，装潢图案和整个盒子展现出一个人张开嘴的造型，图7-36中的纸盒被拉动开启时，装潢图形和整个纸盒能产生模仿人物表情变化的效果，具有情感色彩。

7.5.1 纸盒装潢设计的三原则

对纸质包装的外观进行装潢设计时所需注意的三原则，是广大包装设计师从长期的设计实践经验中所总结出来的，须结合一定的设计经验基础方可深入理解，这三原则是：

（1）在对纸盒包装的平面展开图进行装潢设计时，纸盒包装的主要装潢面应设计在纸盒前板（管式盒）或盖板（盘式盒）上，说明文字及次要图案设计在端板或后板上（图7-37）。

（2）当纸盒包装需直立展示时，装潢面应考虑盖板与底板的位置，整体图形以盖板为上，底板为下（此情况适宜于内装物为不宜倒置的各种瓶型的包装），开启位置在上端，以此来安排主要和次要展示面上的图文信息，如图7-38所示，白酒类产品的包装盒多为直立展示，上端开启。

（3）当纸盒包装需水平展示时，装潢面应考虑消费者用右手开启的习惯，整体图形以左端为主，右端为次，开启位置在右端，如图7-39所示，牙膏盒多为水平展示，主要图文信息在装潢面左侧，右端开启。

7.5.2 纸盒装潢设计表现中与印刷输出密切相关的因素

不同于平面广告、书籍的视觉传达设计方面的成果可能同时以纸质版和电子版形式流传于世，以纸盒为最主要和重要内容的包装设计之成果是不可能以电子版形式应用的，而印刷是实现纸盒等包装成果大规模快速传播的重要手段，因此纸盒装潢设计表现与印刷输出具有密切关联。与平面广告招贴、宣传册、书籍等平面设计内容一样，包装设计的电子稿在正式交付印刷前，也需要遵照印刷工艺的实际，对电子稿件中的内容进行检查和梳理，就位图的分辨率、色彩输出模式、出血等细节进行仔细检查。上述内容的要求与其他平面设计成果的印刷并无二致，而包装设计电子稿中还有一项模切板制作的内容，则是包装设计与其他平面设计的一项根本区别。纸盒作为包装设计中最主要的内容和产品，具体说来，纸盒装潢设计表现中与印刷输出有密切关联的因素如下：

（1）分辨率。在计算机辅助设计中，插图的绘制有两种主要制作方法，一种是矢量图，如使用Illustrator或CorelDRAW、AutoCAD等软件绘制而成，可以把图像放大许多倍而不会影响其清晰度；另一种则是利用扫描或电分的图片和插画，通过用Photoshop等图形处理软件制作成位图图像，位图是由一个个像素构成的，不能像矢量图那

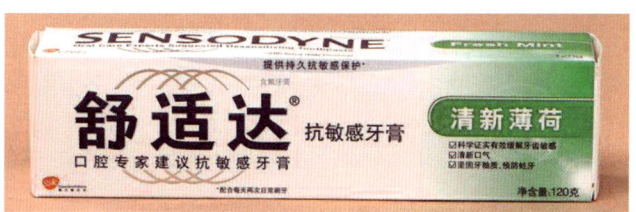

图7-39 牙膏盒多为水平展示，主要图文信息在装潢面左侧，右端开启

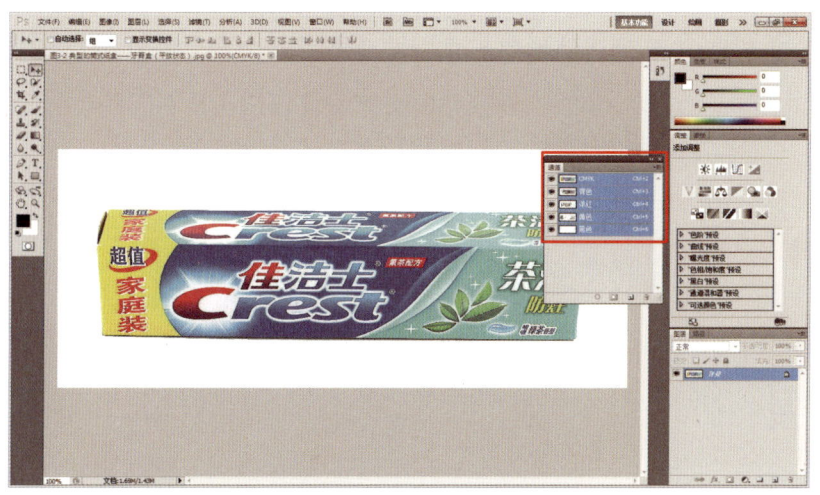

图7-40 印刷中所使用的图像必须采用CMYK四色模式

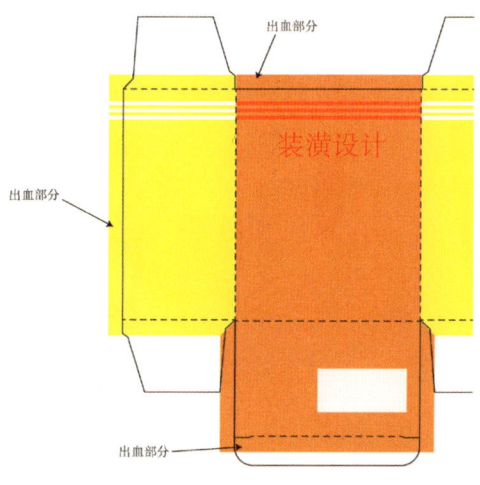

图7-41 包装设计电子文档中的出血设置示意图

样随意放大。所以，处理好图像幅面大小和分辨率平衡关系很重要。输出分辨率是由长度单位上的像素数量来表示的，其设置应根据具体设计的需要而定。一般来说，在距离人的眼睛1米以内观看的对象，像画册和包装，至少需要300dpi以上的分辨率，才能展现出精美柔和的连续调。因此在对包装设计的图像进行处理时，应当设置合理的输出分辨率，才能达到精美的印刷效果。通常销售包装在装潢设计，位图分辨率设置为300dpi以上，而运输包装因为尺寸较大，其外表装潢若使用位图图像时则分辨率可使用200dpi左右。

(2) 色彩输出模式。对于单色印刷品，输出单色软片就可以，但彩色印刷是通过分色，输出成洋红、黄、蓝、黑四色胶片进行制版印刷的，因此，在图像设计软件中，应将图像设置为与四色印刷相匹配的CMYK四色模式，才能得到所需要的四色分色（图7-40）。

(3) 专色设置。许多包装为了追求主要颜色的墨色饱和度和艳丽效果，就通过设置专门的颜色印版以达到目的。对专版的印色，就要输出专门的分色版。专色版通常是反映不出色彩的，故应附上准确的色标，以便作为打样和印刷过程中的依据。

(4) 模切板制作。包装不同于书籍和报纸，后者多为方形外观，而运用折叠结构原理构建的纸盒包装，其展开的外形是不规则的形状，故必须使用模切板来进行印刷后期加工。通常在制版稿的制作中，将包装的模切板制作到同一个文件里，便于直观地进行检验，还应专门为模切板设一个图层，以便于单独输出为矢量格式进行模切刀具的制作。

(5) "出血"的设置。在制版稿中，包装的底色或图片达到边框的情况下，色块和图片的边缘线应外扩到裁切线以外约3毫米或5毫米左右处（视纸盒大小而定），以免印刷成品在裁切加工过程中，由于误差而出现白边，影响美观。色块外扩到裁切线以外的部分称为"出血"（图7-41）。

(6) 套准线设置。当设计稿需要两色或两色以上的印刷时，就需要制作套准线，也叫套色线。套准线通常安排在版面外的四角，呈十字形或丁字形，目的是为了印刷时套印准确，所以为了做到套印准确，每一个印版包括模切板的套准线都必须准确地套准叠印在一起，以保证包装印刷制作的准确（图7-42）。

(7) 条形码的制版与印刷。商品的外包装中都有条形码的存在，条码化使商品的发货、进货、库存和销售等物流环节的工作效率大幅度提高。条形码由相关软件和设备自动生成，因为在商品外包装装潢中必须要做到令扫描器能正确识读，故对制版印刷有较高要求（图7-43）。

运用计算机软件设计编排包装装潢，在处理条形码时应注意：条码印刷尺寸在包装面积大小允许的情况下，条码标准尺寸在37.29毫米×26.26毫米左右，缩放比例为0.8～2.0倍；不要随意截短条码符号的高度，面积较小时允许适当截短条码符号高度，但剩余高度应不低于原高度的2/3；条码上数字符和印刷位置须符合相关国家标准；印刷时底色通常采用白色或浅色，线条采用黑色或深色，底色与线条反差密度值大于0.5。条码的反射率越低越好，空白的反射率越高越好；注意条码的印刷适性，印条码的纸张纤维方向与条码方向一致，以减小条、空的变化。

思考与练习：
1. 简述纸盒设计的基本程序。
2. 简述纸盒包装的系列化设计表现思路。
3. 纸盒包装的装潢设计表现元素有哪些？
4. 纸盒包装的装潢设计三原则是什么？
5. 套盒制作训练，大盒内部安装纸质缓冲件并放置数个小盒。选定一种筒式或盘式结构的变形纸盒作内盒，自定尺寸并制作相同的数个（4～6个），而后推算并确定合适的缓冲件尺寸，再由此推算并确定合适的外盒尺寸，外盒可选用托盘式天地盖纸盒；最后制作一个大小合适的手提纸袋，将套盒装入其中。

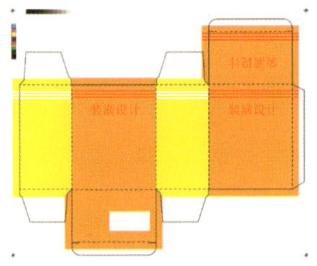

图7-42 包装设计电子稿中应标识的套准标记示意图

图7-43 某包装盒底部印制的条形码

8 纸包装结构设计赏析

课程目标
　　了解和欣赏各种筒式、盘式纸盒的结构设计,理解并领悟其结构设计的精巧和独特性及其面对具体的包装需要时所展现出的良好适应性。

基本知识
纸盒使用中的用户体验

参考学时
4 学时

本章内容为一批纸包装结构的资料图和纸盒实物及结构图赏析。

在前面篇章中笔者选取了国际标准反向插入式纸盒、锁合底纸盒、标准自动底纸盒这三种筒式纸盒，还有标准盘式纸盒、托盘式纸盒、中空壁板托盘式纸盒等常见的纸包装结构进行了较为详细地解析，并简要分析了由这几种常见纸盒结构为基础所衍生出的展示型、壁挂型筒式纸盒，由筒式纸盒或盘式纸盒所衍生出的提手式纸盒、多种花盖式纸盒、多种多面体外观纸盒等。相信这一路学习过来并动手绘图、制作过上述纸盒实物样品之后，广大同学和其他初学纸盒结构的人士都会有很多收获，空间想象能力和造型思维都会有很大提高。

纸包装结构的世界博大精深，仅仅在课堂和书本的有限时空中肯定无法做完所有已知的纸包装结构设计实例。但本书、纸包装结构设计课程的宗旨是锻炼逻辑思维、培养空间造型想象能力和动手能力，因此笔者行文中时常注意讲析各种纸盒结构之间的关联。在有了纸盒结构的设计和造型基础、能够弄懂典型的、常见的各种纸盒结构之间的关联后，对于很多不常见的纸盒结构，包装设计人员也很容易在从前的认知基础上弄懂、解构，并根据包装设计项目的具体需要而有所改进。

本章内容并非简单罗列笔者所收集的各种纸盒结构图和效果图、包装实物展示图片，而是以基础纸盒结构为视角、为准绳来进行大体分类，将各种不同纸盒结构视为由基础纸盒结构所衍生的结果，期望初学纸盒结构的同学和其他读者们能在反复观摩和制作实践中先彻底吃透基础纸盒结构，然后方可自然而然地快速领会各种变形后的纸盒及其结构特点，同时需要了解基础纸盒结构在遇到具体的包装设计任务、在对包装使用过程中的具体状态有所体会和认识的前提下，更应当对基础纸盒结构作出的必要改进和修正。因此在本章内容的讲述中，笔者还将结合使用者的用户体验、被包装物（产品）的特点来解析部分纸盒实物的特点，并揣摩纸盒设计者在设计和改进纸盒结构过程中对被包装产品，以及包装自身使用状态的认识和掌控，进而引导读者了解和认识在设计纸盒结构时所应当注意的各方面制约因素，从而真正懂得纸包装结构设计中各部分细节处理的必要性、合理性。

本章所列的纸盒实例解析有详有略，有些结构在包装实践中经常应用，也有些很少用到，有些是已经应用于商品包装的纸盒实物，也有些仅存于资料中。浏览本章时读者不妨通观所有图文，稍作了解，在面对具体的包装和纸盒设计任务时选择适当的盒型并在原来基础上作出一定微调或修改。

8.1 基于筒式纸盒的纸盒变化形态及其结构简析

筒式纸盒是在包装设计工作中常见的纸盒，是纸包装结构设计中的基本类型。常见的筒式纸盒有国际标准反向插入式纸盒（简称反插式）、锁合底纸盒、自动底纸盒等，反插式纸盒可以衍生出结构相近的法式反插式、飞机式、笔直式等结构的纸盒等；筒式纸盒通过更换顶部和底部结构和翼片造型，又可以衍生出很多不同形态的变形纸盒来。这些知识、技能和思路在本书第3章、第5章中都有较为详细的阐述。在本节中，笔者拟继续对一些基于普通筒式纸盒而衍生的纸盒变化形态及其结构进行简要分析，以引领广大读者、学习纸包装结构设计的初学者们有效认知这些变化多端的纸盒形态，从中总结规律，锻炼造型能力和空间想象能力，从而增强纸包装结构设计的能力。与盘式纸盒相比，筒式纸盒有粘合襟片，需要粘胶，在本小节中所出现的筒式纸盒图例中，笔者将所有的粘合襟片上绘有连续的圆点，以便于读者在观摩纸盒结构时能迅速认清需粘合的部位，并顺利区分筒式纸盒与盘式纸盒之别。

图8-1至图8-8所示的纸盒平面展开图及其效果图，都是以笔直式筒式纸盒结构为基础所演变来的开窗纸盒，图8-1至图8-4的纸盒成型后为

8 纸包装结构设计赏析

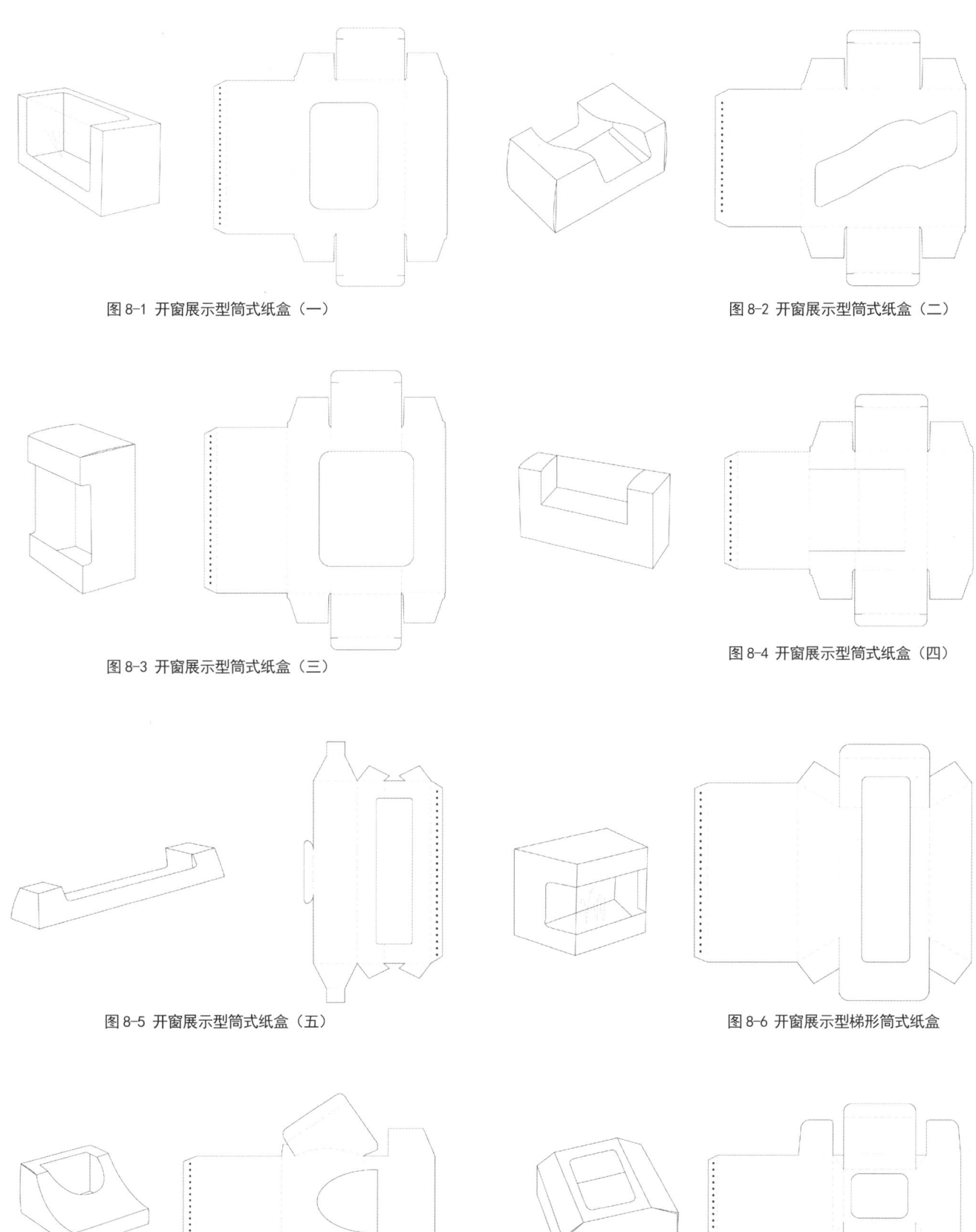

图 8-1 开窗展示型筒式纸盒（一）

图 8-2 开窗展示型筒式纸盒（二）

图 8-3 开窗展示型筒式纸盒（三）

图 8-4 开窗展示型筒式纸盒（四）

图 8-5 开窗展示型筒式纸盒（五）

图 8-6 开窗展示型梯形筒式纸盒

图 8-7 开窗展示型筒式变形纸盒

图 8-8 开窗展示型筒式多面体纸盒

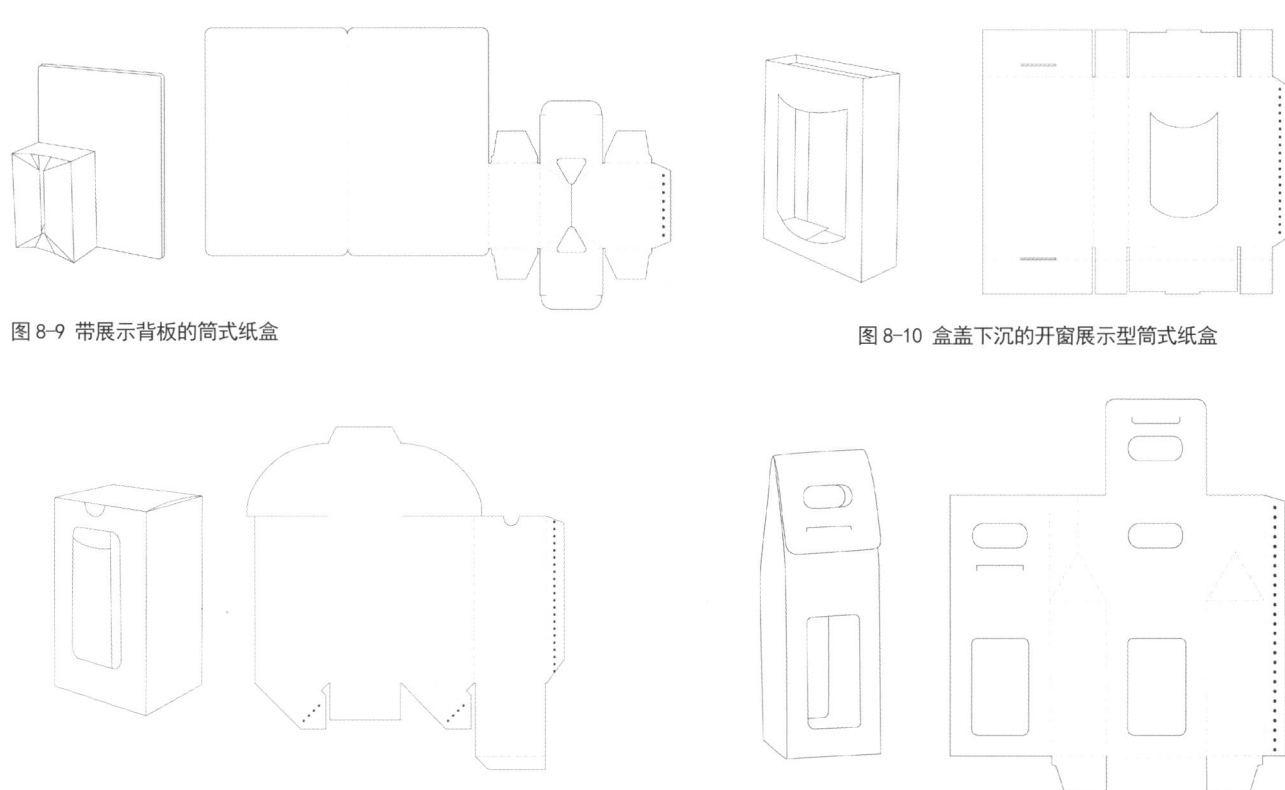

图 8-9 带展示背板的筒式纸盒

图 8-10 盒盖下沉的开窗展示型筒式纸盒

图 8-11 摇盖展示型筒式纸盒

图 8-12 带提手结构的展示型纸盒

正六面体（长方体），表面的开窗横跨了两个甚至三个盒体立面；图 8-5 至图 8-8 纸盒的成型形态为非长方体形态，横截面为梯形或其他不规则形状，表面有开窗。其中图 8-7 的外观形态中有曲线应用，成型后的外观有曲面展示效果。这八个纸盒的外观效果虽然有一定区别，有的盒子与其他盒型的区别还不小，但八个纸盒的平面结构之间没有本质区别；从各自的平面图上看，它们都有两条稳定的横向主线，两主线勾勒、支撑起了盒体的连续几个立面，通过修改连接横向主线上的各部分翼片的形状、开窗位置和造型等，从而制造出了彼此外观上的显著区别。

图 8-9 是带展示背板的筒式纸盒，正立面上有展示开口，而背后加大尺寸的背板可以作为广告宣传文字等信息的载体。

图 8-10 是上、下具有双层盖板的筒式纸盒，双层粘贴式盖板在食品包装盒中比较多见，但本纸盒的上下盒盖都有向盒体内下沉，可以增强纸盒顶部底部的视觉效果和层次感，同时双层盒盖上还有插销和插孔部件。

图 8-11、图 8-12 分别是摇盖展示的筒式纸盒和带提手结构的展示型纸盒，结构比较容易理解。

图 8-13 是内置托架的开窗展示纸盒，如其平面结构图所示，正面开槽向盒体内折，表面形成开窗，而上、下盖板及其防尘翼底部还有带开孔的托架，折入盒体内可充当缓冲件。

图 8-14 是附带十字形隔断的纸盒，没有上、下盖，准确地说这种纸结构应该是充作其他包装盒内部的缓冲件（托架）的。

图 8-15、图 8-16 是两个结构相近的由筒式纸盒改进而成的展示托架，背部有增高的展板，没有盖板，底部结构是锁合底。图 8-15 的展板对折后置入盒内并立有一个三角形突出部于折线上部，造型效果较图 8-16 有所增强。图 8-17 是带支架的展示纸盒，底部结构与图 8-15 和图 8-16 不同，但整体上与前两者结构没有本质区别。

图 8-18 是枕形纸套，无上、下盖，图 8-19 是枕形纸盒，二者的共同点是在盒体以两立面通过粘合襟片连接后还另外留有一个盖板，以遮盖一个立面上的盒体开口。

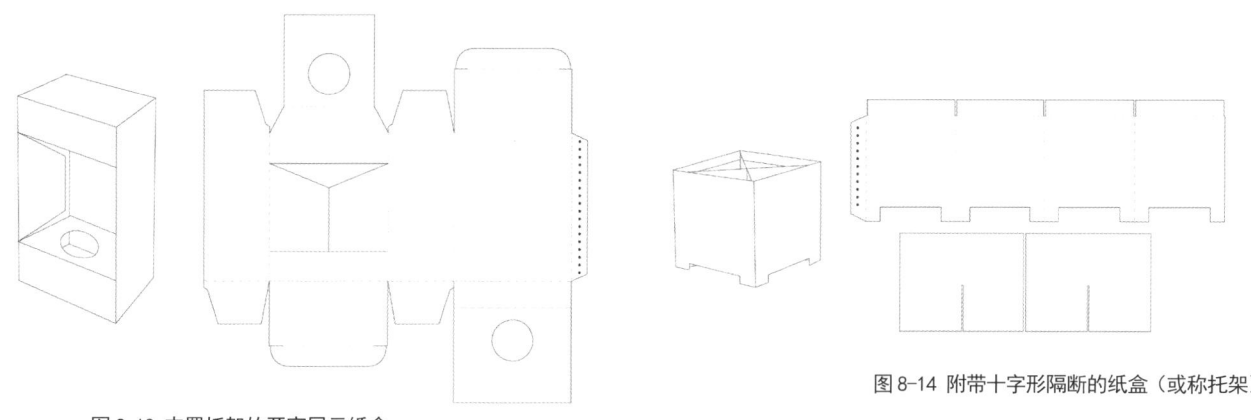

图 8-13 内置托架的开窗展示纸盒

图 8-14 附带十字形隔断的纸盒（或称托架）

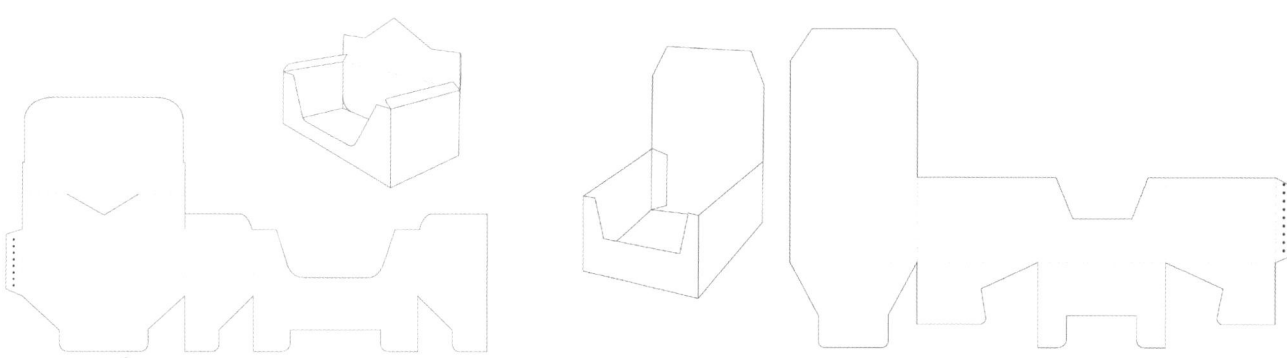

图 8-15 由筒式纸盒改进而成的展示托架（一）

图 8-16 由筒式纸盒改进而成的展示托架（二）

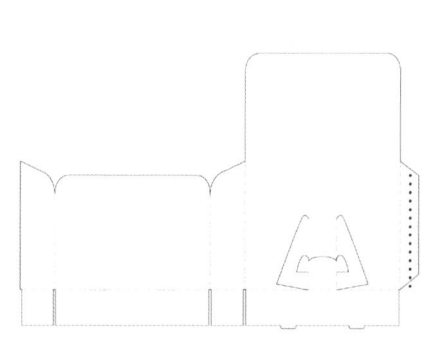

图 8-17 带支架的展示纸盒

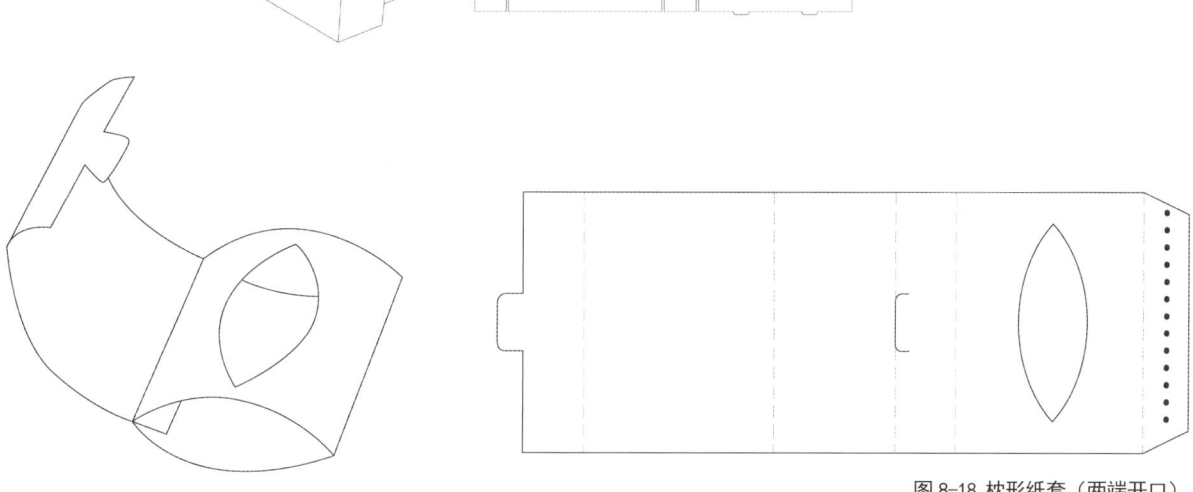

图 8-18 枕形纸套（两端开口）

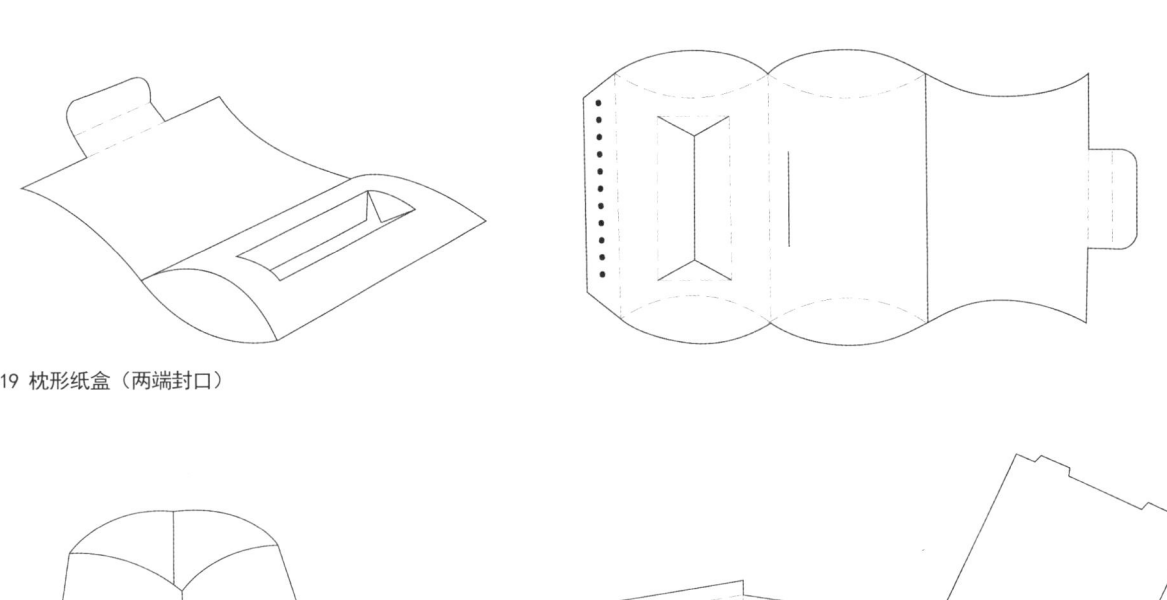

图 8-19 枕形纸盒（两端封口）

图 8-20 正四棱台形的敞口纸盒

图 8-20 是正四棱台形的敞口纸盒，有盒底，上部开口稍小并具有弧线造型。

图 8-21 是一种用于放置玻璃容器的纸盒，纸材是有夹层的瓦楞纸、防碰撞性能较好，该纸盒内部带有间隔缓冲结构，底部为锁合底，纸盒实物及其使用状况如图所示。从其整体结构展开图看来，该纸盒的底部结构是普通的锁合底结构，但与前文所多次介绍过的普通筒式纸盒结构相比，其正面顶部连接了一片间隔缓冲结构，使用时折入盒体内用来隔开玻璃器皿与玻璃盖，以防止该玻璃容器的两部分在盒内放置时相互摩擦而受损。玻璃盖倒置放入盒内，盖顶把手（玻璃球状物）则通过盒内间隔缓冲结构中水平部分的开孔向下置入玻璃器皿内，从而有效利用了盒内空间，也节约了包装纸材。因为间隔缓冲结构在纸盒正面向内折入盒体，故盒盖的高度为纸盒宽度减去一倍纸厚，以便于插舌在纸盒正面插入盒体，同时，左、右防尘翼须分别向盒体侧面让出两倍纸厚的宽度，为插舌和间隔缓冲件的垂直部分留出空间。在这个纸盒结构中，间隔缓冲结构中的垂直部分的高度应大于盒盖插舌的高度，以便于盒盖插舌能顺利插入盒体内。至于间隔缓冲结构中的垂直部分的高度，则需要根据玻璃容器盖的高度来定，间隔缓冲结构中的水平部分高度则必须略小于纸盒宽度，以便于缓冲结构在纸盒内部顺利折入和开启。这个纸盒的结构总体上说来并不复杂，但在细节上设计精巧，是在充分考察实际情况的前提下，顺应产品包装需要和用户体验的设计成果。

8.2 基于盘式纸盒的纸盒变化形态及其结构解析

在本书的第 3 章中，笔者用一个小节的篇幅简要阐述了盘式纸盒的设计由来，指出盘式纸盒是在属于基础筒式纸盒范畴的"笔直插入式纸盒"的结构基础上改进、衍生而来的（详见前文 3.3 节），而在变形纸盒设计的世界里，也还有很多纸盒结构是在前文所详解过的盘式纸盒的结构基础上演变、改进的。笔者在工作和实践中也经常收集到不少基于

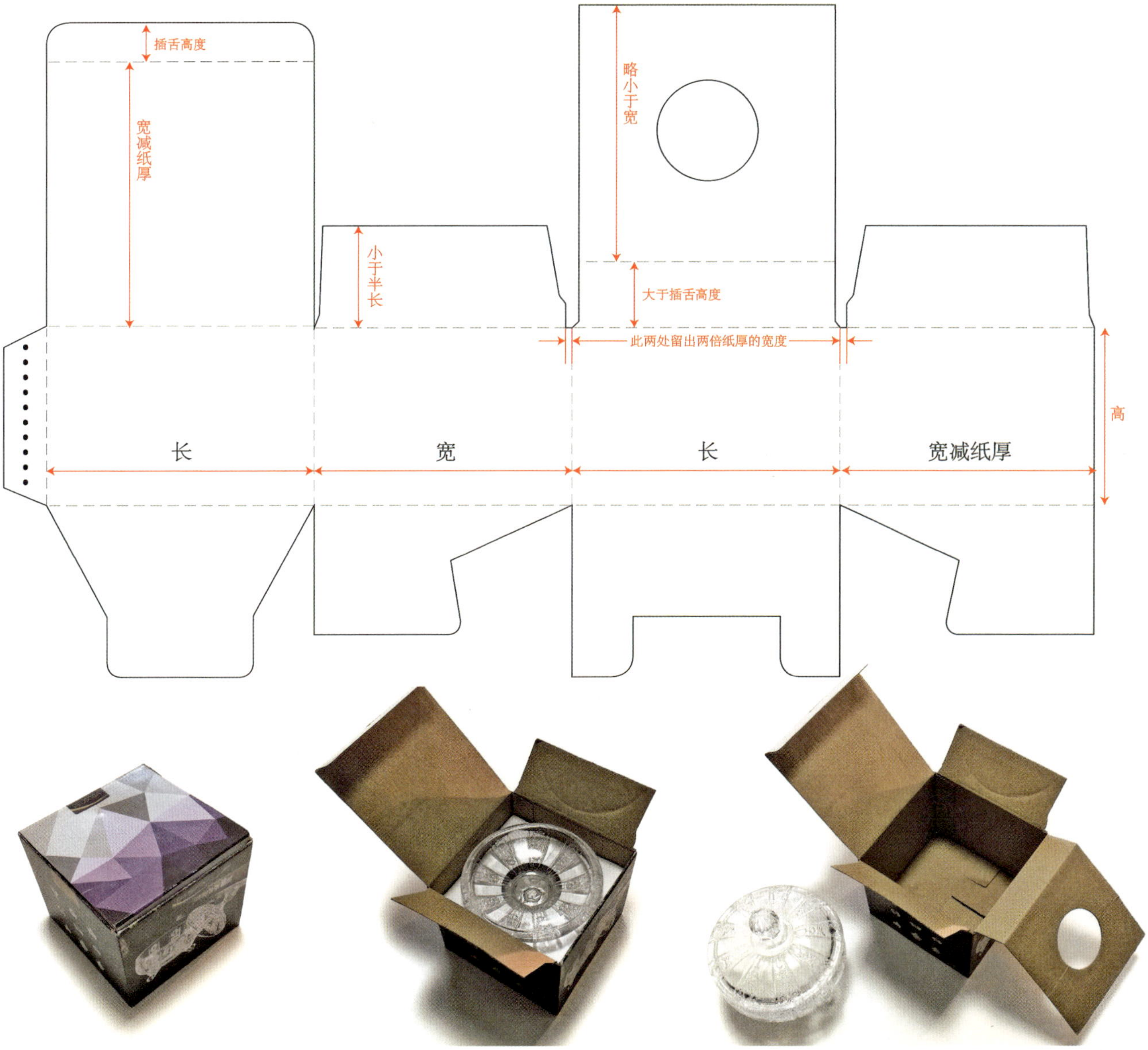

8 纸包装结构设计赏析

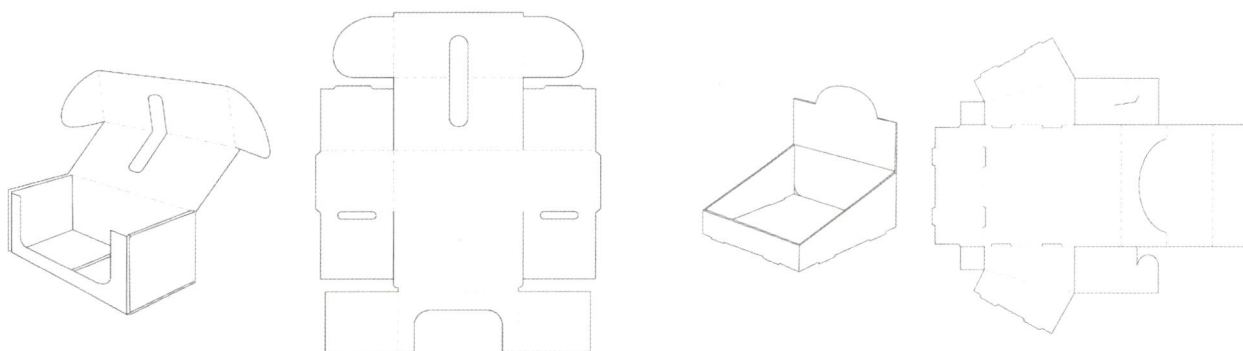

图 8-21 带间隔缓冲结构的锁合底纸盒及结构展开图

图 8-22 一种展示型的盘式纸盒

图 8-23 背面自带展板的托盘，两侧面呈梯形

盘式纸盒的具有变化形态、具备变形纸盒特征的纸盒结构，确切地说，它们也都与筒式纸盒中的笔直插入式纸盒结构有一定渊源。在本小节中，笔者将所收集、绘制的基于盘式纸盒的诸多变形纸盒的平面结构图展示出来，且有少数图纸采用横置摆放，与8.1节中的基于筒式纸盒的变形纸盒结构图的横置摆放方向一致，读者们可以对比这些纸盒结构与前文中筒式纸盒结构的渊源和相似之处，以求更好地体会不同类型纸盒之间在结构设计上的共通之处，逐步锤炼纸包装结构设计中的创意思维，并提升实践中的举一反三能力。

图8-22所示的盘式纸盒较前文3.3节所介绍的最常见的盘式纸盒而言作出了一些修改，顶面两侧没有连接翼片，而背立面两侧所连接的翼片还各自连接了上下子翼片，盒底是双层结构。

图8-23所示背面带展板的托盘，左、右两侧面为梯形。

图8-24所示为一种展示盒，结构简单精巧。

图8-25所示背面带展板的托盘结构与图8-23相似，左、右两侧立面为矩形。

图8-26至图8-28所示都为托盘式展示盒，整体结构相似，但在各翼片的造型细节上有所不同，以形成各自不同的外观形态，实现各自不同的精准使用价值和需求。图8-26的托盘各立面为垂直状态，中规中矩，而图8-27则后立面稍向后倾斜，图8-28的托盘是前后两立面都稍向后倾斜，这样的托盘通常用来盛放小袋装咖啡、白糖、调料、茶等商品，稍向后倾斜的前后立面可以让被盛放物也稍

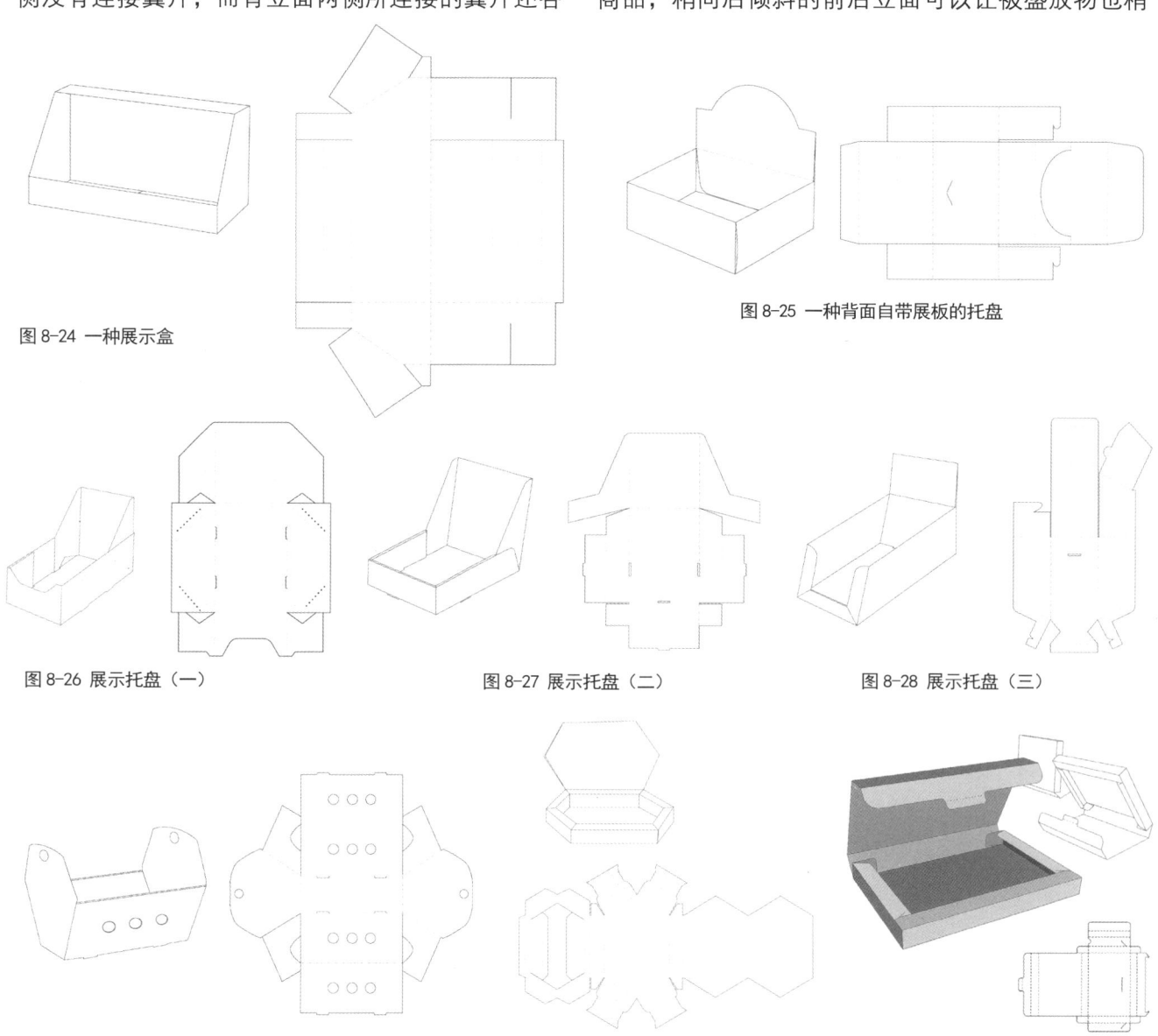

图8-24 一种展示盒

图8-25 一种背面自带展板的托盘

图8-26 展示托盘（一）

图8-27 展示托盘（二）

图8-28 展示托盘（三）

图8-29 侧面开孔的蔬果篮

图8-30 六边形盘式纸盒

图8-31 具有厚壁效果的盘式纸盒

8 纸包装结构设计赏析　125

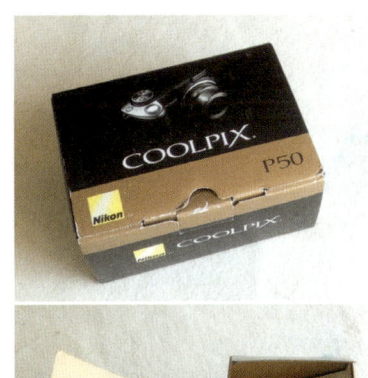
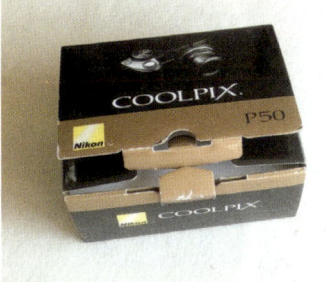
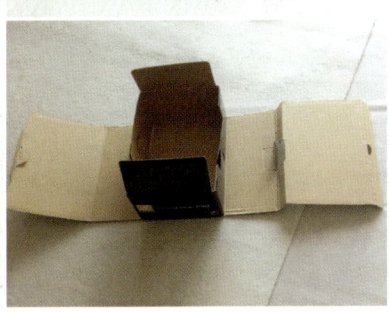

图 8-32 某数码相机的盘式结构包装盒及其开启过程

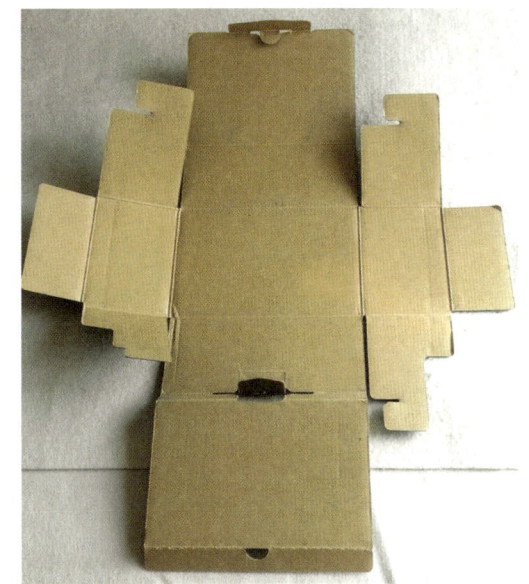

图 8-33 数码相机盒的平面结构展示

向后倾斜，更便于展示商品小袋包装上的图文内容。同时图 8-26 和图 8-28 中托盘的前立面还开出了缺口，更有利于被盛放物的包装装潢图文充分展示。这些小小的细节都可以看出结构设计者敏锐的观察力和匠心独具。

图 8-29 也是托盘展示盒，不过更确切地说是蔬果展示盒或蔬果篮。其总体结构与前文介绍过的托盘相似，但左右立面被做成六边形，这使得成型后的蔬果篮呈现出上大下小的内部空间，有利于盛放水果蔬菜；为了透气，托盘前后侧立面的双层纸板上都有开孔，左右立面顶端的开孔是作便于提携之用。

图 8-30 是六边形盘式纸盒，在熟悉了前文所描述的筒式和盘式纸盒结构后，该纸盒的结构很容易弄懂，为了增强顶面盖板的强度，盖板用两层纸做成。

图 8-31 所示纸盒结构是在最常见的盘式纸盒基础上稍作改进，将原本可以向内折入成双层立面的部分翼片平置于盒体上方并相互扣合，使得盒体三边具有厚壁效果。

图 8-32 是某数码相机的盘式结构包装盒及其开启过程，该纸盒采用双层插销式锁扣，且纸盒前立面连接了隔板作为盒内空间的上下分隔，以便于将相机及其附件、说明书等隔离开来，令盒内空间内容各部分秩序井然。图 8-33 是该数码相机盒的平面结构展示，图 8-34 是笔者重新绘制的平面结构展开图详解，从图中标示可以看出来，该纸盒两

边侧立面的总共四个支撑翼片中有靠分隔件这边的两个支撑翼片留出了缺口、挂钩位置较低，这是为了给纸盒顶面和前立面所携带的双层插销式锁扣留出空间，令这两者在接触并锁合时使用较为顺畅。同时，向盒体内折入、将空间分成上下两部分的分隔件上还有一个小小开口，是为了方便用手操作，将分隔件从盒体中提取出来而设置的。该数码相机纸盒的整个平面结构设计精巧，充分考虑到了使用者的习惯和人机工学原理。

图 8-35 是某智能机顶盒的盘式结构包装盒及其开启过程，该纸盒主体结构和外观与普通盘式纸盒基本一致 [图（a）]，但盒盖开启后发现顶面两侧所连接的两个嵌合翼片（防尘翼）与普通盘式纸盒的相应部位稍有不同，靠立面这边的外侧有较大缺口，这是为了避开盒体内的空间隔断结构而设计的 [图（b）]；纸盒的前立面则连接了用于在盒体内部进行空间分隔的隔板结构 [图（c）、（d）]，以便于在盒内将机顶盒产品与其附件等隔离开来，分隔结构设计十分巧妙。图 8-36 是该纸盒的平面结构展示，图中平面结构的中部和右部的形状与普通盘式纸盒基本相同——除嵌合翼片（防尘翼）之外，左部结构是附加于盒体内的分层隔断结构，是在一个标准盘式纸盒内为了安置具体的被包装物而设计的附加结构，同时也兼具缓冲件的效果，三个开孔是为了便于开启分层隔断结构和放置被包装物上的凸出部分而设计的。

图 8-37 所示是一个水果包装盒及其平面结构

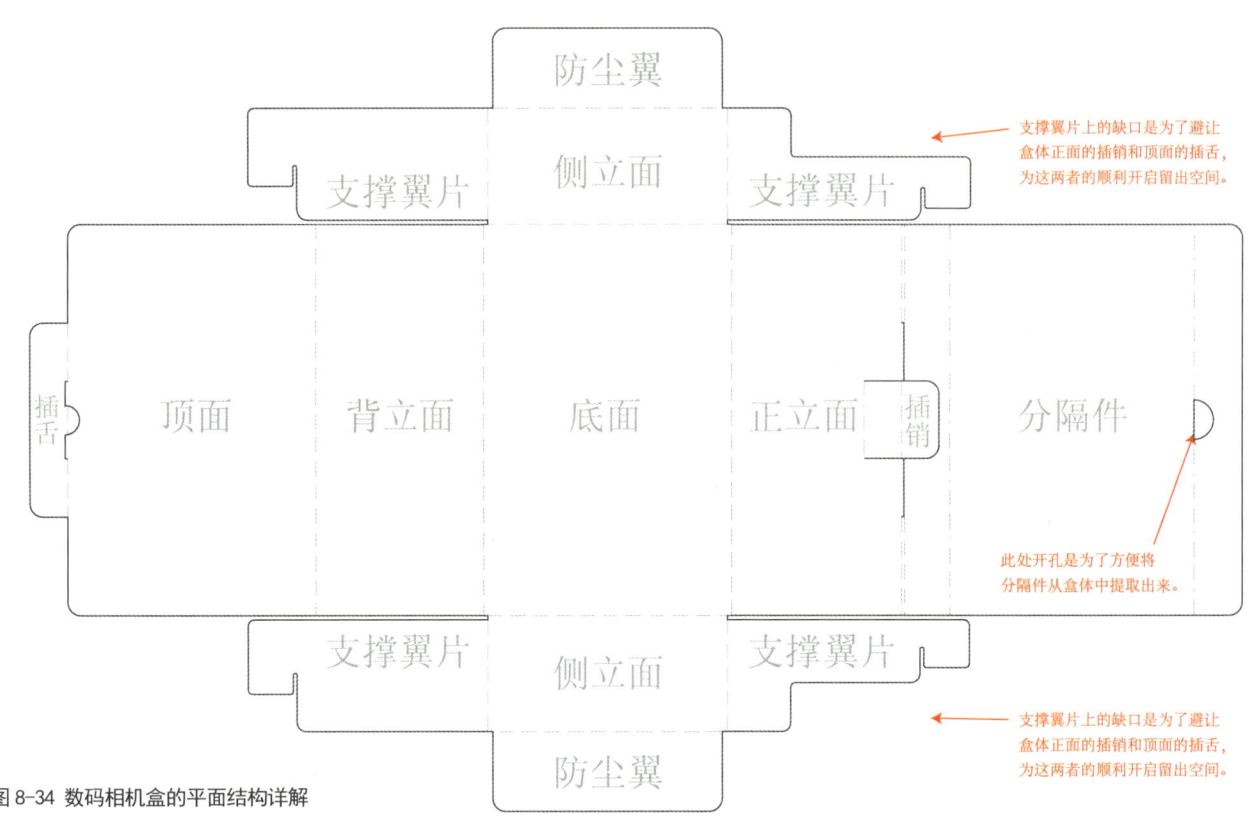

图 8-34 数码相机盒的平面结构详解

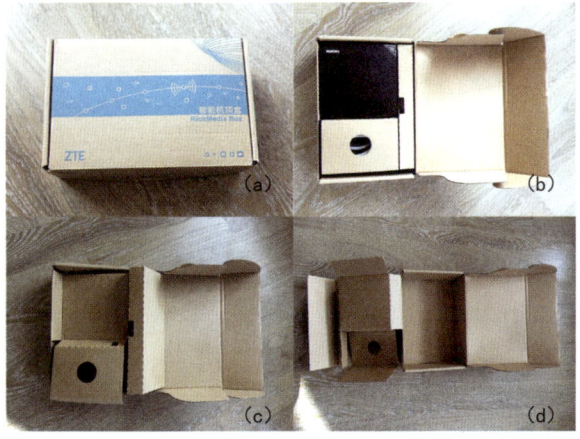

图 8-35 某智能机顶盒的盘式结构包装盒及其开启过程

图 8-36 智能机顶盒的平面结构展示

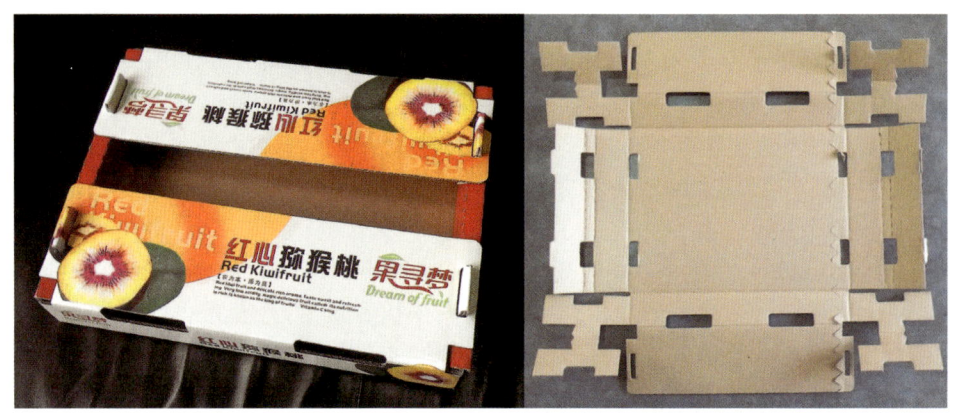

图 8-37 可堆叠的某水果包装盒及其平面展开状态

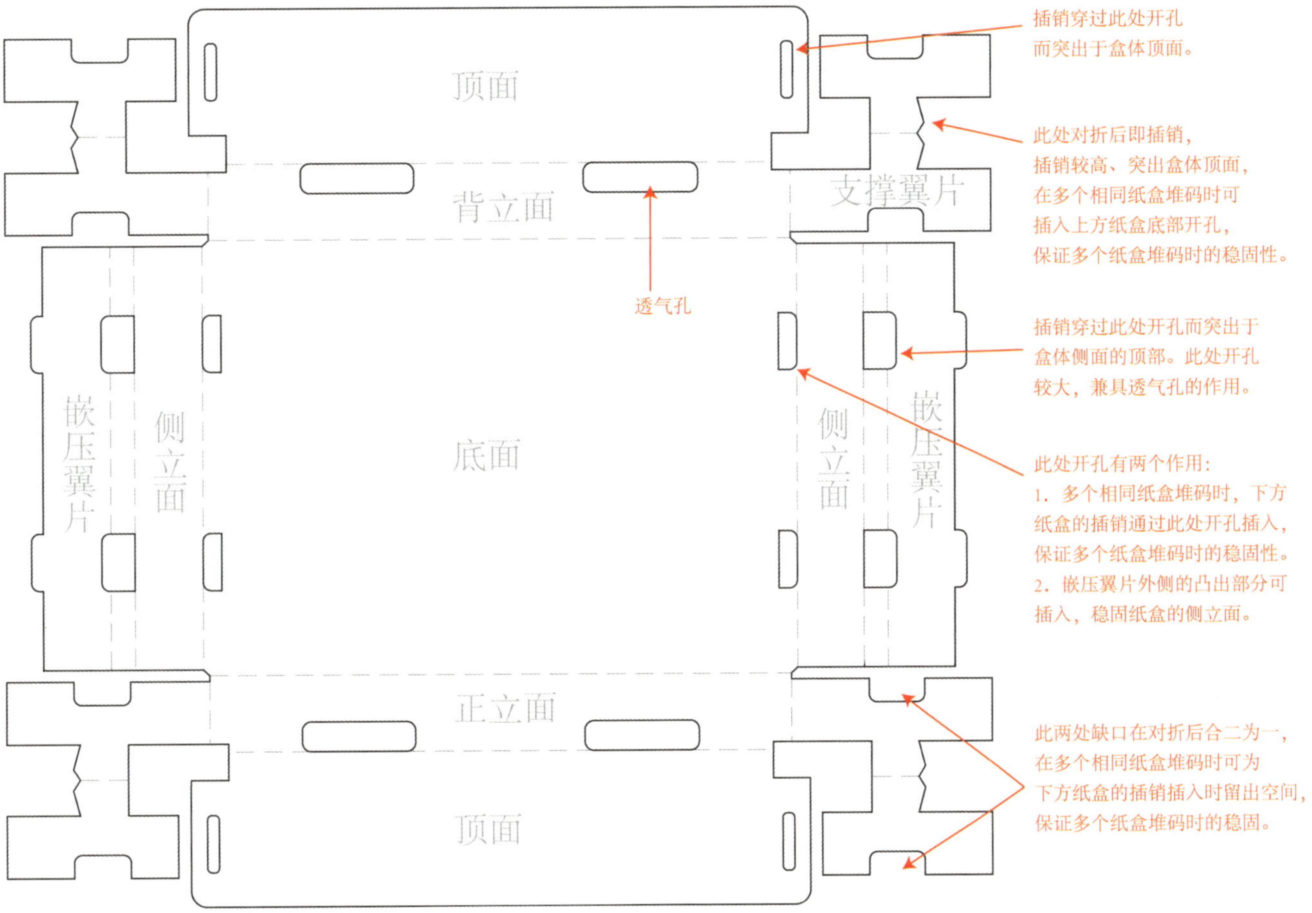
顶面
背立面
支撑翼片
透气孔
嵌压翼片
侧立面
底面
侧立面
嵌压翼片
正立面
顶面
插销穿过此处开孔
而突出于盒体顶面。
此处对折后即插销，
插销较高、突出盒体顶面，
在多个相同纸盒堆码时可
插入上方纸盒底部开孔，
保证多个纸盒堆码时的稳固性。
插销穿过此处开孔而突出于
盒体侧面的顶部。此处开孔
较大，兼具透气孔的作用。
此处开孔有两个作用：
1. 多个相同纸盒堆码时，下方
纸盒的插销通过此处开孔插入，
保证多个纸盒堆码时的稳固性。
2. 嵌压翼片外侧的凸出部分可
插入，稳固纸盒的侧立面。
此两处缺口在对折后合二为一，
在多个相同纸盒堆码时可为
下方纸盒的插销插入时留出空间，
保证多个纸盒堆码时的稳固。

图 8-38 可堆叠的水果包装盒平面结构分析

兵器扑克
87—25
中国制造
(a)
(b)
(c)
(d)

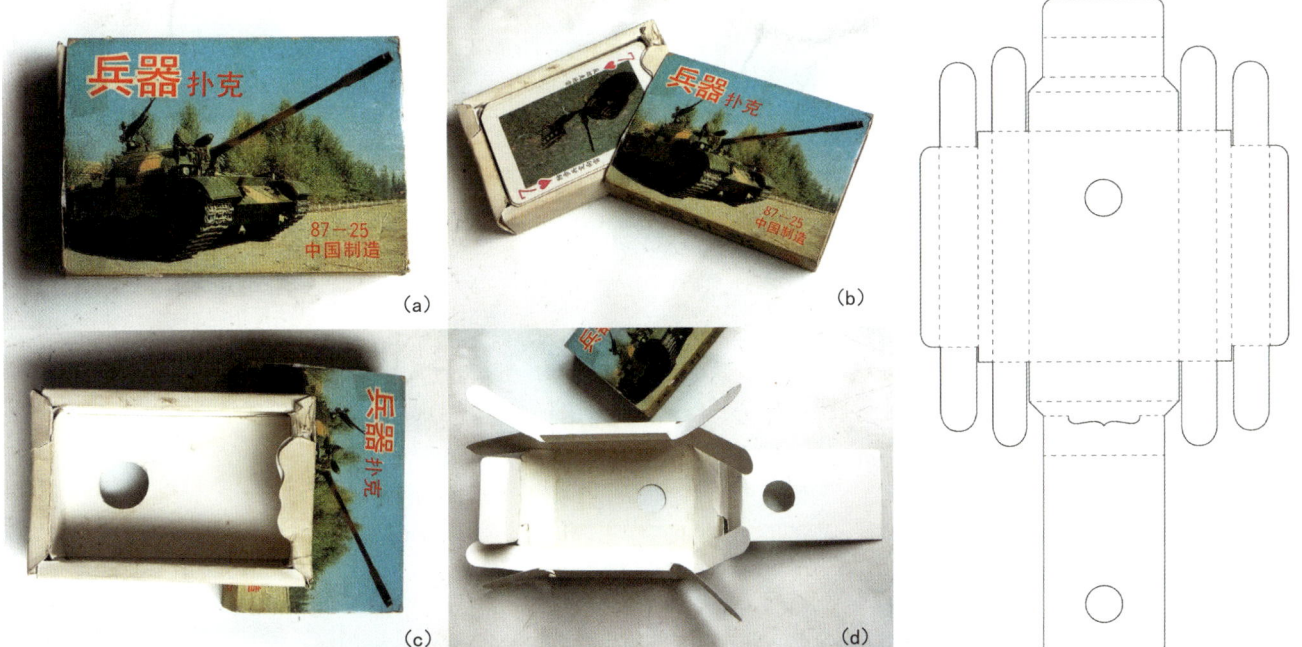

图 8-39 盒体为中空壁板托盘的抽匣式扑克牌盒

图 8-40 扑克牌托盘纸盒平面结构图

展示，总体结构与前文中所描述的盘式结构的提手式纸盒的盒体相似，纸盒采用较厚的瓦楞纸制作，能较好地保护内装水果。这种纸盒的特色在于左右侧立面上有凸出的插销，而盒体底部又留出了相应大小的插孔，从而令相同的数个纸盒可以在堆叠时以插销和底部留出的插孔相互锁定，保证了多个相同纸盒堆叠时的稳固性。

图 8-38 是图 8-37 中水果包装盒的平面结构图分析，平面结构中的开孔较多，笔者在图例中仔细介绍了不同开孔和缺口的作用，及其与插销的配合使用情况。另外从图中可见，盒体顶面与前后立面之间的扁平开孔较大，作为内装水果的透气孔使用，这是根据被包装物的特点而专门设计的。这个盘式纸盒的支撑翼片为对折的双层结构，比较有特点，这样设计的好处一是对折后形成的插销具有双层加厚的特性，二来纸盒盒体立面的内部也因为有结实的双层支撑翼片而更为稳固；坚固的盒体和加厚的插销，使得装满水果的多个相同纸盒在堆码摆放时更加稳固和安全，这正是该水果包装盒的特色。

图 8-39 所示为笔者幼时所购买的扑克牌及其包装盒，这是盒体为中空壁板托盘的抽匣式纸盒。外盒（匣）结构简单，盒体托盘结构的文字和图片亦在前文 3.3.2 小节中有述，但本例中托盘结构的特点在于：为便于一张张扑克牌在盒体中固定、最上面的纸牌不至于从抽匣与函套的间隙中滑落出来，托盘的短边中有一侧的内侧被做出了曲线状的卡扣，用来卡住扑克牌并防止其从盒体中滑落 [图 8-39（b）、（c）]；同时，为了便于将一叠扑克牌取出，盒体底面做出了圆形开口以供手指伸入、将一叠扑克牌向上顶出来 [图 8-39(c)、(d)]。这两处细节是纸盒设计者在充分了解了本产品的使用方式、过程后，对普通的、通用的中空壁板托盘式纸盒所作出的一些改进措施，能够更好地增强用户体验。图 8-40 是笔者重新绘制的该扑克牌托盘的平面结构图。

8.3 其他部分纸质包装结构设计赏析

在本小节中，笔者继续展示并分析所收集的一些纸盒结构，但不急于将其归入筒式纸盒或盘式纸盒的范畴；从前文一路看下来，读者会发现筒式纸盒与盘式纸盒原本殊途同归，其设计思路和造型技术手法是相通并有章可循的。还有个别纸结构并不属于包装，甚至不能算是纸盒，但作为纸盒结构的衍生物和包装中的附件，其设计思路与纸盒结构在本质上是相通的，因此本小节中也部分纳入，作为纸包装结构设计学习的有益补充。

图 8-41 所示为一个简单托架，结构简单，制作简便，可以放置笔、卡片等小物件。

图 8-42 所示为附带山形隔断的双层展示架，可以用来摆放一些精致的小商品，背面立起的展板可以作为形象宣传的广告板。

图 8-43 所示为一种带有广告展板的筒式纸盒结构，处于摆放状态时，两个盒盖分别置于盒体左右两边；两个盒盖上除了有正常的插舌外，两边各有一个凸出的小插舌、插入两边防尘翼的根部，以增强两个盒盖关闭时的紧密程度和盒体结构强

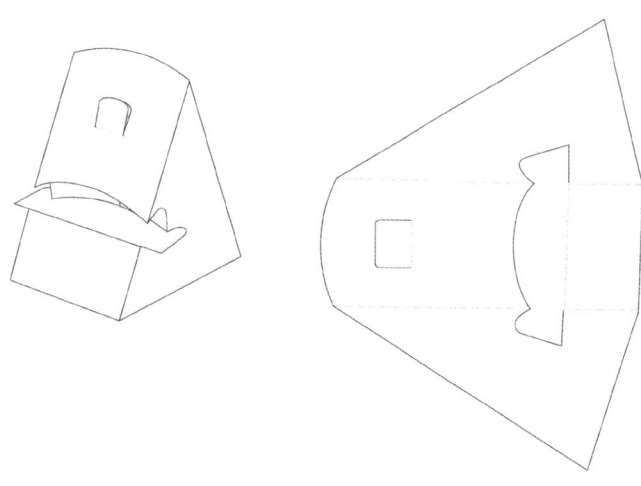

图 8-41 一种结构简单的纸质托架

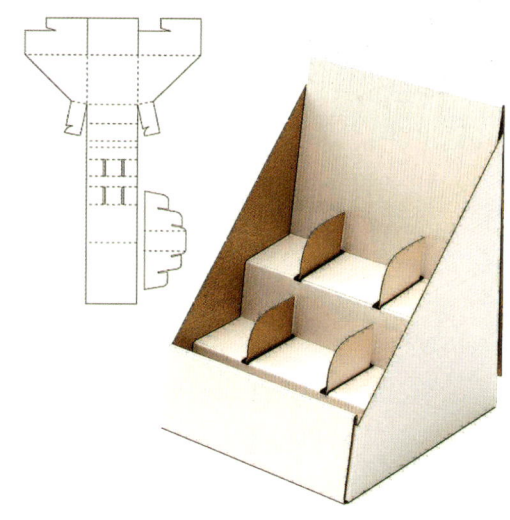

图 8-42 附带山形隔断的双层展示架

图8-43 一种具有展示效果的筒式纸盒结构

度,而防尘翼的形状也在不影响其结构功能的前提下对盒盖两边的小插舌作出了适当的避让。该纸盒结构并不复杂,广告展板即其粘合襟片,这样设计的主要目的是为了使盒顶广告展板、盒顶、盒体正面这三个连续的面向外作主要展示面,其装潢图案可以整体连续展现。如图中纸盒实物摆放、开启、压平展开等不同状态下的情形所示,该纸盒的装潢设计配合着纸盒结构各展示面所安排的主次秩序,表面图案装潢和纸盒整体展示效果很好很生动。

图8-44至图8-46所示是一种炊具的两用型筒式包装盒,该纸盒既可以以长方体外观示人又可以变化出提手结构,材质为瓦楞纸。图8-44是其以长方体形展示时的状态,而从图8-45所示可见该纸筒式纸盒的两端开口,都选用了双层盖板双插销的结构,这是考虑到该纸盒内装的金属炊具有一定体积和重量,必要时可将纸盒两端都打开以便顺利装入或取出炊具,而闭合后的两端盒盖也必须稳固锁合,故采用双插销锁定盒盖以防止移动包装时盒内物品因自重而坠出。但该纸盒两端的双层盖板双插销结构又有所不同:一端是普通的双层盖板双插销[图8-45(a)],而另一端的双层盖板可以折叠成提手式结构[图8-45(b)],原来在双层盖板下的防尘翼可以移出盒外作为提手式纸盒的挂耳;本炊具包装盒呈提手式状态使用时的展示效果如图8-46所示。

这种普通长方体外观又兼具提手式结构的两用型筒式纸盒在设计上十分巧妙,前文5.4.2节中笔者曾提到具有提手式结构的纸盒因为有盒顶提手和挂耳造型的存在,故其体积和所占用空间较普通纸盒大一些,不便于装箱运输时进行多层叠放。而本例中炊具纸盒的设计者在设计提手式便携结构的同时也考虑到了多件相同产品包装在装箱、叠放和运输过程中所面临的实际需要,故将提手结构作出了一定修改,既便于纸盒在装箱、堆叠时收入盒体以节约空间,也可以在产品零售时将包装提手展开,有利于顾客携带。这是在充分考虑了产品特性(具有一定体积和重量)的前提下做出的设计,有利于增强消费者使用产品包装时的良好用户体验,并间接巩固了该产品的品牌价值。

图8-47所示是该纸盒的平面展开图详解,双

图8-44 一种炊具的筒式包装盒整体展示

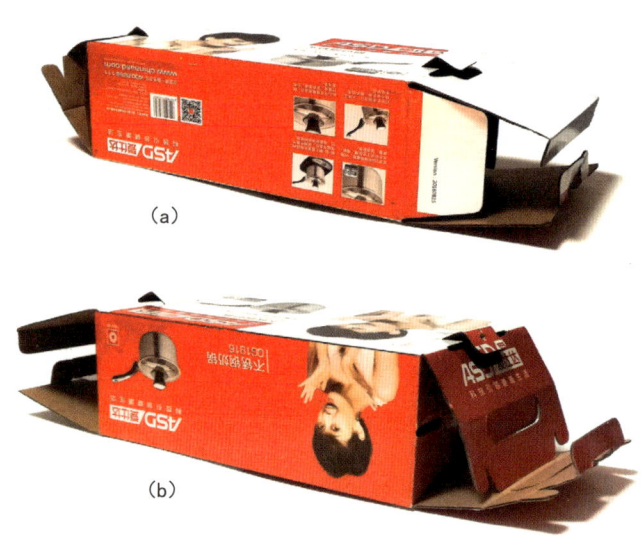

（a）

（b）

图8-45 炊具包装盒两端的不同开口形态展示

图8-46 炊具包装盒的提手式使用方式展示

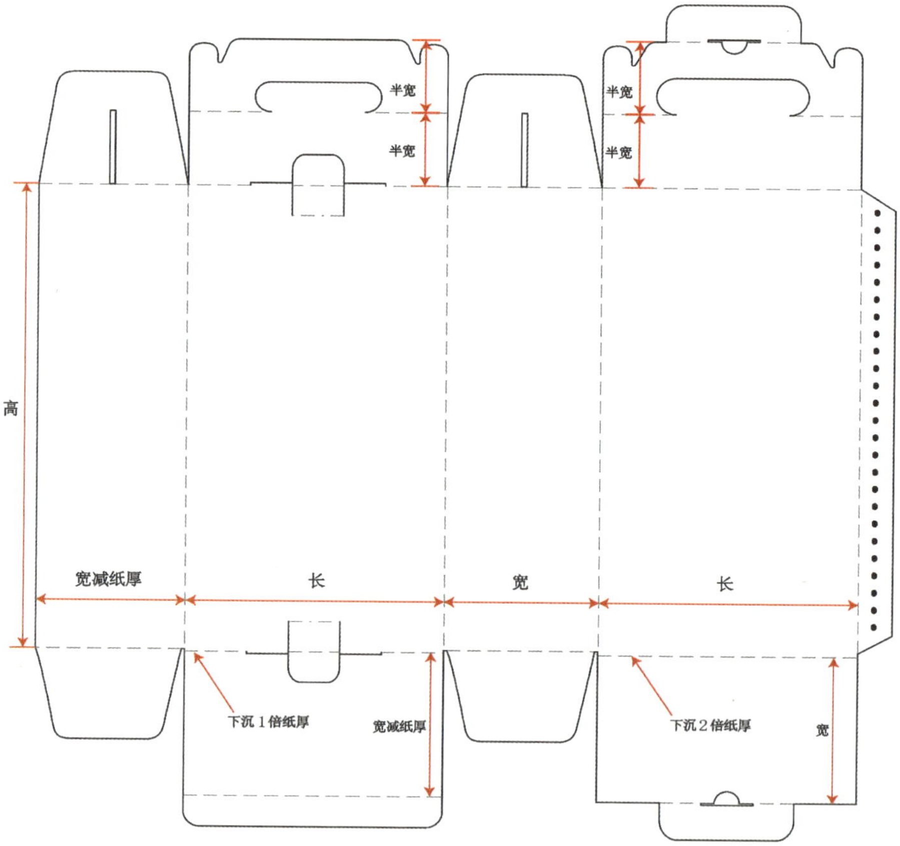

图8-47 两用型炊具包装盒的平面结构展开图分析

层盖板双插销的结构并不复杂，从纸盒底部的双层盖板来看，左边盖板在内、盖板折线比防尘翼低同等纸厚，目的是为了盒盖关闭时能压住防尘翼，内盖板高度为纸盒宽度减同等纸厚；右边的外盖板高度等于盒宽，盖板折线比防尘翼低2倍纸厚，是为了在关闭时将内盖板和防尘翼压在底下、保证纸盒底部平整。该纸盒结构的底部双层盖板结构采用了标准的结构绘制表现，而顶部的两用盒盖结构则未采用标准的双层盖板绘制方法，是因为顶部在选择采用提手式结构时，两边提手结构（即双盖板）应当对称，故放弃了顶部采用双层盖板闭合时的平整性。提手结构与两个挂耳之间的关系可以参见前文

图8-48 具有可收放提手结构的两用型食品包装盒

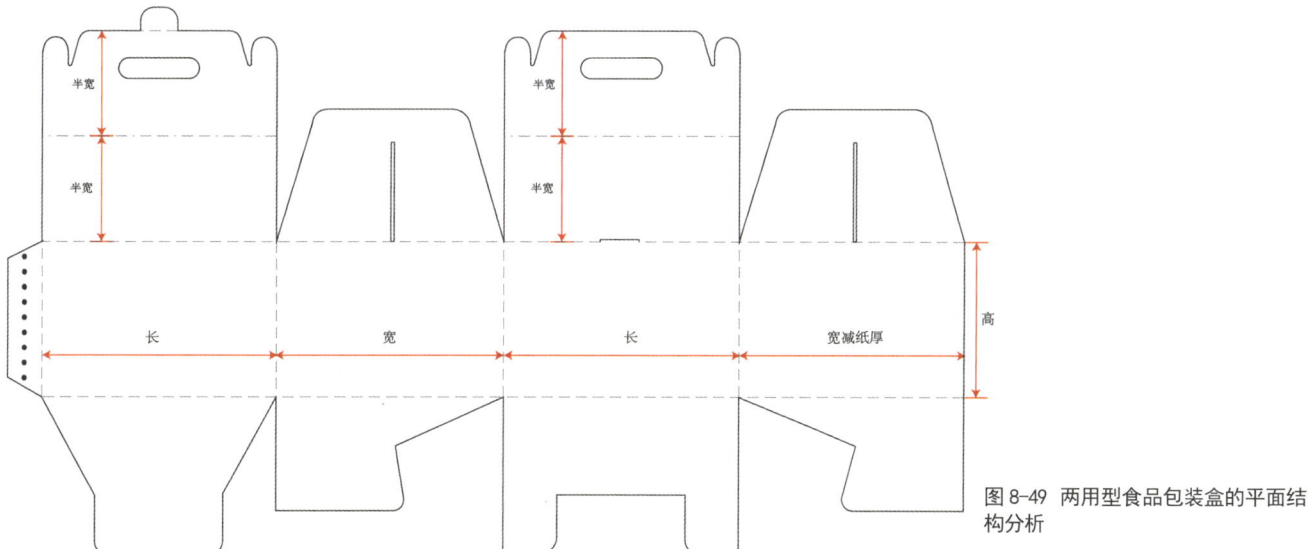

图8-49 两用型食品包装盒的平面结构分析

5.4.2 节所述，每个提手部分由带提携孔的握把和半个顶面构成；在本纸盒结构中，握把高度和半个顶面的高度相等，都是半个盒宽，是为了保证收起提手结构时能以双层盖板的形式关闭纸盒顶部。

图 8-48 所示为一种两用型提手式食品包装盒，与图 8-44、图 8-45、图 8-46 等几图所示的两用型纸盒的总体设计思路一致。作为小食品的外包装盒，该纸盒的底部结构可以选用锁合底、自动底等，但一般不必选用前例中所采用双层盖板双插销的底部结构，因为使用该纸盒时没有打开底部结构装取物品的必要。图 8-49 是该纸盒的平面结构图，顶部的两用型提手式结构的外形和功能与前例稍有区别，但总体构造要点相同。

图 8-50 所示是一种抽象化的心形纸盒作业，总

图8-50 抽象化的心形纸盒（制作：叶珍瑶）

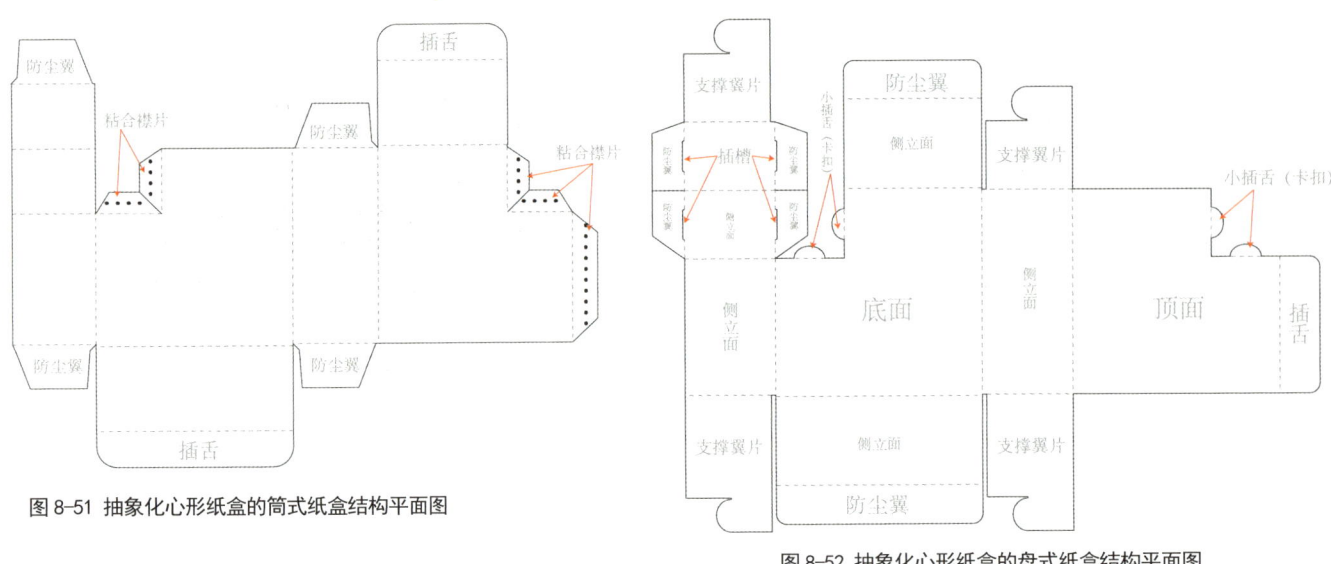

图 8-51 抽象化心形纸盒的筒式纸盒结构平面图

图 8-52 抽象化心形纸盒的盘式纸盒结构平面图

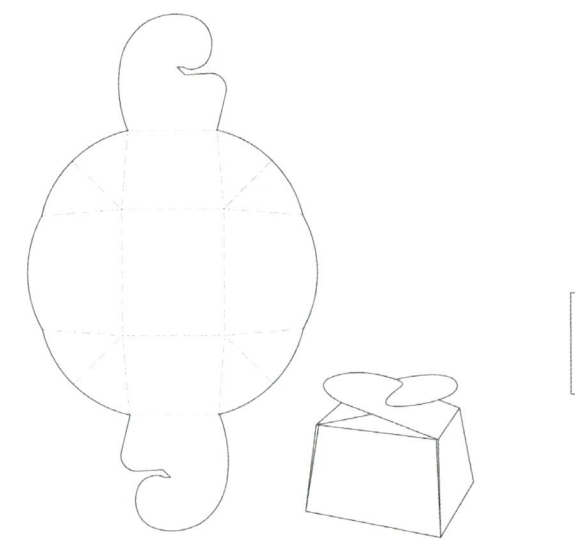

图 8-53 盘式结构的挂钩锁顶纸盒

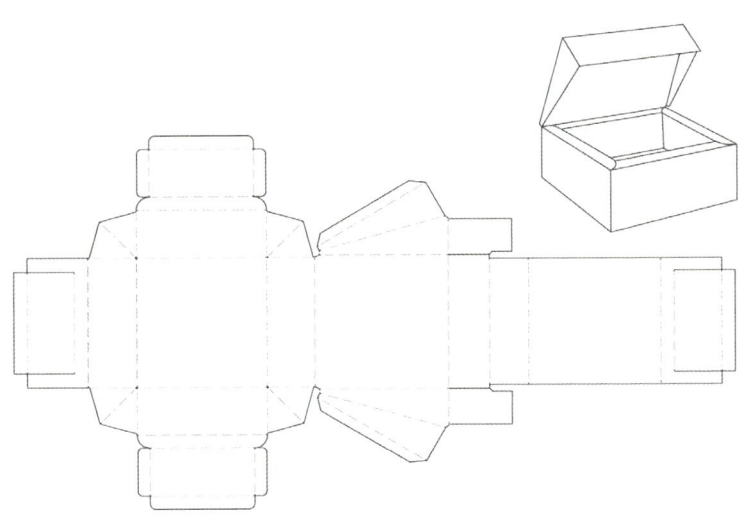

图 8-54 带顶盖的中空壁板托盘

体造型配合表面的手绘装潢图案还比较有趣。该纸盒的平面结构图如 8-51 所示，是由普通筒式结构纸盒——国际标准反向插入式纸盒结构演变而来的，很容易理解，因为心形有凹入的地方故增加了几处粘合襟片。除了由筒式纸盒结构所演变外，该纸盒形态还可以由盘式纸盒的基础上改进而来，图 8-52 所示即抽象化心形纸盒的盘式纸盒结构平面图，将本图与图 8-51 对比可知，在筒式结构中纸盒盒体可以呈反插式结构也可以呈笔直式结构（图 8-51），图中所示纸盒为反插式结构，但盘式纸盒结构的整体形状只能以类似于筒式纸盒中的笔直式状态呈现（前文 3.3.1 节中对盘式纸盒的设计由来及演变有详述）；筒式纸盒的粘合襟片位置在盘式结构中的相应位置作为插舌使用，心形中凹入的部分的插舌为小插舌（有些资料中也称为卡扣），而在侧立面所连接的心形凹处立面中，则左右添加小防尘翼并在防尘翼与立面相连的折线上设置插槽，如图所示，结合之前所学习过的盘式纸盒结构知识，这种结构也是比较容易理解的。总体说来，本例所介绍的抽象化心形纸盒不论总体结构是筒式还是盘式，其内部空间使用率和实用效果都是比较有限的，这种变形纸盒与其他各种形状的变形纸盒一样，在恰当的时机应用，可以大大增强包装设计项目的趣味性，提升产品包装所承载的品牌价值。

图 8-53 是一个盘式结构的挂钩锁顶小盒，适合盛放糖果等零食。

8 纸包装结构设计赏析

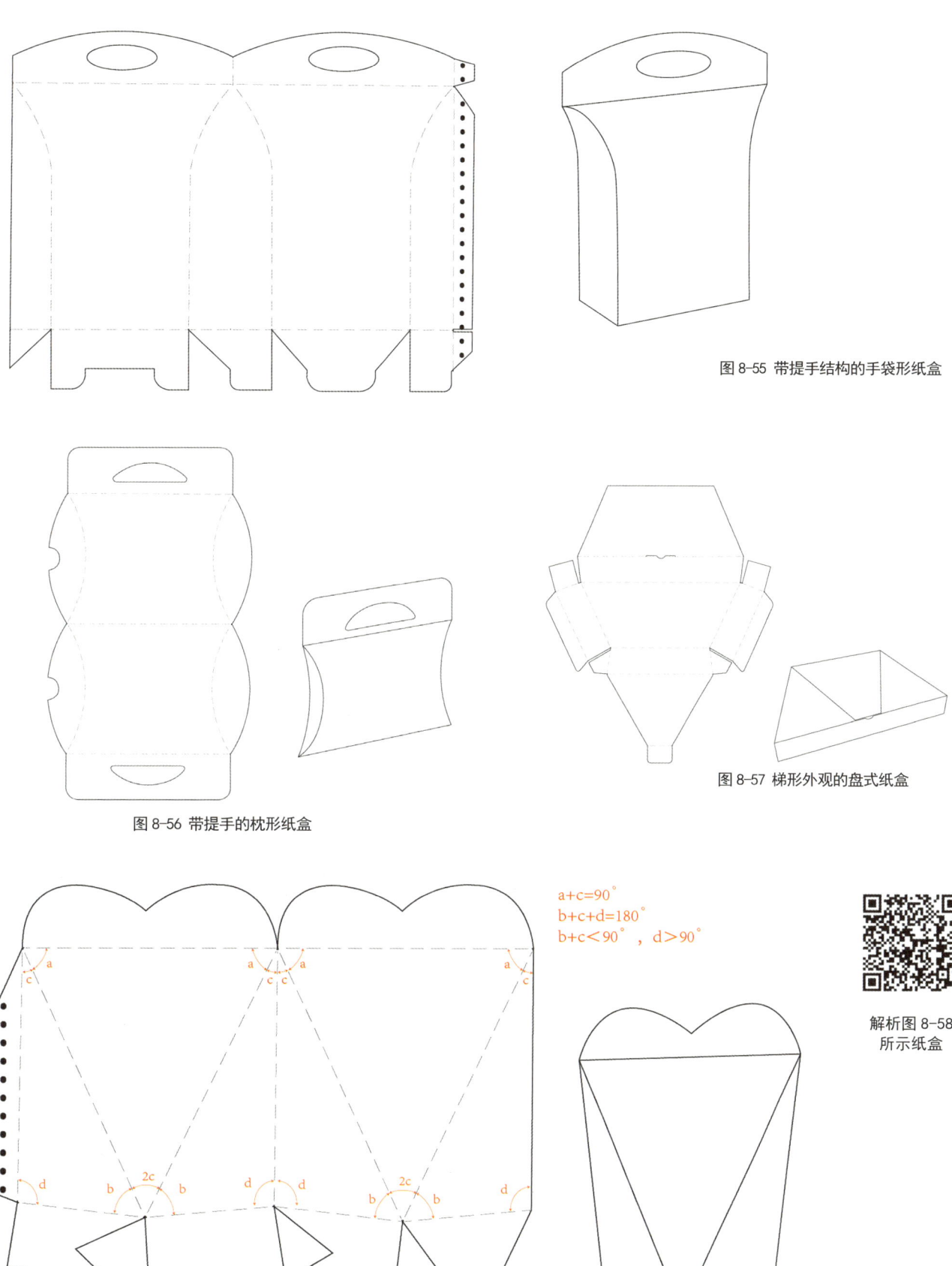

图 8-55 带提手结构的手袋形纸盒

图 8-56 带提手的枕形纸盒

图 8-57 梯形外观的盘式纸盒

a+c=90°
b+c+d=180°
b+c<90°, d>90°

解析图 8-58 所示纸盒

图 8-58 一种立体构成感强烈的纸盒

图8-54是一种带顶盖的中空壁板式托盘，盒盖为双层纸厚、与托盘相连，造型精巧。

图8-55所示为带提手的手袋形纸盒，四立面上端都为曲面、连接两个相贴的顶部提手，底部结构为锁合底，盒体立面中的一个侧立面被分成两半，其所连接的底部挂钩结构也被分成了两部分。这是为了避免将粘合襟片置于两侧立曲面的交界线上相贴、影响粘合效果而做出的整体结构改进。

图8-56是带提手的枕形纸盒，造型较为简单。

图8-57所示是一种顶面、底面为梯形的盘式纸盒结构，有双层盒盖。

图8-58所示的纸盒是一种底面为正方形、立体构成感强烈的纸盒，其底部为锁合底结构但各部分的上端线也就是各翼片与盒体的连接线并未在一条直线上，而如果在一条直线上，则立体造型中的前后两个倒三角形的大斜面就不能成立。纸盒的立面由六个三角形组成，包括两个较大的等腰三角形，另四个较小的钝角三角形呈两两对称状态；在图8-58中笔者标示了这六个三角形各角及其之间的关系，其中大等腰三角形的顶角（图中朝下、用2c标示）度数等于四个钝角三角形中小锐角（图中都朝上、用c标示）度数的两倍，等腰三角形底角a与钝角三角形中的c角之和为90°，钝角三角形b、c、d三角之和是180°，b、c两角之和小于90°、d角大于90°。在设计、绘制这种变形纸盒结构时，如果没有其他特殊要求，可以根据上述各角之间的关系自行拟定a、b、c、d各角的度数，例如设定a角60°、c角30°、b角

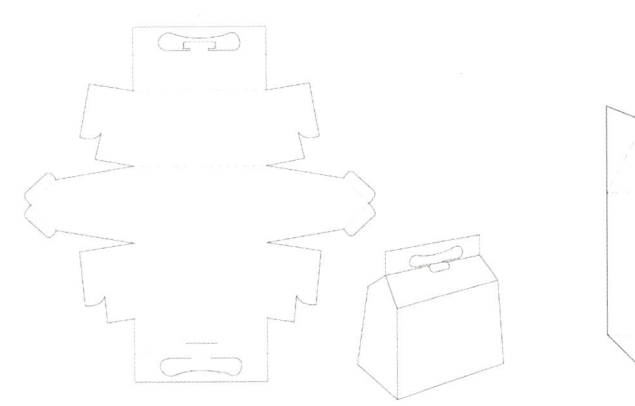

图8-59 一种自带提手装置的盘式结构纸盒

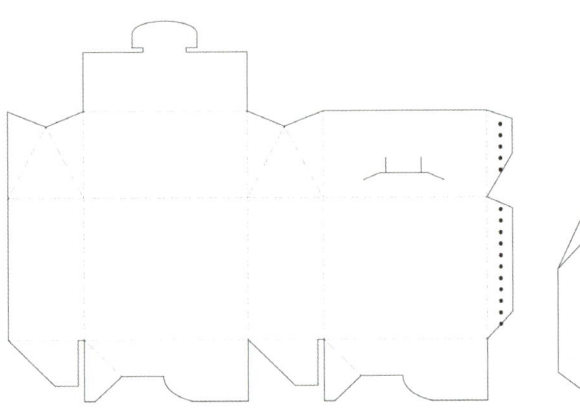

图8-60 一种顶部有斜面的筒式纸盒

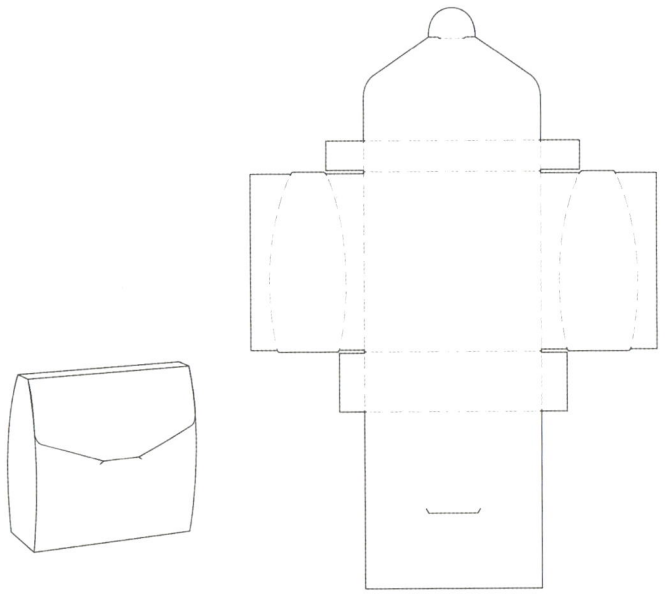

图8-61 外形像公文包的盘式纸盒

图8-62 由四个圆弧形纸盒所组成的圆柱体礼盒

50°、d角100°，等等。

图8-59是盘式结构且自带提手装置的纸盒，提手处带有锁扣结构，盒体下宽上窄。

图8-60为筒式结构、顶部具有斜面造型的纸盒，盒底为自动底，顶部斜面上具有锁扣。

图8-61为盘式结构纸盒，外形像公文包，整体外观下宽上窄，顶盖连接在背面上、延伸到盒体前面与盒体正立面通过锁扣来关闭纸盒。

图8-62所示为由四个圆弧形（四分之一圆柱体造型）的纸盒所组合成的一个圆柱体纸盒，用来装茶叶。每个四分之一圆柱体纸盒可以被装潢成不同颜色、用来放置四种不同的茶叶，从而令整个圆

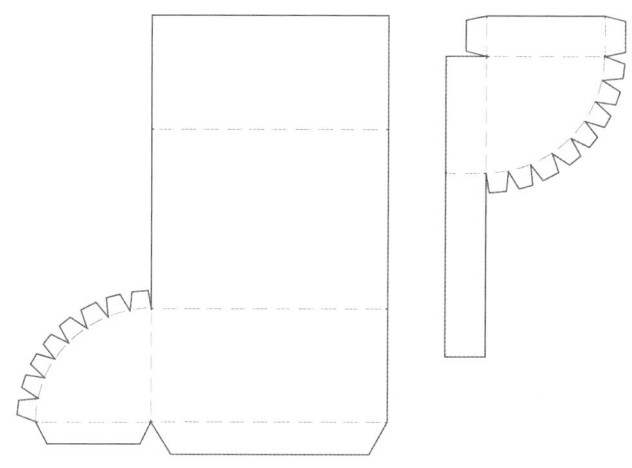

图8-63 四分之一圆柱体纸盒的平面结构图

图8-64 一种花瓶形状的纸盒

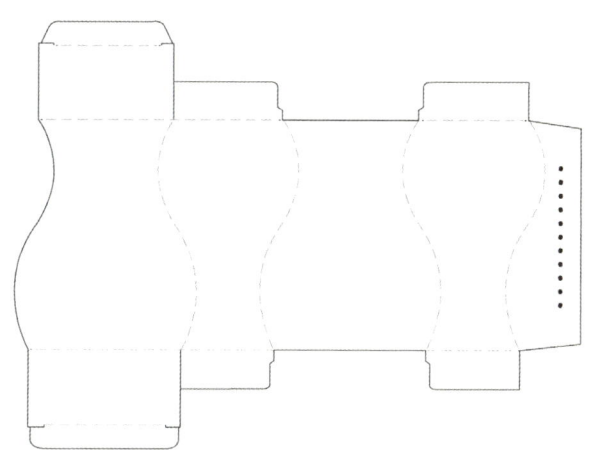

图8-65 侧立面都为曲面的花瓶形纸盒平面结构图

图8-66 手袋形食品包装纸盒

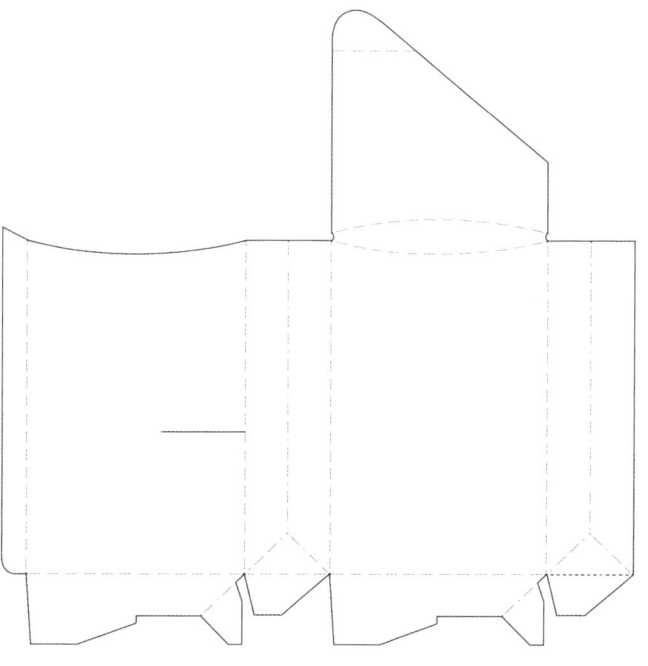

图8-67 一种手袋形纸盒平面结构图

图8-68 一种带提手结构的土特产纸盒

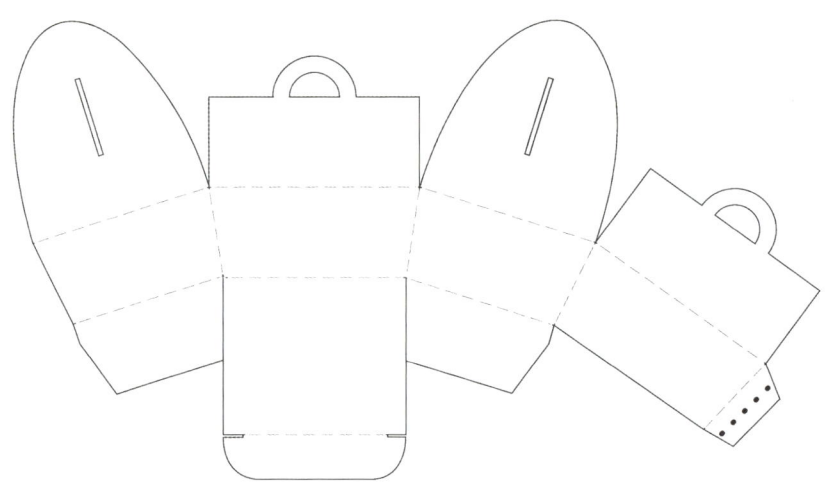

图8-69 带提手结构、侧立面为梯形的筒式纸盒

柱体包装成为系列包装。每个单体小盒的平面结构图如图8-63所示，很简单，但须注意盒盖部分的宽度（圆弧半径）较盒体部分的圆弧半径要大一些（大于两倍纸厚）。

图8-64所示花瓶形状纸盒的四个侧立面造型均为曲面，这是一种系列化妆品的纸盒包装，平面结构如图8-65所示，粘合襟片在右侧、较宽，这是考虑到两曲面粘合的交界为曲线和曲面，增加粘合面积可以加强盒体粘合时的稳固性。

图8-66所示为一种手袋形的纸盒，用来装糖果等各种儿童零食，盒体顶面面积较小并向下微凹，单个盒子的平面结构如图8-67所展示，底部结构为自动底。

图8-68是一种地方土特产，天然手工皂的包装盒，盒顶有小小的提手，可附加绳索、标签等作为盒顶锁定装置；数个同类纸盒的提手造型各异，适合用作系列产品的包装。这种纸盒的平面结构如图8-69所示，盒底为普通的公母锁扣，因为盒体四立面都为梯形、上宽下窄，因此底部各部分的上端折线并不在一条直线上。

各种纸包装结构并投入应用。笔者在撰写本书的过程中参考了很多专业书籍和相关资料，从中获益良多，也盼望本书能对初学包装设计的青年学子们有所帮助和启迪。

其他部分纸盒实例

因为本书篇幅所限，笔者难以分享并解析更多的纸包装结构设计案例，但上文案例中所呈现的造型设计思路和以人为本、注重用户体验的思维，以及具体问题具体分析的基本思路，确是包装设计师的重要职业素养。包装设计是一个具有悠久历史的设计门类，纸质包装在当今商品生产和经济活动中的重要性越来越大，很多包装设计师、艺术设计工作者、包装制作工人等都在不断设计、整理、改进

参考文献

[1] 陈磊. 走进包装设计的世界[M]. 北京：中国轻工业出版社, 2001.
[2] 华表编. 世界包装150年[M]. 长沙：湖南美术出版社, 1999.
[3] 孙诚. 包装结构设计（第四版）[M]. 北京：中国轻工业出版社, 2015.
[4] 萧多皆. 纸盒包装设计指南[M]. 沈阳：辽宁美术出版社, 2003.
[5] 张小艺. 纸品包装设计教程[M]. 南昌：江西美术出版社, 2005.
[6] 周红惠. 现代纸盒造型与结构设计[M]. 长沙：湖南人民出版社, 2010.
[7] 陈祖云. 包装材料与容器手册[M]. 广州：广东科技出版社, 1998.
[8]（美）乔治·L·怀本加、拉斯落·罗斯. 包装结构设计大全[M]. 谢晓晨译. 上海：上海人民美术出版社, 2017.
[9] 金卉. 纸盒结构设计[M]. 长沙：湖南大学出版社, 2007.
[10] 王炳南. 包装结构设计[M]. 上海：上海交通大学出版社, 2011.
[11] 朱和平. 包装设计[M]. 长沙：湖南大学出版社, 2006.
[12] 善本出版有限公司. 创意包装：设计+结构+模板[M]. 北京：人民邮电出版社, 2017.
[13]（日）木村刚. 日本纸盒包装创意设计[M]. 孙琳译. 北京：文化发展出版社, 2013.

后记

纸材料是使用最广泛、生产和加工成本最低廉、环保及回收性最好的包装材料之一，基于纸材料为主要表现媒介的包装设计系列课程，是包装设计、平面设计等诸多艺术设计专业的主干课程，而纸盒结构课程则是包装系列课程中的基础和前期铺垫。笔者早年曾从事过包装设计和平面设计工作，任教以来长期担任纸盒结构、包装人机工程等课程的教学，并在 Photoshop、Illustrator 等软件课程的教学中讲授使用软件绘制纸盒结构及包装效果图的案例技法。笔者积极将实践经验融入课堂教学，在反复授课、调整实训案例的过程中积累了一些经验，并在参考其他教材自编讲义、课后及时笔记总结的过程中提炼出了一套理论与实践并重、注重经验摸索、适合各个层面学生从零开始学习纸包装结构设计的方法；经过三年多以来不断地修订提纲、撰写文稿、整理资料和绘图注解等工作后，《纸包装结构设计》终告完成。

讲授纸包装、纸盒结构课程期间笔者曾参考过相关教材，很多教材图文并茂、内容丰富，可以作为进行包装设计时的参考资料库，但多缺乏对基础纸盒结构的详细解析和造型要点分析，不适合零基础的学生从头开始学习、不适合学生课外自学。也有的教材拥有非常详细的各种材料包装的结构图解和制作工艺，却过于复杂和专业，适用于包装工程等理工类本科课程，不适合初学者和艺术设计类专业。因此笔者在备课、授课的过程中循序渐进，以人为本，注重培养学生热爱实践和探索的良好习惯，数年中收到了良好效果。笔者所编著的《纸包装结构设计》教材，力求在纸盒结构入门、造型思维的培养上有所创新和突破，并解析计算机辅助设计纸盒结构和包装效果图表现的技法等。总体说来，本书具有如下特色和创新：

(1) 提倡循序渐进的学习方法，分析各种典型基本纸盒的功能和结构关键，适合零基础的学生从了解包装开始、从无到有地学会由简单到复杂的纸包装、纸盒结构及其造型设计思路；

(2) 实践操作内容中包括多种纸包装样品的制作步骤和方法，图片资源丰富，要点解析详细，对指导动手实训意义重大，更适合课外自学；

(3) 结合设计基本经验和用户使用体验，用通俗的、学生容易接受的语言归纳总结，并解析了众多变形纸盒的结构设计思路，引导学生具体问题具体分析、在实践中锻炼造型思维，并培育精益求精的工匠精神；

(4) 集手工绘图、制作纸盒结构样品、运用软件绘制纸盒结构图和展示效果图的技法于一书，顺应时代精神，内容深入浅出，实用性强；

(5) 衔接包装设计课程体系中的后续课程，对纸盒包装装潢设计、包装设计调研、系列包装设计、礼品包装设计等内容给出启发式简介，并归纳与纸包装结构设计的交集，还引导学生了解纸盒包装与印刷工艺的关系，增强学生学习后续专业课程的信心。

纸包装结构设计讲究严谨规范，但不排斥趣味性，在撰写本书的过程中，笔者注重内容的趣味性和代表性，根据长期授课的经验，站在学生的视角，旨在将纸盒结构知识与学生们认识和使用包装时的习惯、经验相结合，激发学习兴趣，从而提高专业基础素养和动手制作能力，激发创新意识。

最后，感谢笔者所在单位领导和同事们对撰写本书所提供的各种支持和便利。感谢张丽老师对本书众多图例的精心绘制和修改。感谢笔者所任教的平面设计、包装艺术设计专业的数届同学们对待纸包装结构设计课程作业的认真付出。虽然撰写本书的时间相对比较充足，然吾知有涯，而学海无涯，笔者所论述、所绘制者肯定还存在待优化、待完善之处，敬请广大同仁和读者批评指正。谢谢！

王 可

2020 年 5 月